Administração para Engenheiros

Administração para Engenheiros

Fábio Müller Guerrini

Edmundo Escrivão Filho

Daniela Rosim

© 2016, Elsevier Editora Ltda.

Todos os direitos reservados e protegidos pela Lei nº 9.610, de 19/2/1998.
Nenhuma parte deste livro, sem autorização prévia por escrito da editora, poderá ser reproduzida ou transmitida sejam quais forem os meios empregados: eletrônicos, mecânicos, fotográficos, gravação ou quaisquer outros.

Copidesque: Gypsi Canetti
Revisão Gráfica: Gabriel Pereira
Editoração Eletrônica: SBNigri Artes e Textos Ltda.
Ilustrador das Imagens: Luiz Philippsen Jr.

Elsevier Editora Ltda.
Conhecimento sem Fronteiras
Rua Sete de Setembro, 111 – 16º andar
20050-006 – Centro – Rio de Janeiro – RJ – Brasil

Rua Quintana, 753 – 8º andar
04569-011 – Brooklin – São Paulo – SP – Brasil

Serviço de Atendimento ao Cliente
0800-0265340
atendimento1@elsevier.com.br

ISBN 978-85-352-4426-7
ISBN (versão eletrônica) 978-85-352-5329-0

Nota: Muito zelo e técnica foram empregados na edição desta obra. No entanto, podem ocorrer erros de digitação, impressão ou dúvida conceitual. Em qualquer das hipóteses, solicitamos a comunicação ao nosso Serviço de Atendimento ao Cliente, para que possamos esclarecer ou encaminhar a questão.
  Nem a editora nem o autor assumem qualquer responsabilidade por eventuais danos ou perdas a pessoas ou bens, originados do uso desta publicação.

CIP-Brasil. Catalogação na fonte.
Sindicato Nacional dos Editores de Livros, RJ

G966a Guerrini, Fábio Muller
        Administração para engenheiros / Fábio Muller Guerrini, Eduardo
        Escrivão Filho, Daniela Rossim. – 1. ed. – Rio de Janeiro: Elsevier, 2016.
        p. : il. ; 24 cm.

        ISBN 978-85-352-4426-7

        1. Administração de empresas. 2. Formação profissional – Brasil.
        3. Engenheiros – Brasil. I. Escrivão Filho, Eduardo. II. Rossim, Daniela.
        III. Título.

                                              CDD: 658.4
15-28823   CDU: 005.366

Sumário

Introdução	**1**
Capítulo 1 – Administração: conceitos e contextos	**5**
Introdução	6
Administração	8
Organização	10
Empresa	11
Processo de abertura de uma empresa	12
Toda empresa é uma Organização?	14
Negócio	16
Empresário e a função empreendedora	18
Considerações finais	20
Roteiro de aprendizado	23
Referências	25
Capítulo 2 – Princípio da divisão do trabalho: início da Era Industrial	**27**
Introdução	28
Antecedentes: a sociedade feudal e o sistema familiar	28
Expansão do mercado	29
O papel do intermediário	31
A divisão do trabalho	33
O início da Era Industrial	35
Uma visão contemporânea da divisão do trabalho	37
Considerações finais	42
Roteiro de aprendizado	43
Referências	47

Capítulo 3 – Escala e escopo de produção: a dinâmica da empresa industrial **49**

Introdução 50

Dinâmica de crescimento da empresa industrial 51

Economias de escala e escopo 53

Economia de escala horizontal: o magnata do petróleo 53

Economia de escala vertical: o inferno verde de Henry Ford 54

Economia de escala e escopo: Krupp, o empresário do aço 55

Diversificação de atividades: o legado esquecido de Henrique
Lage 56

Agregação de serviços 57

Caso: O comerciante de farinha, bacalhau e algodão 57

Recrutamento e organização de administradores 58

Inventores, pioneiros e desafiantes 59

Considerações finais 65

Roteiro de aprendizado 67

Referências 69

Capítulo 4 – Organização burocrática: a jaula de ferro **71**

Introdução 72

A militarização da sociedade 73

Pirâmide hierárquica 74

Princípios da Organização burocrática 75

Organizações nem sempre burocráticas 78

A burocracia como um sistema social 79

O conceito de disfunção burocrática 81

A utopia de uma sociedade perfeita 83

Considerações finais 88

Roteiro de aprendizado 90

Referências 92

**Capítulo 5 – Administração científica: princípios e mecanismos
da administração** **93**

Introdução 94

Remuneração e divisão do trabalho 95

Frederick Winston Taylor	96
Administração Científica	98
Funções do gerente e do trabalhador	99
Princípios e mecanismos da administração	101
A contribuição de Henry Ford	104
Outras contribuições para Administração Científica	105
Considerações finais	109
Roteiro de aprendizado	110
Referências	112

Capítulo 6 – Gerência administrativa: hierarquia e estrutura organizacional   **113**

Introdução	114
Henri Fayol	115
A contemporaneidade de *Administração Geral e Industrial*	116
Atividades administrativas	116
Funções das atividades administrativas	118
Princípios gerais da Administração	120
Dimensão horizontal da estrutura	121
Dimensão vertical da estrutura	123
Considerações finais	127
Roteiro de aprendizado	130
Referências	132

Capítulo 7 – Experimento de hawthorne: relações humanas no trabalho em grupo   **133**

Introdução	134
O experimento de Hawthorne – Western Electric	135
Fase 1 – Relação entre intensidade de iluminação e produtividade	136
Fase 2 – Sala de provas de montagem de relés	137
Fase 3 – Programa de entrevistas	138
Fase 4 – Dualidade: comportamento individual e em grupo	140
Considerações finais	145
Roteiro de aprendizado	148
Referências	152

Capítulo 8 – Princípio da racionalidade limitada: o homem administrativo   **155**

Introdução   156

Princípio da racionalidade limitada   157

    Racionalidade plena   158

    A longa jornada até o princípio da racionalidade limitada   160

        Ideias precursoras   161

        Teoria da Decisão como área de Economia   162

            Caracterização da racionalidade limitada   163

Considerações finais   170

Roteiro de aprendizado   172

Referências   174

Capítulo 9 – Sistemas sociotécnicos: Intersecção de sistemas sociais e técnicos   **177**

Introdução   178

Origem do conceito e experimentos   179

    Glacier Metal Company   179

    Minas de carvão na Grã-Bretanha   180

    Democracia Industrial Norueguesa   182

        Modelo de análise do trabalho   185

        A fábrica de Kalmar   188

        A fábrica de Uddewalla   191

Considerações finais   193

Roteiro de aprendizado   194

Referências   196

Capítulo 10 – Tecnologia e estrutura: A influência da tecnologia na estrutura organizacional   **199**

Introdução   200

A relação entre Tecnologia e Estrutura   201

    Sistema de produção unitária e de pequenos lotes   203

    Sistema de produção de grandes lotes e em massa   204

    Sistema de produção por processo   205

        Produção intermitente   205

        Produção de fluxo contínuo   206

Desdobramento da relação Tecnologia e Estrutura	206
Disposição de atividades no processo produtivo	207
Padrões técnicos	209
Considerações finais	213
Roteiro de aprendizado	215
Referências	217

Capítulo 11 – Sistemas mecanístico e orgânico: mecanismos para gerência da inovação — **219**

Introdução	220
Sistemas de gerenciamento mecanísticos e orgânicos	221
Sistemas de gerenciamento mecanísticos	221
Sistemas de gerenciamento orgânicos	223
Incerteza de mercado e complexidade tecnológica de produto	225
Redes como fator de transferência de inovações	227
Arquiteturas para redes dinâmicas	228
Arquitetura para redes colaborativas (ARCON)	229
Redes de inovação auto-organizadas	230
Manufatura ágil	231
Considerações finais	236
Roteiro de aprendizado	237
Referências	239

Capítulo 12 – Diferenciação e integração: A influência do ambiente na Organização — **243**

Introdução	244
Diferenciação e integração	245
Ambiente dinâmico	247
Aspectos da integração	248
Mecanismos para viabilizar a integração baseados em TIC	248
Cooperação para a inovação: um desdobramento contemporâneo	251
Considerações finais	256
Roteiro de aprendizado	257
Referências	260

Capítulo 13 – Metodologias para pensar a Organização: a visão sistêmica em prática   **263**

Introdução   264

Desenvolvimento das Organizações   264

Pensamento sistêmico   267

Metodologias para pensar   270

Mapeamento cognitivo   270

Dinâmica de sistemas   272

Sistemas soft   273

Importância da habilidade conceitual do administrador   277

Considerações finais   283

Roteiro de aprendizagem   284

Referências   287

Introdução

Este livro aborda a formação e o desenvolvimento das modernas teorias administrativas. O objetivo é capacitar o leitor a compreender os limites e pressupostos da teoria administrativa com base na abordagem das principais ideias fundadoras. Apresenta a formação do pensamento administrativo segundo cinco níveis de aprendizado fundamentados em conhecimento (texto teórico), compreensão (questões dissertativas), aplicação (exercícios), reflexão e síntese (estudos de caso). Ao final de cada capítulo há um roteiro de atividades similar a um estudo dirigido, que permite estabelecer conexões entre os conteúdos desenvolvidos.

Este livro, que se dirige primeiramente aos cursos de engenharia, utiliza uma linguagem mais próxima do raciocínio do aluno de engenharia, em treze capítulos que podem ser desenvolvidos ao longo de quinze semanas de aula. Nesse sentido, não pretende cobrir a ampla gama de pensadores da teoria administrativa, mas aprofundar-se em cada capítulo com conceitos pertinentes a um determinado movimento da administração, com foco em um pensador específico para explorar com a profundidade adequada o conteúdo. Os autores procuraram incorporar a dinâmica de desenvolvimento dos conteúdos na sala de aula ao livro, de forma que ele possa servir como livro-texto de apoio didático.

Nesse sentido, o livro exibe algumas características que o distinguem de um livro-texto comum:

a. Baseia-se na aprendizagem ativa;

b. Explora diferentes mecanismos de aprendizado;

c. Permite a compreensão interdependente das ideias fundadoras da formação pensamento administrativo;

d. Como objetivo instrucional, estimula o leitor a pensar por conta própria, a integrar informações e conceitos de diferentes áreas do conhecimento;

e. Conta com ilustrações, que utilizam o desenho como uma segunda linguagem técnica do livro, própria da formação do engenheiro. O traço à mão enfatiza essa intenção.

Os benefícios deste livro para o leitor dizem respeito ao conhecimento teórico, compreensão das relações entre as teorias, aplicação em situações cotidianas, reflexão teórica que se baseiam em problemas de natureza administrativa e síntese para o diagnóstico da situação. Cada capítulo apresenta a fundamentação teórica e seções específicas para permitir uma reflexão sobre aspectos correlatos. As seções específicas são as seguintes:

❖ **Pequena empresa**: de maneira geral, a Teoria das Organizações foi desenvolvida para as grandes empresas. Nesta parte, procura-se discutir como a teoria abordada no capítulo pode ser contextualizada no caso da pequena empresa;

❖ **Caso**: apresenta-se um caso que visa mostrar a contemporaneidade da teoria abordada no capítulo;

❖ **Administração também é cultura**: aborda conhecimentos transversais sobre o assunto, procurando fazer conexões com outras áreas de conhecimento.

Os módulos estão estruturados da seguinte forma:

Módulo I – Fundamentos

Este módulo apresenta os conceitos de Administração, Organização, Empresa e Negócio. Procura delimitar os antecedentes da Era Industrial, a dinâmica da empresa industrial e o conceito de Organização burocrática. O elemento condutor de raciocínio sobre a formação do pensamento administrativo é o conceito de divisão do trabalho, como célula mater do desenvolvimento da Teoria Administrativa.

Capítulo 1. Administração: conceitos e contextos.

Capítulo 2. Princípio da divisão do trabalho: início da Era Industrial.

Capítulo 3. Escala e escopo de produção: a dinâmica da empresa industrial.

Capítulo 4. Organização burocrática: a jaula de ferro.

Módulo II – Racionalização do Trabalho e Relações Humanas

O Movimento da Racionalização do Trabalho (ou Clássico) foi pioneiro na utilização do princípio da divisão do trabalho tanto na Administração Científica quanto na Gerência Administrativa. O Movimento de Relações Humanas buscou compreender como as condições de trabalho afetavam a produtividade do operário.

Capítulo 5. Administração Científica: princípios e mecanismos da Administração.

Capítulo 6. Gerência Administrativa: hierarquia e estrutura organizacional.

Capítulo 7. Experimento de Hawthorne: relações humanas no trabalho em grupo.

Módulo III – Estruturalismo sistêmico

O Movimento Estruturalista-Sistêmico surge como uma crítica à visão do Movimento das Relações Humanas, pois contempla uma síntese da visão racionalista com a visão das relações humanas. O comportamentalismo é uma evolução da Escola de Relações Humanas, inserido em uma dimensão maior que é a concepção de sistemas. O comportamento humano, nesse contexto, torna-se o comportamento do indivíduo na Organização. A Administração, portanto, passa a elaborar os seus pressupostos para a Organização, e não mais para grupos de indivíduos.

Capítulo 8. Princípio da racionalidade limitada: o homem administrativo.

Capítulo 9. Sistemas sociotécnicos: intersecção de sistemas sociais e técnicos.

Módulo IV – Contingência

No Movimento da Contingência, o desenho organizacional passou a ser considerado como um contínuo processo de acomodação da empresa em relação ao ambiente, conforme as mudanças ocorridas nesse ambiente. A principal conclusão do Movimento da Contingência é que não há uma única teoria ou solução gerencial que seja universal o suficiente para todas as Organizações. É preciso elaborar um projeto da Organização que contemple as suas especificidades, mas, para isso, é necessário um diagnóstico de sua situação atual, para verificar as necessidades de mudança e propor um projeto que permita atingir um estado futuro.

Capítulo 10. Tecnologia e estrutura: a influência da tecnologia na estrutura organizacional.

Capítulo 11. Sistemas mecanístico e orgânico: mecanismos para a gerência da inovação.

Capítulo 12. Diferenciação e integração: a influência do ambiente na Organização.

Capítulo 13. Metodologias para pensar a Organização: visão sistêmica na prática.

Capítulo 1

ADMINISTRAÇÃO:
conceitos e contextos

Fábio Müller Guerrini
Edmundo Escrivão Filho
Daniela Rosim
Luiz Philippsen Jr. (ilustrações)

Resumo:

Administração, organização, empresa ou negócio? O conceito de Administração apresenta diversos contextos. Muitas vezes utilizam-se as palavras Organização, empresa e negócio como sinônimas, o que, realmente, não são. Neste capítulo você compreenderá as origens, potencialidades e limites desses conceitos e seus desdobramentos.

Palavras-chave: Administração, Organização, empresa e negócio.

Objetivos instrucionais:

Apresentar o conceito de Administração e seus diferentes contextos relativos a Organização, empresa e negócio.

Objetivos de aprendizado:

Após a leitura deste capítulo, espera-se que o aluno seja capaz de:

❖ Compreender o conceito de Administração, seus limites e pressupostos.
❖ Identificar em que contexto devem ser utilizados os conceitos Organização, empresa e negócio.

Introdução

Pode-se reconhecer a existência da administração desde os tempos imemoriais da humanidade, tempos em que a espécie humana, para enfrentar ameaças de outras espécies e das condições climáticas, uniu-se na realização de atividades coletivas. Já nessas condições há a prática da administração de conduzir pessoas a um objetivo comum.

No entanto, foi apenas no final do século XIX que a administração passou a ser estudada de maneira mais intensa e sistemática. Essa fase é chamada de "moderna administração".

A fase moderna recebe essa denominação por outra razão importante, a expansão da burocracia por quase todas as atividades da sociedade a partir do século XIX. A burocracia é um esquema que faz todas as atividades coletivas funcionarem independente das pessoas que estão no comando. Veja o caso da sociedade brasileira, que é comandada e controlada por uma burocracia (Constituição, órgãos públicos, decretos normativos, milhares de funcionários) e independe de o comandante ser o presidente A ou B; as coisas funcionam por si mesmas, pois existe um esquema para o tal funcionamento.

Este esquema formalizado (por leis, regras) e impessoal (independente de determinadas pessoas) é a burocracia. O termo burocracia já foi sinônimo de organização, mas hoje preferimos chamar de organização burocrática para diferenciar de outros esquemas existentes que não são burocráticos. Assim, hoje denominamos de organização burocrática, organização tradicional, organização pós-burocrática.

Portanto, pode-se dizer que a moderna administração está associada ao estudo intenso da administração e, principalmente, à expansão da organização burocrática na sociedade a partir do século XIX. A moderna administração, como prática do administrador, instalou-se nas grandes empresas privadas gigantes e deu origem às faculdades de gestão. Houve um enorme salto nas publicações sobre os gerentes. Desse início em diante e durante quase todo o século XX foi impossível estudar a administração sem compreender a organização burocrática.

É preciso não confundir o binômio administração-organização com outros conceitos próximos de empresário (propriedade), empresa (operações) e negócio (atendimento a determinado público).

A administração-organização está amplamente presente em grandes empresas privadas, dando a esta forma uma hegemonia no estudo e nas publicações. Mas a prática da administração e seus conceitos derivados nas grandes empresas não é a única manifestação coletiva em nossa sociedade, pois o Estado (administração pública), empresas pequenas privadas, cooperativas e associações sem fins lucrativos também são administradas, mas não necessariamente tomam a forma de uma organização burocrática. Essas manifestações, com exceção das pequenas empresas, não são empresas.

Uma primeira abordagem das diferenças de objetivos entre Organização, empresa e negócio é apresentada na Figura 1.1.

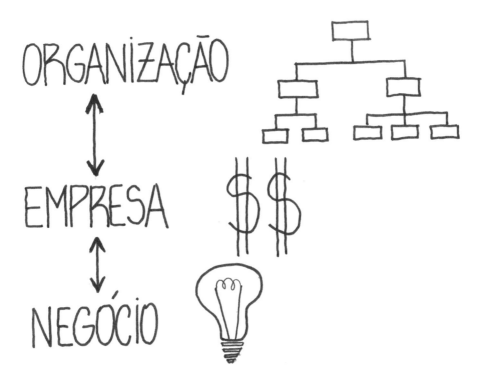

Figura 1.1: Diferenças de objetivos entre Organização, empresa e negócio.

Assim, faz-se necessário uma discussão dos conceitos de Administração: Organização, empresa e negócio.

Administração

Em uma primeira aproximação conceitual, a administração é a prática de conduzir pessoas a um objetivo. Alguns autores da corrente racionalista preferem considerá-la uma Ciência. Para Mintzberg (2010), a administração não é uma ciência (como a Física) nem uma profissão (como a engenharia ou a medicina); a administração é uma habilidade prática.

Durante a primeira metade do século XX, o "conduzir pessoas" foi expresso pela coordenação. A palavra "coordenar" (co + ordenar) significa ordenar conjuntamente, por ordem, de modo simultâneo, em tarefas, cargos, departamentos, próprio da visão burocrática/ sistêmica. Mas e hoje, na visão pós-burocrática? Talvez, mobilizar as pessoas pelos mecanismos burocráticos (formalismo, profissionalismo e impessoalidade) ou mecanismos pós-burocráticos (flexibilidade, autonomia e iniciativa). O modelo burocrático apoia-se na estrutura, tecnologia para a organização do trabalho, planejamento e controle. O modelo pós-burocrático apoia-se na formação de equipes direcionadas para a execução de projetos, na liderança e motivação das pessoas. A questão, nesse caso, é verificar quão excludentes são as perspectivas do racionalismo e do comportamentalismo.

O administrador é o elemento que articula essa coordenação, lidera e motiva as pessoas em direção a um determinado objetivo. Essa definição do papel do administrador também pressupõe como escolha os verbos "liderar" e "motivar" (percepção comportamental), os quais na percepção racionalista seriam substituídos pelos verbos "planejar" e "controlar". Se objetivo significa alvo, estratégia é o que deve ser feito para atingir esse alvo, ou seja, o objetivo. Pode-se acrescentar ao papel do administrador que ele define a estratégia para atingir o objetivo.

Essa definição se encaixa perfeitamente no que se convencionou chamar de "Administração da Era Moderna", que se inicia com a expansão da Organização burocrática na sociedade. O que antecede a Organização burocrática é a Organização tradicional, que está relacionada ao trabalho artesanal que foi substituído na Revolução Industrial pela produção em massa, para atender a um mercado consumidor crescente. A organização do trabalho pode ser identificada desde a História Antiga. A existência do administrador antecede a própria teoria da administração. Mas, para fins de delimitação, este texto abordará de forma introdutória os antecedentes da Organização burocrática e desenvolverá os argumentos em torno da teoria administrativa, com base na Organização burocrática, no tocante à empresa industrial. Há também, nesse sentido, o reconhecimento da "Era contemporânea da Administração", que tem como principal característica a busca pela definição de Organizações pós-burocráticas e aborda as teorias subsequentes à contingência.

O desenvolvimento da teoria administrativa teve início em generalizações de casos observados em empresas industriais, ao se abordar alguns pensadores como Frederick W. Taylor, Frank Gilbreth, Henri Fayol, Elton Mayo nos movimentos de racionalização do trabalho e das relações humanas. Nos movimentos subsequentes (estruturalismo sistêmico e contingência), pensadores como Amitai Etzioni e Talcott Parsons apoiaram as suas pesquisas considerando um universo mais abrangente de empresas industriais, culminando na ampla pesquisa feita por Joan Woodward sobre as empresas industriais inglesas na década de 1970.

A Figura 1.2 apresenta o desenvolvimento do pensamento administrativo em relação à teoria econômica e aos inovadores e pioneiros da indústria.

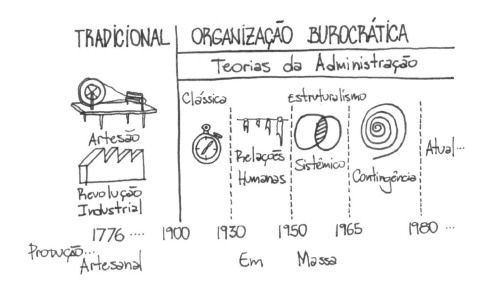

Figura 1.2: Desenvolvimento do pensamento administrativo em relação à teoria econômica e aos inovadores e pioneiros da indústria.

Enquanto a Teoria da Organização refere-se, indiretamente, à empresa industrial, nas últimas décadas convencionou-se usar a denominação Teoria das Organizações para incluir outros tipos de organização além das empresas industriais, tais como hospitais, empresas comerciais, entidades públicas etc. É necessária também a distinção conceitual entre Organização, empresa e negócio. Muitas vezes essas palavras são utilizadas como se fossem sinônimas, mas, de fato, não são. O emprego e cada conceito dependem do contexto a que se aplicam.

Organização

A Organização é caracterizada por relações sociais criadas com a intenção explícita de alcançarem objetivos e propósitos.

Krikorian (1935) propôs uma definição mais filosófica sobre a Organização. Uma Organização é formada por elementos, que podem ser atores ou recursos. Cada elemento é relativamente único e difere dos outros. Os elementos de uma Organização não são entidades isoladas, relacionam-se entre si.

Para que isso não pareça tão criptografado para o aluno de graduação, tomemos como exemplo uma orquestra sinfônica.

A orquestra sinfônica é uma Organização, formada por músicos que tocam determinados instrumentos. Cada músico teve uma formação musical própria e experiências pessoais e profissionais que caracterizam essa formação. Como músico de uma orquestra, cabe a ele executar a sua partitura; esta define o que ele vai tocar e como será o seu relacionamento com os demais membros da orquestra.

Os músicos utilizam seus instrumentos para conectar-se entre si, com o intuito de executar uma obra musical. Cada músico conta com sua técnica específica para produzir o som do instrumento, o que caracteriza os diferentes timbres de instrumentos iguais. Cada violinista extrai um timbre específico do seu violino e é justamente essa variedade de timbres que define o som da orquestra.

As relações são transações ou conexões entre esses elementos. Há vários tipos de relações, mas uma categoria interessante é a relação intrínseca e extrínseca. As relações intrínsecas são essenciais para o significado da Organização. As relações extrínsecas são acidentais. As distinções entre elas são relativas. Os ingredientes de uma Organização são os elementos, as relações e um todo. A Organização é agregadora de elementos distintos em um conjunto de relações que formam o todo.

A relação essencial do músico é com a orquestra, mas, ao longo da convivência com os colegas, é possível que alguns deles se associem para tocarem em pequenas formações de câmara (extrínseco). Para o regente da orquestra o essencial é que o músico cumpra com as suas obrigações com o programa da orquestra. Para o músico, além de cumprir o programa da orquestra, participar de conjuntos de Câmara pode ser igualmente essencial para aprofundar a convivência e trocar experiências com os colegas.

Os elementos e relações formam uma totalidade conectada, um todo integral. O todo significa um padrão de elementos e relações que persistem com a mudança. O todo é ao mesmo tempo independente e autodependente, mas os elementos e relações de uma Organização são interdependentes.

Os músicos e as relações entre eles formam a orquestra, que é o todo integral. Cada orquestra tem as suas próprias características, nível de maturidade sonora que define um padrão que deve ser mantido ao longo do tempo. Esse é o principal desafio da sucessão de regentes em uma orquestra de prestígio. Um bom regente precisa compreender a dinâmica da orquestra e, ao mesmo tempo, imprimir a sua personalidade. Somente dessa forma a orquestra será caracterizada por relações sociais harmoniosas criadas com a intenção explícita de ser uma orquestra de referência para outras.

A orquestra nesse sentido é uma Organização que depende da personalidade e do carisma do regente, o que no máximo a qualifica como uma Organização social.

A Organização burocrática que caracteriza a empresa industrial será abordada em outra oportunidade. Por ora, estamos somente interessados na definição de Organização. A distinção entre Organização e Organização burocrática também pode ser percebida no caso da pequena empresa, pois as relações são, em muitos casos, baseadas na informalidade, pessoalidade. O profissionalismo na pequena empresa pressupõe que as pessoas, mesmo com habilidades e competências específicas, assumirão diferentes papéis em função das circunstâncias que se apresentam.

Empresa

A empresa é um conceito jurídico e um fenômeno econômico. A empresa fabrica um produto que vai ser comercializado ou presta um serviço na sociedade. Mas o direito coloca como papel principal na empresa o empresário como o "motor" da criação da empresa, produtor e responsável pela empresa. A lei que regula o direito empresarial concebe o "produto" e o "cliente". Os fins da empresa são o lucro.

Enquanto o conceito de Organização pode ser discutido e idealizado por diversas áreas do conhecimento, o conceito de empresa é estritamente jurídico. É necessário formalizar um plano e declarar objetivos organizacionais para comunicar as intenções da empresa.

Processo de abertura de uma empresa

De acordo com dados do Banco Mundial (2010), para abrir uma empresa no Brasil são necessários 152 dias. Estima-se que, em virtude da quantidade de documentos e instâncias necessárias para abertura de uma nova empresa, o número de empresas informais no Brasil seja equivalente à economia da Argentina. Mas se a empresa é um conceito jurídico, vamos entender como é o processo de abertura de uma empresa no Brasil. Deve-se antecipar que o empresário deve ter claras a sua intenção e vocação para isso.

A Figura 1.3 sintetiza o processo de abertura de uma empresa no Brasil.

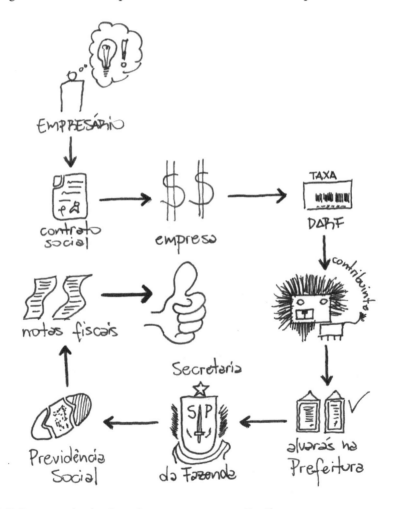

Figura 1.3: Processo de abertura de uma empresa no Brasil.

ELSEVIER CAPÍTULO 1 – ADMINISTRAÇÃO: CONCEITOS E CONTEXTOS

Para abrir uma empresa, o empresário elabora um plano de negócio e um contrato social, registra o nome da empresa em uma Junta Comercial. Em seguida, de posse da Ficha de Cadastro Nacional (FCN), do Cadastro de Pessoa Física (CPF), do Registro Geral (RG) e do requerimento padrão, o empresário paga uma taxa via Documento de Arrecadação de Receitas Federais (DARF), que varia de estado para estado da Federação, e obtém o Número de Inscrição no Registro de Empresa (NIRE) para registrar a empresa como contribuinte no Cadastro de Nacional Pessoa Jurídica (CNPJ).

Com base nesse registro e no Formulário da Prefeitura, consulta de endereço aprovada, CNPJ, Contrato Social e laudos dos órgãos de vistoria, o empresário solicita alvará de funcionamento na Prefeitura. Com o alvará de funcionamento e Demonstrativo Unificado do Contribuinte (DUC), Documento Complementar de Cadastro (DCC), comprovante de endereço, documento que prove direito de uso de imóvel, cadastro fiscal do contador, Imposto Sobre Serviço (ISS), certidão da junta, ato constitutivo, CNPJ, alvará de funcionamento, RG e CPF, o empresário inscreve-se na Secretaria da Fazenda, faz o cadastro na Previdência Social e solicita a permissão para a emissão de notas fiscais.

Nesse caso, sem o acompanhamento de profissionais da área, abrir uma empresa torna-se uma missão impossível. A noção de propriedade e de local de trabalho também é pertinente ao conceito da empresa. A propriedade da empresa pode assumir diferentes formas jurídicas (sociedade limitada, sociedade anônima, capital aberto com participação acionária), mas em última instância o empresário figura para o ambiente externo como proprietário da empresa.

A empresa enquanto um local de trabalho é uma noção em fase de transição. Muitas empresas de confecção ou do meio editorial, por exemplo, detêm uma marca, mas terceirizam a produção. Um dos casos mais expressivos entre as empresas de confecção é a Benetton, que define os desenhos das roupas, mas a confecção é realizada por costureiras em suas próprias casas, observando a conformidade do produto final.

No meio editorial, várias editoras cuidam de todo o processo de editoração do livro, mas a impressão também é terceirizada para gráficas. Mesmo o processo de editoração de algumas editoras é feito contratando serviços em diferentes partes do mundo. Em uma editora de presença mundial, faz-se a revisão do texto no Brasil, a editoração das figuras na Índia, a definição do layout pelo editor do livro, a editoração final nos Estados Unidos e a impressão no Brasil. Além disso, uma editora pode ter diversos selos, identificados com cada segmento de mercado ou área de conhecimento que ela abrange.

Portanto, nos dois casos, as empresas têm suas sedes ou escritórios em locais específicos, mas a tarefa maior é coordenar esses diferentes elos da cadeia.

Os atores e recursos que necessariamente devem ser estar envolvidos nesse processo dizem respeito ao próprio empreendedor, que será o futuro empresário e é responsável pelo plano de negócio e toda a peregrinação para adquirir os documentos necessários; o advogado, que cuida de todos os aspectos legais para a abertura de uma empresa, especialmente do contrato social; o contador ou escritório contábil, que viabiliza o apoio contábil para a abertura da empresa; e a agência de apoio ao empreendedor, responsável por auxiliar novos empreendedores.

Toda empresa é uma Organização?

Uma vez aberta uma empresa, ela é, por consequência, uma Organização social. Entretanto, não é o porte da empresa que determina se ela é uma Organização meramente social ou, indo um pouco mais além, uma Organização burocrática. O Brasil, por exemplo, tem um grande número de empresas individuais.

Em um grupo de empresas como Odebrecht ou Votorantin, por mais que observem as características de Organizações burocráticas referentes ao formalismo, ao controle e a impessoalidade, as posições-chave como a presidência são ocupadas pela sucessão de familiares. Por mais preparados que eles sejam, isso quebra o princípio do profissionalismo.

Um banco público tem todas as características de uma Organização burocrática. Todos os cargos do banco só podem ser preenchidos mediante um concurso público. Mesmo o presidente do banco é um funcionário de carreira que ingressou na instituição por meio de concurso público.

Entretanto, há situações nas quais não é possível divisar uma linha que cumpra na acepção conceitual os princípios de uma Organização burocrática. É o caso da Microsoft, por exemplo. Quando Bill Gates resolveu abrir o capital da empresa, colocando-a na bolsa de valores, tornou-se necessária a constituição de um Conselho Administrativo que se responsabilizasse por indicar o presidente da empresa. O próprio Bill Gates abriu mão de ser presidente para dedicar-se a uma causa maior, por meio da Fundação Bill-Melinda Gates, de contribuir para a erradicação da pobreza no mundo. Nesse caso, estaria aberta a possibilidade de nomear um novo presidente, que cumpriria as suas atribuições conforme a deliberação do Conselho Administrativo. Mas quem acabou por assumir a presidência da Microsoft foi Steve Ballmer, cofundador da empresa. Portanto, ainda que a Microsoft possua um Conselho Administrativo ao qual está submetido o presidente da empresa, esse detalhe não permite caracterizá-la como uma Organização burocrática. Mas a sucessão de presidentes que ocorreu posteriormente demonstra que a Microsoft caminha na direção de uma Organização burocrática (ao final da redação desse livro o presidente era o indiano Satya Nadella).

Tanto a Microsoft quanto a Apple dependem de uma liderança carismática, pois isso puxa as vendas e determina os rumos que as empresas devem tomar. A liderança carismática também está fora dos princípios da burocracia. Mas é impressionante como tais empresas dependem desse tipo de liderança.

No caso da Apple, ela quase faliu durante o período em que Steve Jobs ficou afastado da empresa, por decisão do Conselho Administrativo. O principal produto, o computador Macintosh, exibia uma arquitetura fechada, não permitindo que outros fabricantes pudessem expandir o mercado. Quando Steve Jobs foi chamado novamente para assumir a empresa criou o Ipod, que revolucionou a indústria fonográfica. Em seguida lançou o Iphone, que recriou o mercado de smartphones. E com o Ipad, relançou comercialmente o tablet, cujo intento já ocorrera na década de 1980 por outra empresa, mas sem resultado.

O conceito de Organização burocrática, baseado nos princípios de formalismo, impessoalidade e profissionalismo, é importante para viabilizar as grandes corporações, mas muitas empresas bem-sucedidas não preenchem todas as características. Outra questão que deve ser considerada é que em geral a literatura sobre Administração ou Negócios prende-se em casos emblemáticos como os casos brevemente relatados da Microsoft ou da Apple. Mas eles representam uma gota de água no oceano. Portanto, ficou claro que a Organização burocrática é um conceito orientador e que poucas empresas (e mesmo Estados, no caso do Brasil) são plenamente burocráticas.

Certa vez, ao visitar o programa de minidistritos industriais em São José do Rio Preto, ativo já há 20 anos, foi possível notar essa diversidade. Como o programa nasceu com o objetivo de gerar empregos na cidade, a prefeitura tinha cadastradas mais de oito mil empresas em treze minidistritos. A ideia era construir um bairro e o minidistrito ao lado para que o morador dali pudesse trabalhar próximo de casa. Em função deste objetivo inicial, a prefeitura incentivou a abertura de qualquer tipo de negócio. O empreendedor não precisava ter nível mínimo de escolaridade, mas conseguir colocar em uma folha de papel a sua ideia de negócio e apresentá-la para a prefeitura que fazia todo o acompanhamento para a abertura de empresa. Ao visitar as empresas, notou-se que cada minidistrito industrial, na realidade, tinha todas as características de um bairro. Havia fábricas de móveis e artesanato, empresa especializada em lavar brim (jeans) para grandes empresas, funerária, barzinho e igreja pentecostal. Todas elas dispunham de um empresário e um CNPJ. A cidade vivia praticamente sem depender de que grandes corporações se instalassem ali para gerar empregos.

Na visão racionalista, a maturidade da empresa é medida pelo seu grau de formalização. Mas a realidade demonstra que podem existir empresas com alto grau de maturidade e não serem necessariamente formalizadas em todo o seu espectro de atuação.

As empresas do Vale do Silício têm um alto grau de maturidade, e o principal mote para atrair jovens talentosos é a total ausência de qualquer mecanismo burocrático de controle. Os horários de trabalho são flexíveis, não há divisão de salas de trabalho, a pessoa trabalha onde quiser com o seu computador em um amplo salão. O único direcionamento é atingir metas de inovação e as equipes são articuladas em torno de projetos. São empresas com alta lucratividade. Mas o que determina o sucesso desse modelo de negócio é a função empresarial. O empresário dessas empresas converte-se na personificação da empresa, torna-se seu melhor garoto-propaganda, e muito do sucesso dessas empresas depende da capacidade do empresário em liderar e motivar a equipe para gerar inovações.

A função empresarial na Organização trata não os recursos empresariais, mas sim os princípios de gestão, propondo a operacionalização da administração financeira, logística, recursos humanos etc.

Negócio

Quando o empresário visa o lucro tendo a empresa como meio, ele mira o negócio. Só se empreende quando se encontra uma oportunidade de negócio. A identificação e a caracterização de oportunidades de negócio referem-se à capacidade de antecipar-se ao mercado, apresentando produtos, serviços ou processos (GAGLIO; KATZ, 2001). Há dois tipos de oportunidades (CAMARINHA-MATOS; AFSARMA-NESH, 2006): oportunidades que surgem pela empresa ou pelo mercado; oportunidades que surgem entre as entidades envolvidas da rede de colaboração, em partilha de lições aprendidas e conhecimentos. O processo de identificação e caracterização de oportunidades é caracterizado pela percepção, preparação e descoberta.

A percepção prospecta as necessidades e tendências do mercado; descobre um nicho promissor do mercado, por meio de uma análise crítica antes de iniciar um novo negócio ou expandir um mercado já existente, com base em oportunidade percebida; cria ou melhora um produto ou serviço (ARDICHVILLI; CARDOZO; RAY, 2003).

A preparação desenvolve uma área particular de interesse. Inclui a incubação, para o amadurecimento de uma ideia ou problema, originando-se nas lições aprendidas; a avaliação, que analisa a viabilidade da oportunidade, por meio de marketing de teste ou análise financeira. Considerando que a ideia do negócio é viável, o desenvolvimento inclui o planejamento detalhado de atividades, para reduzir as incertezas (LUMPKIN; HILLS; SHRADER, 2004).

A descoberta depende das fontes de oportunidades e lições aprendidas; a avaliação envolve a aplicação de um conjunto de critérios para examinar criticamente a viabilidade da oportunidade descoberta; e a exploração envolve a gestão dos recursos para a execução da oportunidade (SARASON; DEANT; DILLARD, 2006).

Deve-se considerar que algumas dessas oportunidades são resultado de um processo no qual o empresário concebe uma ideia e dá-lhe seu sentido próprio. Estes autores acreditam que os empresários e gestores que prospectam oportunidades são bem-informados, fortemente influenciados pelas experiências anteriores e também por condições ambientais que os cercam (ZAHRA; KORRI; YU, 2005).

Para definir a maneira mais eficiente e eficaz o risco de empreender uma ação na direção de uma determinada oportunidade de negócio foi que surgiu o conceito de Organização. A Organização é a mediadora de articulação de atores e recursos para atingir os fins propostos com eficiência, eficácia e competitividade.

Por esse motivo, o trinômio "Organização-Empresa-Negócio" é indissociável e por vezes, individualmente, utilizados como sinônimos entre si.

É interessante notar que quando são relatados casos de sucesso de empresas, na realidade são casos de sucesso de negócios. Uma ideia colocada em prática originou um negócio por meio da Organização cuja empresa funciona como entidade jurídica. Quando os negócios bem-sucedidos são apresentados, a impressão que se tem é que não havia como aquele determinado negócio não ter dado certo. A oportunidade que se apresentou foi bem aproveitada para se empreender um novo negócio que explorasse as expectativas de produtos ou serviços por parte do mercado.

Peter Drucker disse certa vez que a melhor forma de prever o futuro é inventá-lo. Talvez seja exatamente isso que um empreendedor faz ao explorar uma oportunidade de negócio: ele consegue perceber antes o que a sociedade estava demandando.

Como saber do que estaremos precisando ou o que estaremos utilizando nos próximos dez anos? Se voltarmos dez anos atrás, as previsões mais otimistas teriam falhado, pois as inovações geradas na última década surgiram da identificação de novas oportunidades de negócio e criaram novos espaços econômicos para exploração dessas oportunidades, como preconizava Schumpeter (1942).

Empresário e a função empreendedora

Schumpeter, em seu trabalho seminal, investigou a função empreendedora, propondo a distinção entre o empreendedor e capitalista.

A princípio, o empreendedor era uma figura familiar, estava relacionado a atividades simples; depois, passou a ser um agente que combina fatores dentro de um organismo de produção. Nesse processo de evolução a característica empreendedora deixa de estar vinculada à pessoa física.

A distinção entre empreendedor e capitalista é que o capitalista fornece o capital para o empreendedor, enquanto o empreendedor é aquele que capta a inovação (sem necessariamente ser o inovador) e a leva pra frente. O capitalista assume os riscos da possibilidade de não pagamento do empreendedor. No entanto, o primeiro geralmente tem garantia, enquanto o último suporta maior risco.

O empreendedor pensa sempre no futuro, está sempre atualizado com as tendências do mercado e tem percepção intuitiva. Além disso, a função do empreendedor não está incorporada na pessoa física, muitas vezes o Estado atua como agente empreendedor. Para Schumpeter o papel do estado é fundamental no processo de inovação.

As inovações são criadas da "mutação industrial" ou "destruição criativa" com novas combinações de recursos existentes para fazer as coisas que estão sendo feitas de uma nova maneira. A isso denominou-se "função empreendedora" que distingue atores da empresa (o capitalista e o gerente). Muitas vezes é difícil encontrar cooperação e consumidores para realizar algo novo (SCHUMPETER, 1942).

Na função empreendedora, se a produção, em termos econômicos distintos do tecnológico, baseia-se na transformação ou combinação de fatores nos produtos, há uma função distinta, se consideradas combinações que geram inovações. Os grandes ganhos empreendedores, em geral, são feitos nas novas indústrias ou nas indústrias que adotaram um novo método, e especialmente as pioneiras naquele campo.

Pequena empresa:

Teoria da pequena grande empresa?

A Administração que se conhece hoje oficialmente é uma administração específica de um momento da humanidade. A Administração sempre existiu, mas a forma e o conteúdo mudaram. O surgimento da Organização burocrática é o divisor de águas nesse processo. A Organização formal ou Organização moderna é um aspecto indissociável da grande empresa; afinal, as teorias de administração moderna nascem como resposta aos problemas enfrentados pelas grandes corporações. Entretanto, a pequena empresa não necessariamente se caracteriza como uma Organização formal. A implicação disso, segundo Jones (1999), é que a teoria administrativa, desenvolvida para a grande empresa, precisa de uma reflexão e de adequações se desejar ser adaptada para a pequena empresa.

Anteriormente a essa constatação, os pensadores não faziam distinção entre a teoria para a grande e a pequena empresa. Essa falta de distinção ficou conhecida como "o paradigma da pequena grande empresa", o qual considerava que a pequena empresa era uma grande empresa que não cresceu. Sem essa distinção, rotulavam-se conclusões míopes sobre a falta de planejamento, de estratégia de negócio, entre outros. Entretanto, ficou comprovada a consideração das especificidades das pequenas empresas em relação às grandes.

Na pequena empresa a figura do proprietário, do empresário e do empreendedor se misturam e se confundem. Segundo Torrès e Julien (2005), na pequena empresa há proximidade hierárquica, enquanto na grande empresa a dispersão é maior. A proximidade hierárquica transforma a natureza e as relações de trabalho, no que tange à empresa e à governança. A governança na pequena empresa se resume ao proprietário. Como a Organização é pequena, os aspectos organizacionais são próximos e informais, e, como resultado, a administração é centralizada. Esse é um aspecto importante para o conceito de Administração.

Há uma frase corrente segundo a qual "nada acontece na pequena empresa sem que passe pelo empresário". As funções do empresário na pequena empresa são centralizadas, sendo comum que ele desempenhe o papel de todas as áreas funcionais;

em consequência, na pequena empresa, a Administração tem uma identificação imediata com o empresário. Há certa dificuldade em compreender na pequena empresa a dinâmica da administração tradicional porque nela se mantêm aspectos como a comunicação informal, a ausência de níveis hierárquicos e a centralização das ações na figura do dirigente.

Administração também é cultura:

Desenvolvimento como resultado da atividade empreendedora

A atividade empreendedora não está restrita a uma determinada pessoa, pode ser realizada por instituições governamentais que atuam em pesquisa e desenvolvimento. Isso permite verificar o caráter institucional e não personalizado tanto da função empresarial quanto dos processos de inovação.

É fundamental para o desenvolvimento de uma economia a participação de agentes que impulsionem as empresas e as inovações que nem sempre foram criadas por eles. A necessidade de capitalistas que disponibilizem o capital necessário para o progresso econômico é de grande importância.

Schumpeter adotou de Marx a concepção de que o sistema capitalista é direcionado pela competição tecnológica entre empresas, com a introdução de novas máquinas para aumentar a produtividade e melhorar a competitividade das empresas em detrimento da visão contábil da competição.

O desenvolvimento surge na medida em que novas configurações aparecem descontinuamente em cinco casos: introdução de um novo bem, introdução de um novo método de produção, abertura de um novo mercado, conquista de uma fonte de oferta de matéria-prima, estabelecimento de uma nova organização na indústria – como a criação de monopólio ou a fragmentação de uma posição de monopólio (SCHUMPETER, 2002).

Considerações finais

A síntese dos conceitos e contextos da administração discutidos ao longo do capítulo remete a quatro questões principais:

1) O que devemos fazer?
2) O que podemos fazer?

3) O que queremos fazer?
4) O que vamos fazer?

A Figura 1.4 apresenta os quatro contextos do conceito de Administração.

Figura 1.4: Quatro contextos do conceito de Administração.

A primeira questão relativa ao que "devemos fazer" é direcionada a uma oportunidade de negócio ou a uma competição. Ao buscar a resposta para essa questão encontra-se o conceito de negócio, que é um conceito econômico em sua essência. Um negócio está associado a uma ideia ou oportunidade que o empresário percebeu, e daí buscará os meios para viabilizá-la.

A segunda questão relativa ao que "podemos fazer" é dirigida por funções empresariais. Ao buscar a resposta para essa questão encontra-se o conceito de empresa, que é um conceito administrativo. A empresa representa os meios para viabilizar negócio, por parte do empresário.

A terceira questão relativa ao que "queremos fazer" é dirigida pela propriedade. Ao buscar a resposta para essa questão encontra-se o conceito jurídico de empresário, que é detentor dos recursos financeiros para viabilizar a empresa enquanto uma entidade jurídica, como meio de realizar o negócio. É importante, neste caso, não confundir empresário com a figura do empreendedor. Um empreendedor pode ter a ideia do negócio, mas nem sempre dispõe dos recursos financeiros para viabilizá-lo. No caso, ela procura um sócio, detentor do capital, para viabilizar a empresa. Um empreendedor pode ser o empresário também na medida em que seja também o detentor dos recursos para viabilizar o empreendimento.

A quarta questão relativa ao que "vamos fazer" é dirigida por integração e unidade, no sentido de coordenar esforços de várias pessoas para atingir um objetivo comum. Ao buscar a resposta para essa questão encontra-se o conceito de Administração que faz a Organização funcionar com vistas ao empresário, empresa e negócio. A Organização é um conceito sociológico e político. A Organização pode assumir diversas configurações (empresa, entidade pública, Organização não governamental, fundação entre outros), mas na sua essência é o arquétipo teórico utilizado para formular as teorias e modelos que auxiliam a compreensão dos diferentes elementos sociais e técnicos que a caracterizam.

Roteiro de aprendizado

Questões

1. Comente a afirmação: "A maturidade da empresa é medida pelo seu grau de formalização."

2. Como conduzir a empresa a atender uma determinada oportunidade de negócio?

3. Explique os conceitos relativos a Organização, empresa e negócio, baseando-se na Figura 1.4.

4. Aborde um exemplo que permita relacionar as práticas empresariais, a teoria econômica e administrativa e o conceito de Organização.

Exercícios

1. Na Figura 1.3 representa-se o processo de abertura de uma empresa no Brasil. Utilize-a para explicar a diferença entre o conceito de Organização e Empresa.

2. De acordo com a afirmação de Schumpeter sobre o processo de inovação, explique o relacionamento entre os conceitos de Organização, Empresa e Negócio:

   "As inovações criam novos espaços econômicos a partir da exploração de novas oportunidades de negócio pela busca permanente de diferenciação por parte dos agentes de estratégias deliberadas." (Schumpeter, 1942)

3. Quais são as origens, potencialidades e limites das teorias administrativas? Responda à questão com o conhecimento que você adquiriu neste capítulo.

4. A síntese dos conceitos e contextos da administração discutidos na disciplina remete a quatro questões principais, listadas abaixo. Coloque na frente de cada pergunta quem viabiliza a resposta: empresário, empresa, negócio, organização. Justifique.

   O que devemos fazer?

   O que podemos fazer?

   O que queremos fazer?

   O que vamos fazer?

Pensamento administrativo *em ação*

Lucas é almoxarife em uma pequena empresa metalúrgica que se encontra em um ritmo constante de leve crescimento nos últimos anos. Essa situação reflete as inovações no produto e mercado introduzidas pelo novo diretor-presidente, o engenheiro Paulo Eduardo, filho do fundador e já na empresa há quinze anos.

O crescimento tem trazido muitas oportunidades internas de promoção profissional e Lucas prepara-se para aproveitar uma dessas oportunidades, cursando à noite uma faculdade de Administração.

Seu 3º semestre de Faculdade não é animador; a maioria das disciplinas que cursou e está cursando não é de Administração. Ele estava entusiasmado com as "Teorias de Administração", mas tem achado a disciplina muito teórica: aquilo que estuda à noite na disciplina, não aplica de dia no almoxarifado.

Após o lançamento em sua empresa do "Programa Excelência na Administração", Lucas participa do coquetel com diretores, gerentes e supervisores. Aproveitando o clima informal, aproxima-se do presidente e fala de sua desmotivação com a Faculdade.

Lucas fica admirado quando o engenheiro Paulo Eduardo diz que a disciplina mais importante que cursou em seu mestrado foi "Teorias de Administração". Confuso, Lucas pede maiores explicações.

O presidente lhe explica que as Teorias se assemelham ao computador, pois potencializam sua ação como administrado. Contudo, de maneira diferente do computador, nós não podemos tocá-las, ver suas formas ou sentir seus aromas.

Mais confuso ainda ficou quando o engenheiro Paulo Eduardo lhe disse que as técnicas de reposição de estoque e lote econômico (que Lucas tanto admirava) são úteis ao tipo de problema que supervisores enfrentam. Na presidência, os problemas são bem diferentes e as Teorias são melhores conselheiras.

Quando Lucas se despedia, o presidente advertiu: não se engane, eu uso, às vezes, técnicas, e você precisa, às vezes, de Teoria. Pense nisso!

Pede-se: Qual o problema que Lucas enfrenta?

Para saber mais

DRUCKER, P. The theory of business, *Harvard Business Review*, September-October, p. 95-104, 1994.

Referências

ARDICHVIVI, A.; CARDOSO, R.; RAY, S. A Theory of Entrepreneurial Opportunity Identification and Development. *Journal of Business Venturing*, 18, pp.105-123, 2003.

CAMARINHA-MATOS, L.; AFSARMANESH, H. Collaborative networks: Value creation in a knowledge society. In: *Knowledge enterprise: Intelligent strategies in product design, manufacturing and management.* pp. 26-40. Springer. 2006.

GAGLIO, C., KATZ, J.: The psychological basis of opportunity identification: entrepreneurial alertness. *Small Business Economics* 16, pp. 95-111, 2001.

JONES, M. The internationalisation of small high technology firms. *Journal of International Marketing*, v. 7, n. 4, 1999, pp. 15-41.

KRIKORIAN, Y.H. The concept of Organization, *Journal of philosophy*, v.32, nº 5, pp. 119- 126, Feb. 20, 1935.

LUMPKIN, G.T.; HILLS, G. E.; SHRADER, R.C. Entrepreneurial Opportunity Recognition. In: *Entrepreneurship: The Way Ahead.* H. Welsch (Ed.), London: Routledge, pp. 73-90, 2004.

MINTZBERG, M. *Managing:* desvendando o dia a dia da gestão. Porto Alegre: Bookman, 2010.

SARASON, Y.; DEANT, T.; DILLARD, J. F. Entrepreneurship as the Nexus of Individual and Opportunity: a Structuration View. *Journal of Business Venturing*, v. 21, pp. 286-305, 2006.

SCHUMPETER, J. A. *Capitalism, Socialism and Democracy.* New York, Harper & Row, 1942.

SCHUMPETER, J. A. Economic Theory and Entrepreneurial History. *Revista brasileira de inovação*, vol 1, Número 2, julho-dezembro 2002.

TORRÈS, O., JULIEN, P. Specificity and denaturing of small business. *International small business journal*, v. 23, n. 4, 2005, pp. 355-377.

ZAHRA, S.; KORRI, J.; YU, J. Cognition and international entrepreneurship: implications for research on international opportunity recognition and exploitation, *International business review*, v.14, nº 2, pp.129-146, 2005.

Capítulo 2

PRINCÍPIO DA DIVISÃO DO TRABALHO:
início da Era Industrial

Fábio Müller Guerrini
Edmundo Escrivão Filho
Daniela Rosim
Luiz Philippsen Jr. (ilustrações)

Resumo:

Como aumentar a produtividade utilizando os mesmos recursos? Em 1776 Adam Smith identificou o princípio da divisão do trabalho, que permite a especialização na realização de tarefas e, consequentemente, o aumento da escala de produção utilizando os mesmos recursos físicos e humanos. Compreenda o princípio da divisão do trabalho e as consequências da Revolução Industrial na sociedade.

Palavras-chave: divisão do trabalho, Revolução Industrial, Era Industrial.

Objetivos instrucionais:

Apresentar o princípio da divisão do trabalho e suas consequências na organização do trabalho industrial.

Objetivos de aprendizado:

Após a leitura deste capítulo, espera-se que o aluno seja capaz de:

❖ Compreender o princípio da divisão do trabalho e sua aplicabilidade.
❖ Reconhecer a importância da Revolução Industrial e suas consequências no modo de vida da sociedade.

Introdução

A formação do pensamento administrativo teve seus antecedentes na Organização tradicional, baseada na concepção de que o ofício era passado de pai para filho, com regras que garantiam a imobilidade social. Era determinante nesse tipo de sociedade assegurar a continuidade da tradição.

O objetivo desse capítulo é abordar as quatro fases da formação da Era Industrial. No início da Idade Média, a família produzia para o seu próprio consumo, sem a preocupação de venda; esse sistema ficou conhecido como sistema familiar. Adentrando na Idade Média, o mestre artesão contratava empregados que produziam para um mercado restrito e estável, sendo proprietário da matéria-prima, dos meios de produção e responsável pela venda dos produtos. Nesse caso, o trabalho era controlado pelas corporações de ofício. Entre os séculos XVI e XVIII, a produção passou a ser contratada por um intermediário (capitalista comercial) que fornecia matérias-primas e vendia o produto final para um mercado em expansão, caracterizando o sistema de produção doméstico. A partir do final do século XVIII, com a emergência do capitalista industrial cujo papel era viabilizar a produção em larga escala para um mercado que se expandia além das fronteiras dos países, a oficina artesanal entrou em decadência e o mestre artesão passou a ser empregado do empreendedor capitalista. A habilidade necessária para a execução de um determinado ofício sucumbiu ao uso intensivo de máquinas.

Para compreender o contexto no qual ocorreram tais mudanças, é necessário compreender o tipo de sociedade na qual cada um desses sistemas de organização do trabalho estava inserido e as correntes de mudanças que condicionaram a reorganização produtiva da sociedade.

Com esse intuito, abordam-se as características da sociedade feudal para caracterizar o sistema de produção familiar, a emergência dos estados nacionais para caracterizar o sistema de produção doméstico, a ascensão do capitalismo manufatureiro e industrial e o papel da Revolução Industrial na viabilização da sociedade industrial.

Antecedentes: a sociedade feudal e o sistema familiar

A sociedade feudal era iminentemente agrária e as terras eram divididas em feudos, nos quais servos e vassalos produziam para o senhor feudal e para sacerdotes. Um terço das terras do feudo servia para a subsistência das famílias dos trabalhadores, os dois terços restantes serviam ao senhor feudal. A agricultura atendia somente à subsistência do feudo, em faixas descontínuas de terras, o que impedia a produção em escala e o aprimoramento das técnicas de cultivo (HUBERMAN, 2013).

No século XIII os trabalhadores arrendavam as terras do senhor feudal, que, por sua vez, arrendava as terras de outro senhor, um conde (o que configurava o condado), que por sua vez arrendava as terras de um duque (o que configurava o ducado) que, finalmente, havia arrendado as terras de um rei (o que configurava o reino).

Entretanto, o maior proprietário de terras era a Igreja, que ampliou as suas posses por meio de dízimos dos seus fiéis, doações de terras de pessoas que morriam, com a promessa de garantir um lugar no céu, ou cujos filhos que não eram primogênitos fossem seguir a ordem religiosa. A Igreja administrava as suas terras de forma mais eficiente do que os senhores feudais e a nobreza. Alguns valores do período do Império Romano continuavam a ser propagados pela Igreja, como principal indutor do processo civilizatório para a sociedade, construindo escolas e hospitais. Somente com a criação dos estados nacionais é que esse papel seria assumido pela própria sociedade (HUBERMAN, 2013).

O comércio na época era realizado uma vez por semana, baseado em troca de mercadorias. Já havia moedas circulando, mas elas eram próprias de cada feudo, o que dificultava basear o comércio em trocas monetárias. As trocas ocorriam entre produtos que um determinado feudo produzia e outro necessitava. Um dos receios dos comerciantes era a pilhagem. Os castelos e os mosteiros ofereciam proteção para que as feiras de troca pudessem ocorrer nos seus limites (HUBERMAN, 2013).

Até o século XIV não havia a clara noção econômica de capital, terra e trabalho. A terra não era percebida como uma propriedade que pudesse ser comercializada. As relações de trabalho baseavam-se na subordinação de servos a senhores feudais. O aumento do capital sofria a consequência indireta de que o melhor método de produção era o mais lento e trabalhoso (HEILBRONNER, 1997).

Expansão do mercado

Huberman (2013) apresenta o lento processo de expansão do mercado. O texto deste item discorre sobre os principais aspectos abordados pelo autor.

O desenvolvimento do sistema de mercado começou no século XIII e seguiu seu curso até o século XIX. O processo de mudança foi lento, por meio de um crescimento interno em grande medida.

As Cruzadas foram um grande estímulo para o comércio, pois os mercadores acompanhavam os soldados para abastecê-los. A intenção da Igreja era disseminar a fé e aumentar a sua penetração em outros países e, ao mesmo tempo, se livrar de um contingente de bandidos e marginais que se tornavam soldados a serviço da Igreja. A concessão de terras era uma forma de aliciar tais pessoas para a guerra, com a perspectiva de se tornarem proprietários de terras quando retornassem. Os nobres endividados, por sua vez, viam a possibilidade de limpar o nome. Os motivos econômicos para a guerra era deter o avanço muçulmano de Constantinopla na Turquia e expandir o comércio com acesso à rota para o Oriente partindo da Itália.

Com o final das Cruzadas, muitos daqueles que retornaram assimilaram hábitos alimentares e de vestimenta dos povos muçulmanos. Tais necessidades impeliram o comércio com o Oriente.

Do século XII ao século XV, os senhores feudais construíram estradas que interligavam várias cidades. As cidades em si nasceram do cruzamento de duas estradas, local onde os comerciantes paravam para negociar as suas mercadorias. Próximo a esses locais havia igrejas ou burgos para a proteção dos comerciantes. Conforme as pessoas chegavam, elas se estabeleciam do lado de fora dos burgos (que eram murados). Quando o contingente de pessoas morando fora dos burgos era maior do que o do próprio burgo, ele era assimilado pela periferia e se tornava uma cidade. As primeiras cidades que surgiram dessa forma localizavam-se na Holanda e na Itália.

As cidades estabeleceram suas próprias regras sobre o comércio e adquiriram independência dos feudos. Criaram-se associações de comerciantes para garantir a sua independência por toda a Europa. O acúmulo de capital pelos comerciantes passava a ter maior importância do que as terras do senhor feudal. Paulatinamente, os senhores feudais venderam cotas de direitos às cidades que se localizavam em seus feudos aos moradores até a cidade ficar totalmente independente.

A interligação entre as cidades por meio das estradas facilitou o fluxo de mercadorias para o abastecimento das populações que viviam nas cidades com alimentos provenientes do campo, disseminando a familiaridade com o dinheiro, os mercados, os hábitos de vender e comprar. As mudanças materiais foram as principais indutoras do crescimento do mercado.

As distinções entre a cidade e o campo começaram a ter contornos bem definidos. A partir do século XII, houve a drenagem dos campos, construção de diques e desmatamento para a expansão das áreas cultiváveis por camponeses, que ficavam livres das obrigações com os senhores feudais.

A Igreja passou a admitir a usura (emprestar e cobrar juros pelo empréstimo) em função da expansão do mercado.

O sistema artesanal floresceu com o aparecimento das cidades e a expansão dos mercados. Nesse período, o mestre artesão era responsável por negociar e adquirir a matéria-prima, era proprietário das ferramentas que utilizava, empregava ajudantes (denominados jornaleiros), executava e supervisionava o trabalho e comercializava o produto. Produzia apenas para o consumo do feudo.

Os artesãos passaram a montar as suas oficinas nas cidades, contratando ajudantes, pois viam a possibilidade de aumentar os seus ganhos. Esses artesãos criaram as corporações de ofício, que passaram a regulamentar a atividade por estatutos. Essas associações segmentaram-se em níveis diferentes, no qual a associação maior contratava os serviços da menor. O poder, que já havia migrado do senhor feudal para o comerciante, era também compartilhado agora com o artesão.

O papel do intermediário

Com a expansão da atividade comercial entre diferentes regiões, surgiram os atacadistas que adquiriam mercadorias para distribuí-las em grandes centros urbanos. A troca de moedas passou a ser mais frequente para viabilizar o comércio a ponto de, em 1389, um documento real inglês determinar a utilização de um único peso e medida em toda a Inglaterra, sob a pena de prisão de quem descumprisse a determinação (HUBERMAN, 2013).

O surgimento do intermediário, em consequência da expansão do mercado, colocou em xeque as corporações de ofício que estavam estruturadas para administrar mercados locais. As corporações exerciam a sua influência dentro dos limites da cidade e em regiões próximas. Em função da necessidade de comprar grandes quantidades de mercadorias, o intermediário passou a procurar famílias que estivessem fora dos limites das cidades e, portanto, fora da jurisdição das corporações de ofício, em um sistema produtivo que ficou conhecido como "doméstico". O mestre artesão viu as suas atribuições reduzidas para a propriedade das ferramentas, a contratação de ajudantes e a fabricação do produto. Esse sistema de produção ficou conhecido como sistema de produção doméstica, que prevaleceu do século XVI ao século XVIII.

Houve resistências e perseguições, mas, quando o mercado passou a ter abrangência nacional, as corporações perderam a sua utilidade. O intermediário negociava a mercadoria, entregava a matéria-prima para o artesão produzir e transportava a mercadoria para vendê-la ao consumidor em qualquer lugar. Esse estágio foi importante na transição para a produção capitalista. Com o intermediário houve uma reorganização da técnica de produção, permitindo a especialização. Os mestres artesãos começaram a diferenciarem-se entre si. Uma corporação passou a fazer encomendas para a outra, desempenhando a função de mercador. Os mestres passaram a diferenciarem-se não só como produtores, mas, também, em suas posses.

Terras produtivas foram desapropriadas, e o crescimento do comércio de algodão e o sistema de produção doméstico ficaram à disposição de aprendizes desempregados e lavradores de terra. Os camponeses reuniram-se em grandes oficinas, iniciando a fase da manufatura, alterando as formas de relação social de produção e as forças produtivas com a nova divisão técnica do trabalho. A dependência mútua entre os trabalhadores constituiu um sistema de participação coletiva para a realização do trabalho. Essa nova organização do trabalho favorecia o aumento de produtividade, o que interessava ao intermediário.

Nesse momento o capitalista passou a ter um papel importante, pois o intermediário precisava de recursos. Progressivamente, o capitalismo manufatureiro promoveu a diminuição dos custos de produção e as mercadorias aumentavam a sua penetração em mercados urbanos.

Com o declínio das corporações de ofício, o poder das cidades livres se enfraqueceu e passou a ser diligenciado pela nobreza no sentido de unificar e organizar diversas regiões em um Estado Nacional. O Estado Nacional era constituído por monarquias centralizadas, que protegiam as atividades produtivas das corporações de ofício e empreenderam explorações marítimas, levando a Europa a um processo de acumulação de riquezas.

Com a descoberta da América surgiram novas necessidades de mercado, os governos concediam o monopólio a quem se dispusesse a explorá-lo.

O mercantilismo criou as condições para a consolidação dos Estados Nacionais. Houve a constatação de que o lucro de um país ocorria em detrimento do outro. A luta por mercados e colônias levou a Inglaterra e a França a proibirem que navios de outros países transportassem carga ou fizessem comércio com as suas colônias. Criaram-se leis para impedir que as colônias abrissem empresas que rivalizassem com a metrópole.

Conforme aumentou a procura por novos mercados, houve a necessidade de reorganizar em termos capitalistas a indústria de base que necessita de instalações caras em função do porte das máquinas utilizadas na produção.

Dos séculos XVI a XVII surgiram os assalariados, que se tornavam cada vez mais dependentes do sistema capitalista. O mestre artesão que era contratado como operário em unidades fabris era visto pelos seus pares como alguém que não tinha talento. O artesão de fato mantinha-se fiel ao seu modo de produção e organização do trabalho.

O capitalismo industrial, baseado em relações e organização do trabalho capitalistas, foi um desdobramento natural do capitalismo manufatureiro, baseado na relação capitalista e no trabalho artesanal. A solução para a escassez de mão de obra assalariada recebeu um grande impulso da expansão do mercado e a consequente acumulação de capital manufatureiro.

O progresso industrial acelerou o processo de transformação de trabalhadores autônomos em assalariados e as forças produtivas sucumbiram ao capital industrial. Os proprietários dos meios de produção não produziam por si mesmos, e os produtores deixaram de ser proprietários tanto dos meios de produção quanto dos produtos. O capital investido na produção deveria gerar lucro.

Não houve um evento significativo que permitisse a expansão de mercado e o surgimento das relações capitalistas. Houve um conjunto de iniciativas isoladas e mudanças nas relações sociais sobre as quais o capitalismo se impôs convivendo com o estágio precedente.

A divisão do trabalho

Apesar de as bases do capitalismo estarem consolidadas, faltava uma definição conceitual que permitisse a compreensão de todas as manifestações cuja origem fossem as forças de mercado. Dos séculos XVII a XVIII alguns economistas procuraram compreender como se organizam as forças produtivas.

No século XVII, o economista francês Quesnay propôs a fisiocracia, para a qual a riqueza advinha única e exclusivamente da agricultura. O comércio e a indústria só mudavam a sua forma. Essa concepção mostrou-se falha ao não considerar que todo trabalho gerava riqueza.

O economista francês Gournay combatia as práticas mercantilistas e a sua excessiva regulamentação. Ele defendia o *laissez-faire*, expressão emblemática do capitalismo puro, no qual o mercado deveria operar livremente, sem a interferência do governo e de regulamentações.

Mas foi com a publicação do livro *A Riqueza das Nações* em 1776, que o economista escocês Adam Smith sintetizou o pensamento sobre a dinâmica do capitalismo, o funcionamento do mercado e os mecanismos que garantiam a coesão da sociedade.

Para Adam Smith, "o mercado é previsível na medida em que os costumes atuem sobre determinadas estruturas sociais". O direcionamento de interesses individuais similares pode vir a resultar em competição que influirá e proverá as mercadorias necessárias para a sociedade, em quantidade suficiente e preço adequado ao padrão econômico da sociedade. O mercado também regula os salários de cada trabalhador produtor de mercadorias. Duas leis são responsáveis pela ascensão espiral do mercado.

A Lei da Acumulação pressupõe que o mundo será beneficiado pela acumulação de capital, pois a acumulação significa mais máquinas; com isso, haverá maior necessidade de trabalhadores. Os salários aumentariam até um limite em que os lucros na fonte de acumulação fossem diluídos.

Essa barreira é superada pela segunda lei, a Lei da População, na qual a necessidade de homens para o trabalho regula a produção de homens, como qualquer outra mercadoria. A sociedade é dinâmica. O acúmulo de capital vai aumentar os salários conforme cresça a necessidade de mão de obra. Daí em diante, maiores acumulações deixam de ser lucrativas e o sistema tende a ruir. Mas os trabalhadores poderão garantir melhores condições de vida para os seus filhos, o que aumentará a oferta de mão de obra. Com o excesso de população e a competição entre trabalhadores, os salários diminuirão. Assim, o acúmulo poderá continuar e começará uma outra volta na espiral ascendente da sociedade.

A Figura 2.1 ilustra as leis de Adam Smith (Lei de Acumulação e Lei da População).

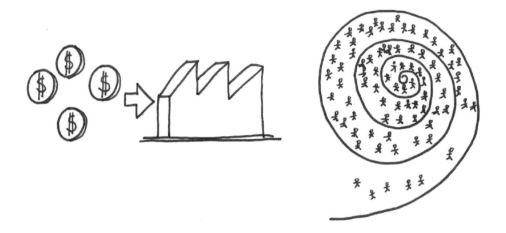

Figura 2.1: Leis de Adam Smith (Acumulação e da População).

Mas Adam Smith defendia também a divisão do trabalho e a consequente especialização das funções do trabalhador, pois, ao fracionar o trabalho, a produtividade aumentaria. Aumentando a quantidade de bens produzidos com o mesmo contingente de mão de obra, o valor unitário do bem cairia e, com isso, seria possível atingir um mercado maior. A partir do momento em que Adam Smith verificou que a divisão do trabalho propiciava um grande aumento de produtividade, tendo em vista a especialização do operário, tornou-se possível a produção em grande escala para o mercado.

Para ilustrar o seu raciocínio Adam Smith deu o exemplo da fabricação de alfinetes: um trabalhador da manufatura de alfinetes não qualificado, nem familiarizado com a utilização dos equipamentos usados pode fazer poucos alfinetes por dia. Com a divisão do trabalho do alfinete, o processo de produção foi repartido em "pequenas tarefas" (aproximadamente 18 etapas), passando cada trabalhador especializado a ser responsável por uma das etapas, o que resultou num aumento de produtividade dos trabalhadores. Dez trabalhadores especializados (alguns desempenhando duas ou três funções) trabalhando na produção do alfinete produziam aproximadamente 48 mil alfinetes por dia, após a capacitação adequada naquela tarefa.

O conceito de divisão do trabalho foi apropriado por Frederick Taylor e por Henry Ford no século XX. Portanto, não há motivação maior para discutir a formação do pensamento administrativo do que o princípio da divisão do trabalho.

O início da Era Industrial

Entre 1780 e 1850 ocorreu a primeira Revolução Industrial, liderada pela Inglaterra, pois havia abundância de carvão no seu território. As mudanças foram possíveis graças a apropriação de conhecimentos técnicos de estrangeiros, desenvolvimento da malha ferroviária e pluvial e avanços tecnológicos com a invenção de máquinas. A economia inglesa cresceu dez vezes nesse período e a primeira Revolução Industrial ficou conhecida como a Revolução do Ferro e do Carvão.

Entre 1850 e 1914 ocorreu a Segunda Revolução Industrial, liderada pela Alemanha, que se tornou o primeiro país industrial do mundo. O desenvolvimento industrial da Alemanha já havia possibilitado a expansão da sua malha ferroviária a partir de Colônia e Berlim, o que permitiu o escoamento da produção de carvão e o desenvolvimento dos portos no Mar do Norte ainda na primeira Revolução Industrial.

A segunda Revolução Industrial, conhecida como Revolução do Aço e da Eletricidade, teve como elementos indutores o Tratado Franco-Prussiano em 1860 (chamado de *Zollverein*), o tratado comercial anglo-francês em 1862, a lei do trigo e os orçamentos de Gladstone e Peel, que acabaram por abolir quase todas as barreiras alfandegárias existentes. Os bancos de crédito espalharam-se por toda a Europa. A Alemanha começou a despontar com indústrias de produtos químicos, elétricos e na construção naval. Em 1870, a Alemanha investiu em minas, plantações ferrovias e fábricas em várias partes do mundo. Além disso, investiu pesadamente nas escolas técnicas para a formação de mão de obra capacitada para trabalhar na indústria (HENDERSON, 1984).

A Figura 2.2 representa as forças indutoras das revoluções industriais.

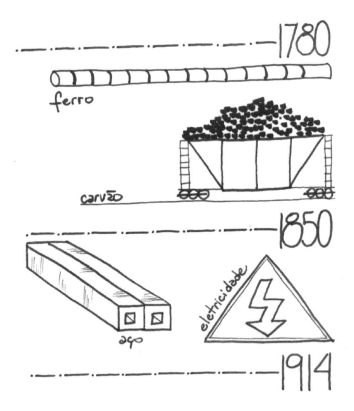

Figura 2.2: Forças indutoras das revoluções industriais.

Nos Estados Unidos havia o embate entre a visão de uma sociedade agrária defendida por Thomas Jefferson, alinhada com as necessidades dos estados do sul do país, com o modelo proposto pelo secretário de Tesouro Hamilton, do primeiro mandato de George Washington, que previa a propriedade privada e o liberalismo (HENDERSON, 1984).

A Guerra da Secessão foi uma decorrência desse embate de ideias. Em 1865, com a vitória dos estados do Norte, o general Ulysses Grant, então presidente dos Estados Unidos, disse a respeito do liberalismo:

> *"Durante séculos a Inglaterra confiou na proteção, levando-a até seus extremos e obtendo disso resultados satisfatórios. Não resta dúvida de que deve sua força presente a este sistema. Depois de dois séculos, a Inglaterra achou conveniente adotar o livre comércio, porque pensa que a proteção não pode oferecer mais algo. Muito bem, então cavalheiros, meu conhecimento de meu país me conduz a crer que dentro de duzentos anos, quando a América tiver obtido da proteção tudo que a proteção pode oferecer, adotará o livre comércio."* (GALEANO, 1983)

Uma visão contemporânea da divisão do trabalho

Em alguns anos o princípio da divisão do trabalho enunciado por Adam Smith completará 250 anos. É interessante notar como o conceito se disseminou em toda e qualquer atividade humana. Os avanços tecnológicos advindos e possibilitados pela divisão do trabalho tornaram a nossa vida mais focada na atividade de trabalho, permitindo que o nosso tempo livre pudesse ser aproveitado em outras atividades. Por outro lado, o termo "divisão do trabalho" adquiriu uma conotação negativa. A imagem culturalmente mais contundente da divisão do trabalho e da produção em massa é do filme "Tempos modernos", de Charles Chaplin.

Em função de repetição contínua da mesma tarefa, o operário perde a noção do todo e o foco da produtividade recai na capacidade das máquinas coordenadas com as capacidades humanas. Mesmo que haja um conteúdo colaborativo no sentido de cada indivíduo depender do próximo para que o produto seja fabricado, ele é fragmentado. A destruição do "saber fazer" do funcionário pode conduzir a sociedade a certo tipo de alienação.

Essa constatação é possível justamente porque há um histórico das consequências de utilização deste conceito. Por outro lado, a sociedade não teria chegado ao nível de organização atual e, ao mesmo tempo, experimentado outras formas de organização do trabalho, sem o conceito de divisão do trabalho.

O conceito de especialização, direcionado para a execução de tarefas pelo indivíduo, adquiriu um novo caráter a partir da década de 1990, quando Humphrey e

Schmitz (1998) identificaram a prática da especialização flexível, na região da Emília Romana na Itália. Nessa modalidade, grandes empresas de manufatura formam elos cooperativos com pequenas empresas que produzem componentes dos produtos. Alia-se a capacidade de mobilização de recursos da grande empresa à flexibilidade das pequenas empresas.

A Figura 2.3 aborda a dinâmica da repetição da tarefa no contexto da divisão do trabalho.

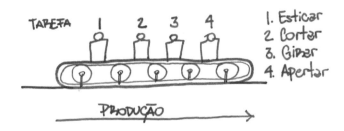

Figura 2.3: Dinâmica da repetição da tarefa no contexto da divisão do trabalho.

A Revolução Industrial é delimitada em dois períodos: a primeira é referente ao carvão e a segunda ao aço, à eletricidade e à indústria química. Mas, de certo modo, estamos vivendo agora um novo momento de ruptura e organização das forças produtivas. Em todas as áreas de conhecimento a especialização aprofundou-se, mas, graças às tecnologias disponíveis, podemos repensar e pôr em prática todo o modo como organizamos o trabalho.

Pequena empresa:

Saber fazer

A partir do momento em que se identificou o princípio da divisão de trabalho, foi possível replicar esse princípio para outras organizações, na maioria das vezes, com o propósito de aumentar a produtividade. Na pequena empresa isso também ocorre, no entanto, em razão da heterogeneidade do setor, no qual o número de funcionários varia de 20 a 499, pode-se dizer que os princípios da divisão do trabalho não são adotados indiscriminadamente. Quando a empresa se aproxima do contingente de 499 pessoas, dependendo do setor no qual ela está inserida, a divisão do trabalho ocorre com maior intensidade. Entretanto, no outro extremo de 20 funcionários, identifica-se ainda um sistema de produção artesanal. E é nesse ponto que a pequena empresa se diferencia, pois ganha flexibilidade pelo fato de o operário conhecer todas as etapas do processo de produção.

No setor metal-mecânico, há diferenças entre uma empresa de 20 funcionários e outra de 499. Na empresa de 20 funcionários, os funcionários são classificados como multifuncionais, pois executam diversas etapas do processo de fabricação. Conforme se aumenta o número de funcionários, a quantidade de funcionários multifuncionais diminui, apesar de ainda existirem aqueles que conseguem fazer tudo.

Um fator que colabora para a divisão do trabalho na pequena empresa é a necessidade de utilização das normas ISO, o que a aproxima do modo de produção industrial em detrimento do artesanal. Mas para o proprietário da pequena empresa a adoção das normas ISO nem sempre é interessante, pois o funcionário multifuncional é mais proativo na solução de problemas da empresa. Esse é em si o perfil do empresário da pequena empresa que, por ter essa característica, valoriza o funcionário com esse tipo de habilidade. O empresário tem o domínio de processo produtivo como um todo. De certa forma, isso corrobora a necessidade de visão sistêmica do processo, que permite a análise crítica dos motivos de executar o trabalho de uma maneira em detrimento a outra. O empresário domina o "saber fazer".

Por outro lado, em uma grande empresa do mesmo setor, o CEO já não domina o "saber fazer"; contrata engenheiros e técnicos especializados, pois a sua função é gerenciar. Com base nessa divisão de papéis, há uma recomendação do planejamento: aquele que planeja não deve executar. Ao serem executadas por um terceiro, as atividades de controle associadas ao planejamento podem ser exercidas com a devida isenção de justificativas.

Administração também é cultura:

Significados da cultura após a Revolução Industrial

Raymond Williams é um autor com uma vasta obra cujo objetivo foi desenvolver uma teoria sobre cultura.

Seu livro "Cultura e sociedade: de Coleridge a Orwell" aborda os efeitos da Revolução Industrial na cultura e no próprio significado das palavras *indústria, democracia, classe, arte* e *cultura*. Tais mudanças em seus significados caracterizam a forma como a sociedade passa a encarar a vida cotidiana, as instituições e na maneira como se relacionam com o aprendizado da cultura tanto na educação quanto nas artes (WILLIAMS, 2011, ed.original, 1952).

Como substrato do livro "Cultura e sociedade", Williams publicaria outro livro denominado "Palavras-chave: um vocabulário de cultura e sociedade" no qual apresenta um estudo etimológico coligido de palavras que foram historicamente definidas e que tiveram o seu significado alterado pela Revolução Industrial, em função dos avanços tecnológicos. Evidencia as contradições e conflitos sociais que determinaram a supremacia de um significado em detrimento de outro, em função de usos ideológicos (WILLIAMS, 2007, ed. Original, 1976).

"O campo e a Cidade: na história e na literatura", de sua autoria, pode ser encarado como uma obra-prima sobre os efeitos da Revolução Industrial no distanciamento entre o modo de vida no campo e na cidade. O campo passava a remeter a uma vida natural – "de paz, inocência e virtudes simples". A cidade, por sua vez, passava a ser associada à ideia de "centro de realizações – de saber, comunicações, luz". A despeito do bucolismo que a imagem do campo pode despertar, a palavra "campo" em inglês (*country*) tem um significado cultural poderoso, pois pode referir-se tanto a "campo" quanto a "país". Entretanto, mesmo a definição de "cultura", que remetia à noção agrícola de plantação (lavoura), foi modificada pela Revolução Industrial, como um "processo abstrato" ou "um produto desse processo" (WILLIAMS, 1989. Ed. original, 1973).

Na Grã-Bretanha, a agricultura em grande escala já havia se deslocado para as colônias em outros continentes, e grande parte da população concentrava-se nas cidades, o que praticamente extinguiu a agricultura familiar, para uma produção doméstica. As praças surgiram nas cidades inglesas como uma lembrança do bucolismo vivido no campo. Williams faz essa comparação de diferentes modos de vida da sociedade, comparando a poesia produzida durante esse processo de transição. Ora enaltecendo o bucolismo como modo de vida contemplativo, distante das preocupações que afligem o homem urbano, ora enaltecendo o progresso industrial como elemento propulsor do desenvolvimento da sociedade.

Os movimentos na direção de um processo de urbanização da sociedade inglesa são analisados por Williams a partir dos séculos XVI e XVII, as mudanças determinantes ocorridas entre os séculos XVIII, e a literatura de conteúdo urbano que emerge a partir do século XIX e início do século XX. Como resultado desse processo de identificação das alterações no sentido das coisas ocorrido da Revolução Industrial em diante, há um paralelo entre os poemas seminais de Thomas Hardy, William Blake e William Wordsworth ainda no período romântico e nas características que a forma do romance adquiriu com Charles Dickens até H.G. Wells quando começou a escrever sobre ficção científica (WILLIAMS, 1989. ed. original, 1973).

Caso:

Makers – sementes de uma nova Revolução Industrial em curso

Fonte: http://makers.net.br/

Há várias comunidades internacionais que surgiram nos últimos anos, com o objetivo de desenvolver produtos e serviços baseados na concepção de auto-organização e colaboração distribuída entre indivíduos.

Os *Makers* são uma comunidade que nasceu nos Estados Unidos, mas espalharam-se pelo mundo todo, com ramificação no Brasil. O princípio básico dos *Makers* é que "qualquer pessoa pode criar, prototipar, produzir, vender e distribuir qualquer produto". Mais do que uma frase de efeito, a proposta é levar esse conceito ao extremo. Isso tem se tornado uma realidade em função do acesso a plataformas colaborativas que funcionam como repositório de conhecimento e meio de troca de documentos e informações entre a comunidade; e de tecnologias de software e hardware, tais como a prototipagem rápida e impressão 3D.

A comunidade ganhou destaque na mídia, quando o presidente Barak Obama realizou o primeiro evento *Maker* na Casa Branca em 2014. Obama percebeu que esse tipo de iniciativa pode ser a semente para o renascimento da indústria americana que ao longo do século XX liderou a introdução de inovações para a sociedade, mas, nos últimos anos, tem perdido espaço para outros países. A perspectiva é que essa nova maneira de organizar o trabalho gere negócios, conhecimentos científicos na academia, empregos e materialize uma nova indústria em um futuro próximo.

Os próprios *Makers* afirmam que se inspiraram nas lições do passado. Com as tecnologias disponíveis, a viabilidade econômica da produção deixa de ser possível apenas nas grandes empresas. Pode ser feita por "artesãos" que desenvolvem, produzem e vendem globalmente. O princípio é simples: parte-se de uma ideia de um novo produto, que é apresentada para a comunidade, e reúnem-se pessoas interessadas. O projeto é desenvolvido de forma colaborativa e distribuída, buscando as competências necessárias conforme ocorre o desenvolvimento. Uma vez finalizado o projeto, os membros fazem um protótipo para testes, em algum local; passada a fase de testes, verificam as possibilidades e viabilidade de fabricação e distribuição. O movimento dos *Makers* coloca em prática o conceito de Schumpeter de destruição criativa em um contexto no qual a criação vem em primeiro lugar.

Considerações finais

O princípio da divisão do trabalho foi um marco na Era Industrial, pois permitiu aumentar a produção utilizando os mesmos recursos, o que era fundamental para um mercado em expansão e que necessitava de um aumento na escala de produção. Essa constatação feita por Adam Smith também reconhecia as atividades produtivas industriais como fator de geração de riquezas.

Impulsionado pela Revolução Industrial, o surgimento do capitalismo manufatureiro decorreu das necessidades desse mercado. A organização tradicional baseada no artesão deu lugar a empresas industriais nas quais o artesão era apenas um empregado e passava a ser responsável apenas pela etapa de fabricação. Em função da escala que a produção tinha de atingir para fornecer ao mercado, havia a necessidade de grandes investimentos em plantas fabris progressivamente maiores, o que demandava também equipamentos de maior porte. Somente um empresário que detinha capital era capaz de arcar com tais custos.

A difusão do conceito de divisão do trabalho pode ser reconhecida em vários contextos da sociedade contemporânea, tais como a especialização flexível e o movimento *Maker*. Mas para viabilizar a moderna empresa industrial foi necessário criar princípios e mecanismos de gestão.

ELSEVIER   CAPÍTULO 2 – PRINCÍPIO DA DIVISÃO DO TRABALHO: INÍCIO DA ERA INDUSTRIAL   43

Roteiro de aprendizado

Questões

1. Quais eram as características do sistema feudal?

2. Quais eram as funções do artesão?

3. No processo de expansão do mercado, entre os séculos XII e XIX, enumere cinco mudanças determinantes para que houvesse a transição do feudalismo para o capitalismo manufatureiro.

4. Explique a importância do conceito de acumulação de riqueza.

5. Explique o processo paulatino de diminuição das funções do artesão na transição do feudalismo para o capitalismo manufatureiro.

6. No livro *A Riqueza das Nações*, Adam Smith propõe a Lei da Acumulação e a Lei da População. Explique por que elas estão intimamente relacionadas.

7. Por que o conceito de divisão do trabalho foi importante para o aumento de produtividade?

8. Identifique as causas da afirmação de Adam Smith: "O maior progresso na capacidade do trabalho, e a maior parte do talento, aptidão e critério com os quais ele é conduzido ou aplicado em toda parte, parecem ter sido o efeito da divisão do trabalho".

9. Explique a lógica proposta por Adam Smith para aumentar a produção de alfinetes.

10. Qual foi o elemento motivador das mudanças tecnológicas ocorridas na Inglaterra no século XVIII?

11. Discuta as consequências do princípio da divisão de trabalho e as inovações tecnológicas advindas desse princípio no modo de vida atual.

12. Comente algumas ações da Inglaterra, França, Estados Unidos e Alemanha no início da Era Industrial que criaram as condições para o processo de industrialização.

13. Comente a afirmação do general Ulisses Grant, utilizando o conceito de livre comércio.

"Durante séculos a Inglaterra confiou na proteção, levando-a até seus extremos e obtendo disso resultados satisfatórios. Não resta dúvida de que deve sua força presente a esse sistema. Depois de dois séculos, a Inglaterra achou conveniente adotar o comércio livre, porque pensa que a proteção não pode oferecer mais nada. Muito bem, então cavalheiros, meu conhecimento de meu país conduz a crer que dentro de duzentos anos, quando a América tiver obtido da proteção tudo que a proteção pode oferecer, adotará o livre comércio."

Exercício

De que época estamos falando.

Fonte: Huberman (2013).

Um levantamento do trabalho doméstico realizado para a indústria de metal pré--fabricado... Os produtores incluem ganchos, colchetes, alfinetes de segurança, alfinetes de cabeça e botões de metal. A colocação de cordões ou arames nas etiquetas é outra operação realizada por alguns dos trabalhadores domésticos pesquisados. A distribuição de trabalhadores segundo o salário-hora médio é a seguinte (Tabela 2.1):

Tabela 2.1: Distribuição de trabalhadores

Distribuição de trabalhadores segundo o salário – hora médio (centavos)	Número de famílias
1 a 2	5
2 a 3	9
3 a 4	15
4 a 5	9
5 a 6	14
6 a 7	8
7 a 8	5
8 a 9	15
9 a 10	14
10 a 11	13
11 a 12	5
12 a 13	2
13 a 14	5
14 a 15	3
15 ou mais	7
Total de famílias	129

A família média trabalha, portanto, um total de 35 homens/ hora por semana, pelo que recebe $175... Casas superlotadas, sujas e em mau estado, roupas esfarrapadas, e reclamações frequentes sobre a comida insatisfatória, tanto na quantidade como na *qualidade, caracterizam os lares pesquisados... Crianças com idade inferior a 16 anos trabalhavam em 96 das 129 famílias estudadas... Metade delas tinha menos de 12 anos. Trinta e quatro tinham 8 anos e menos, e doze tinham menos de 5 anos.*

Pergunta: De que local e época estamos falando?

Resposta: Connecticut, Estados Unidos da América, agosto de 1934.

Sabendo a resposta à pergunta, o que você conclui?

Pensamento administrativo *em ação*

Situação 1

O progresso das cidades e o uso do dinheiro deram aos artesãos uma oportunidade de abandonar a agricultura e viver de seu ofício. Não era necessário muito capital. Uma sala da casa em que morava servia ao artesão como oficina de trabalho. Tudo de que precisava era habilidade em sua arte e fregueses que lhe comprassem a produção. Se fosse bom trabalhador e se tornasse conhecido entre os moradores da cidade, seus produtos seriam procurados e ele poderia contratar um ou dois ajudantes para aumentar a produção.

Assim, as mercadorias, que antes eram feitas não para serem vendidas comercialmente, mas apenas para atenderem as necessidades da casa, passaram a ser vendidas num mercado externo e ser feitas por artesãos profissionais.

Todos os trabalhadores dedicados ao mesmo ofício numa determinada cidade formavam uma associação chamada corporação artesanal, que tinha como objetivo reter o controle direto da indústria, atingindo, dessa forma, o monopólio de todo o trabalho do gênero da cidade. Ninguém que estivesse fora da corporação podia exercer o comércio sem permissão expressa.

As corporações, ansiosas por manter o monopólio, precaviam-se da interferência estrangeira em seu monopólio e preocupavam-se em evitar, entre si, práticas desonestas que pudessem causar prejuízos a terceiros. Nada de competição entre amigos. O membro da corporação não podia aliciar um aprendiz de seu mestre. Também era tabu a prática comercial, hoje muito difundida, de subornar um cliente para conseguir realizar um negócio. Além disso, elas se ocupavam da determinação do preço pelo qual os produtos seriam vendidos e da quantidade que cada artesão poderia produzir.

Pede-se: Qual é o problema e a solução da situação apresentada?

Situação 2

Estamos na Europa em 1800 e você é um consultor de negócios que acaba de ser contratado pelo proprietário de uma oficina de sapatos. Na oficina se desenvolve trabalho artesanal exercido por profissionais detentores de grande habilidade e executores de todas as tarefas do processo de fabricação.

Pode-se identificar uma variedade de formas de organização e uso da autoridade nas oficinas nessa época. As formas básicas são o controle direto pelo empresário e o controle por contrato interno.

O controle pelo empresário refere-se ao caso de relacionamento direto e pessoal entre o proprietário de oficina e todos os trabalhadores. O proprietário é, ao mesmo tempo, o comprador de matéria-prima, o gerente da oficina, o supervisor de pessoal, o mestre a ensinar as tarefas, o vendedor dos produtos e o financista a controlar o fluxo de dinheiro. Essa forma de controle perde sua eficácia com o crescimento de número de trabalhadores em face da impossibilidade de manter um contato direto com todos.

O controle por contrato interno fundamenta-se na contratação de um subcontratador responsável por uma turma de trabalhadores. O subcontratador é responsável por seleção, contratação, dispensa, produtividade, salário e disciplina dos seus trabalhadores. O empresário recebe o serviço e paga ao subcontratador; não há relação do empresário com os trabalhadores.

Pelo contrato interno, o empresário pode manter uma organização simples e descentralizada da oficina para enfrentar o crescimento da produção. Essa forma de controle foi vantajosa para o empresário ao obter flexibilidade do trabalho operário por ocasião de flutuações de demanda. Embora não permitisse ao empresário aumentar seus lucros, pelo aumento da eficiência, a contratação interna reduzia os casos do capital investido.

Pede-se: Qual seu diagnóstico para esta situação? O que impedia o empresário de aumentar a eficiência de sua oficina?

Para responder a essa questão, veja alguns argumentos de alunos:

– *O que você acha da introdução de uma departamentalização na oficina? Isso ganharia um caráter produtivo maior e garantiria uma divisão do trabalho dentro da Organização.*

– Como seria se cada subcontratador fosse promovido a um posto de gerência e os artesãos mais especializados fossem substituídos por outros menos especializados capazes de exercer as funções repetitivas?

– Sim, isso reduziria o custo da oficina. Dá para criar uma hierarquia de setores de produção, de modo que certos funcionários fiquem responsáveis pela supervisão das atividades realizadas em cada divisão.

– A proposta então seria organizar e dividir o trabalho em vez de cada artesão fazer o trabalho todo?

– Acho que para esse problema há a possibilidade da implementação de um sistema hierárquico dentro da empresa...

– Sim, da criação de documentos (contratos, estatutos, regimentos internos)....

– Pode haver também a criação de cargos formais com funções específicas ocupadas por trabalhadores capacitados e assalariados, ou seja, com remuneração fixa.

– É como se estivéssemos na transição de modo de produção tradicional e artesanal para outro mais estruturado, normalizado, com maior rigidez e regras.

Para saber mais

SMITH, A. O princípio da divisão do trabalho. In: **A mão invisível**. São Paulo: Penguin Classics Companhia das Letras, 2013.

Administração multimídia

Documentário

As consequências da Revolução Industrial – BBC – 4 partes, apresentado por Dan Cruickshank. *Acessível no YouTube.*

Referências

GALEANO, E.G. *As veias abertas da América latina.* Rio de Janeiro, Paz e Terra, 1983

GAMA, R. *A tecnologia e o trabalho na história.* São Paulo, Nobel, Epusp, 1986.

HEILBRONER, R. *A história do pensamento econômico,* 6ª edição. São Paulo, Nova Cultural, 1996.

HENDERSON, W.O. *A revolução industrial.* São Paulo, Verbo USP, 1979.

HOBSBAWM, E.J. *Da revolução industrial inglesa ao imperialismo*. Rio de Janeiro, Forense, 1986.

HUBERMAN, L. *História da riqueza do homem*. Rio de Janeiro, LTC, 2013.

HUMPHREY, J.; SHMITZ, H. *Trust and inter-firm relations in developing and transition economies*. UK: IDS-Univ. Of Sussex, 1998.

WILLIAMS, R. *O campo e a cidade*: na história e na literatura. São Paulo, Companhia das Letras, 1989.

WILLIAMS, R. *Palavras-chave*: um vocabulário de cultura e sociedade. São Paulo, Boitempo Editorial, 2007.

WILLIAMS, R. *Cultura e sociedade*: de Coleridge a Orwell. Petrópolis, Vozes, 2011.

Capítulo 3

ESCALA E ESCOPO DE PRODUÇÃO:
a dinâmica da empresa industrial

Fábio Müller Guerrini
Edmundo Escrivão Filho
Daniela Rosim
Luiz Philippsen Jr. (ilustrações)

Resumo:

Como surgiu a moderna empresa industrial? A escala e escopo de produção foram determinantes para viabilizar a produção em massa, o que permitiu atender a um mercado consumidor crescente e diversificado. Neste capítulo, você compreenderá os conceitos e condicionantes desse processo de evolução.

Palavras-chave: Escala, escopo, empresa industrial.

Objetivos instrucionais:

Apresentar os conceitos de escala e escopo de produção e seus desdobramentos na moderna empresa industrial.

Objetivos de aprendizado:

Após a leitura deste capítulo, espera-se que o aluno seja capaz de:

❖ Compreender os conceitos de escala e escopo de produção e a maneira como foram aplicados para viabilizar a moderna empresa industrial.

❖ Identificar as implicações dos conceitos de escala e escopo de produção inseridos no processo histórico da dinâmica de crescimento das empresas industriais.

Introdução

O último quarto do século XIX concentrou as principais mudanças no cenário industrial europeu e americano, e definiu a dinâmica da empresa industrial capitalista.

Conforme a definição de Chandler (1998), a moderna empresa industrial pode ser definida como "um conjunto de unidades operacionais, cada qual com suas instalações e seu quadro de pessoal, cuja totalidade de recursos e atividades é coordenada, monitorada e alocada por uma hierarquia de executivos de segunda e primeira linhas. Somente a existência e a capacidade dessa hierarquia podem tornar as atividades e operações de toda a empresa algo mais que a mera soma de atividades".

A Figura 3.1 apresenta a processo de expansão da empresa industrial.

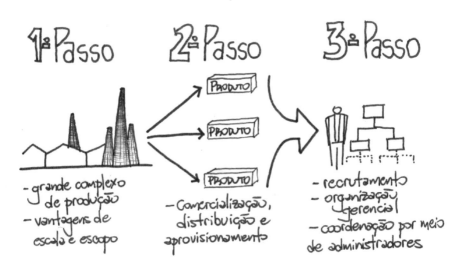

Figura 3.1: Processo de expansão da empresa industrial.

A expansão da empresa industrial, no momento em que atinge grau de investimento na produção e distribuição, pode ocorrer de quatro maneiras (CHANDLER, 1998):

   a) Adquirindo ou juntando-se a empresas que utilizam os mesmos processos para fabricar o mesmo produto para os mesmos mercados, ou seja, cresce por associação horizontal.

ELSEVIER   CAPÍTULO 3 — ESCALA E ESCOPO DE PRODUÇÃO: A DINÂMICA DA EMPRESA INDUSTRIAL   51

b) Incorporando unidades empenhadas numa etapa anterior ou posterior do processo de fabricação de um produto desde a sua extração ou transformação de matéria-prima até a montagem ou embalagem final, ou seja, cresce por integração vertical.

c) Expandindo-se geograficamente, ou seja, atuando em novos mercados localizados em áreas distintas das anteriores.

d) Aproveitando as tecnologias ou os mercados de que a empresa já dispõe para criar novos produtos.

Neste capítulo, abordam-se alguns casos ilustrativos para a compreensão dos fatores determinantes para o crescimento da empresa industrial.

Dinâmica de crescimento da empresa industrial

Certa vez, em um encontro na Federação da Indústria do Rio Grande do Norte, na cidade de Natal, vários empresários apresentaram as dificuldades que enfrentavam para conseguir desenvolver a atividade industrial no Estado. A maioria dos empresários era fabricante de móveis e a principal causa que invariavelmente todos apontavam era a falta de tecnologia.

No Brasil do período do Império, as primeiras atividades protoindustriais ocorreram com a fabricação de pólvora e o surgimento de uma incipiente indústria de móveis. Entretanto, a Coroa portuguesa emitiu um documento que proibia qualquer desenvolvimento industrial na colônia.

Mas os diagnósticos tão contundentes sobre a falta de tecnologia dos empresários naquela noite ensejam a seguinte pergunta: "Por que o início do processo de criação de indústrias em uma determinada região ocorre por meio de fabricantes de mobiliário?"

Uma fábrica de móveis começa de uma forma bastante tradicional, com um marceneiro em sua marcenaria e um ajudante, trabalhando por encomenda com projetos de produtos feitos de acordo com as especificações do cliente. Enquanto trabalha assim, ele consegue atender a um pedido por vez, normalmente recebendo metade do pagamento na encomenda e o restante na entrega do produto.

Da marcenaria para uma empresa industrial o primeiro passo é criar e padronizar projetos de produtos. Daí em diante, com o passar do tempo, ele investe paulatinamente na compra de maquinário para atender a uma escala crescente de produção, quando, então, o produto da sua fábrica passa a ser vendido em lojas do ramo na cidade e na região. Se tudo de fato for bem, ele pode expandir o mercado. E esse processo evolutivo da marcenaria para a empresa é que justifica o motivo pelo qual o início da atividade industrial começa por esse ramo de atividade. É o baixo investimento inicial necessário e o baixo conteúdo tecnológico que favorecem esse tipo de atividade.

A mesma lógica também pode ser aplicada à fabricação de queijos em Minas Gerais. A fabricação de queijos inicia-se de forma artesanal, em barracões existentes nas fazendas. Com a constituição das cooperativas de produtores de leite, surgiram os primeiros laticínios para atender à população local na fabricação de derivados do leite, entre eles o queijo. No entanto, no caso de Minas Gerais, como o estado é grande, determinados queijos são característicos de uma determinada região. A produção atende a mercados realmente locais dentro do estado, e ainda subsistem pequenos produtos locais.

Nos estados do Sul do Brasil a fabricação de embutidos por pequenas propriedades rurais é tão arraigada na cultura da região que há inclusive um selo "Produto de pequena propriedade".

Portanto, esse primeiro estágio de desenvolvimento industrial caracteriza-se por um baixo grau de especialização das funções, informalismo nas relações de trabalho, controles visuais e, em função da relativa simplicidade das operações, baixo conteúdo tecnológico. Mas, ao lado dos embutidos fabricados em pequenas propriedades, encontram-se os maiores frigoríficos brasileiros, cujo grau de conteúdo tecnológico e complexidade do processo produtivo baseado na produção em massa torna o Brasil um dos grandes produtores mundiais deste tipo de produto.

Uma empresa industrial está continuamente em busca de novos mercados. A empresa industrial acima de um determinado porte precisa crescer continuamente para operar na "escala mínima eficiente", o que significa a escala de produção que garante o menor custo unitário. Ao se tornar uma grande empresa industrial, para manter-se competitiva é preciso incorporar novas unidades produtivas que podem atuar em setores e regiões geográficas distintas. A incorporação de novas unidades permite que a hierarquia organizacional reduza custos; aumente a eficiência funcional na produção, comercialização e definição de uma estratégia de um processo integrado na relação com os fornecedores; melhore e desenvolva novos produtos e processos; e esteja atenta para redirecionar o negócio em função de novas oportunidades que possam surgir, decorrentes de inovações tecnológicas.

Economias de escala e escopo

A diminuição de custos e a racionalização de recursos tornam-se viáveis com a exploração das economias de escala e escopo.

As economias de escala na produção e distribuição baseiam-se no aumento de unidades de produtos fabricadas utilizando os mesmos recursos, diminuindo os custos unitários de produção e de distribuição. A principal contribuição da divisão do trabalho, segundo os marxistas, é a compra de mão de obra por um menor valor (BRAVERMAN, 1974).

As economias de escopo são obtidas quando se utilizam as mesmas instalações para produzir mais de um produto ou serviço. Esse é o caso de algumas empresas multinacionais quando decidem pelo fechamento de unidades produtivas em diferentes países. Normalmente, as unidades fechadas são as mais antigas, cujos métodos de organização do trabalho estão defasados com relação a unidades produtivas novas.

E nessa linha de raciocínio há uma segunda questão: com o aumento da escala de produção, consequentemente, a complexidade tecnológica do processo produtivo aumenta. Se em um primeiro momento a escala permite o aumento de lucro, em função de produzir mais utilizando os mesmos recursos, como se organiza a administração da empresa? Uma empresa de grande porte não pode mais basear-se em controles visuais e informais. Há a necessidade de constituir-se uma hierarquia organizacional capaz de garantir a permeabilidade da comunicação por toda a empresa.

Há ainda um terceiro elemento importante nesse raciocínio que é observado durante a transferência de bens e serviços de uma unidade operacional para outra, o que Oliver Williamson denominou "custos de transação". A redução dos custos de transação é possível com a melhoria da eficiência na troca de bens e serviços entre as unidades. Já a melhoria de eficiência das economias de escala e escopo é obtida pelo uso eficiente de recursos físicos e financeiros dentro dessas unidades.

As mudanças tecnológicas e de mercado foram um fator determinante para as economias de escala e de escopo e os custos de transação, pois criaram as condições para o surgimento da grande empresa industrial composta por diversas unidades.

Economia de escala horizontal: o magnata do petróleo

John D. Rockfeller comprou com um sócio uma pequena refinaria. Obteve crédito para investir na expansão da empresa. Em 1865 comprou a parte do seu sócio.

Rapidamente, Rockfeller percebeu que a economia de escala poderia beneficiar a sua empresa. Entretanto, com os custos industriais da sua empresa crescendo, numerosos concorrentes foram comprados e a produção aumentou. No início da década de 1880, a Standard Oil e suas dependentes controlavam cerca de 90% das refinarias americanas.

A incorporação de novas unidades foi necessária para manter os custos industriais dentro de uma escala mínima eficiente.

Esse monopólio durou algumas décadas, até que em 1911 a Suprema Corte americana decidiu quebrar o monopólio da Standard Oil ao ordenar a criação de 34 pequenas novas empresas que se originassem dela, das quais surgiram a Exxon, Chevron, Mobil e a Amoco. A Lei Antitruste criada nessa época em função do monopólio estabelecido pela Standard Oil vigora até hoje e serviu de modelo para que outros países propusessem leis semelhantes. Essa lei permitiu ao governo, ao longo dos anos, agir como regulador de ações que pudessem prejudicar a livre iniciativa nos Estados Unidos.

A expansão da Standard Oil realizou-se adquirindo ou juntando-se a empresas que utilizassem os mesmos processos para fabricar o mesmo produto para os mesmos mercados, ou seja, crescia por associação horizontal.

Economia de escala vertical: o inferno verde de Henry Ford

Outro exemplo de escala de investimento em um complexo de produção suficientemente grande para obter vantagens de custos em função da escala e do escopo foi a Ford.

Henry Ford se tornou o maior e mais bem-sucedido fabricante de automóveis no início do século XX. Ele adaptou a linha de montagem para carros padronizados e baratos numa série de funções desempenhadas por trabalhadores especializados. De olho na borracha, o industrial Henry Ford ergueu na Amazônia em 1927 uma típica cidade americana, Fordlândia. Os funcionários eram submetidos a um controle rígido do horário de trabalho, higiene e até mesmo visitas. Mas, em função de condições climáticas do local, a produtividade dos seringais era muito baixa e ele foi obrigado a construir outra cidade, que ele chamou de Belterra. Mas Ford acabou sendo vencido pela floresta. Os altos custos para transportar o látex para os Estados Unidos e a expansão dos seringais pela Ásia inviabilizaram o empreendimento na floresta amazônica.

Esse tipo de organização industrial que buscava incorporar toda a cadeia produtiva desde a extração da matéria-prima até a fabricação do automóvel (processo conhecido como verticalização da produção) foi necessário para Ford, pois no início da Era do Automóvel não havia fornecedores que pudessem atender no prazo e na quantidade requerida pela Ford. Produzir tudo internamente gera uma estrutura organizacional de certa complexidade. O que se nota é que há uma relação entre a estrutura organizacional da empresa com o grau de verticalização do processo.

A expansão da Ford em sua primeira fase realizou-se incorporando unidades empenhadas numa etapa anterior ou posterior do processo de fabricação de um produto desde a sua extração ou transformação de matéria-prima até a montagem ou embalagem final, ou seja, crescia por integração vertical.

Com o decorrer dos anos, a indústria automobilística sofreu modificações, e as fábricas de automóveis passaram a ser montadoras de automóveis. O principal desafio hoje é coordenar uma estrutura produtiva que envolva os fornecedores de produtos e serviços, a unidade produtiva e a distribuição e venda. Esse tipo de coordenação recebe diferentes nomes, dependendo da configuração, mas, de maneira geral, observa-se a necessidade de gestão da cadeia de suprimentos.

E esse é um dilema organizacional com o qual as empresas desse setor se deparam. Como compatibilizar uma estrutura organizacional hierárquica com a estrutura necessária para viabilizar a gestão da cadeia de suprimentos? Por mais que os processos de negócio vislumbrem a cadeia de valor na qual o produto está inserido, ainda é a estrutura hierárquica de cada empresa que participa da cadeia que vai tomar as decisões referentes às suas operações.

Economia de escala e escopo: Krupp, o empresário do aço

Alfred Krupp desenvolveu o complexo industrial da Krupp com base em oficinas caseiras. O seu pai, Friederich, após trabalhar em uma fundição de sua mãe, tornou-se proprietário de uma fábrica de aço em Essen que, em função da qualidade do produto, conseguiu um contrato com a Casa da Moeda, o que lhe permitiu construir novas fundições. Com a morte do pai, Alfred, então com 14 anos, tornou-se gerente da empresa e, com a experiência adquirida por trabalhar com o pai, resolveu expandir a fundição que empregava sete funcionários. O segredo para ele estava em adquirir ferro de melhor qualidade, e, concomitantemente, aumentar os seus conhecimentos sobre indústrias metalúrgicas, visitando fábricas de produtos de ferro (martelos, arames, cutelaria).

Teve a ideia de fabricá-los em aço, e começou a receber encomendas. Essas viagens foram constantes e permitiram-lhe conhecer diversos tipos de profissionais e receber encomendas que diversificavam a sua carteira de produtos (HENDERSON, 1979).

Em 1835, um primo que investiu na empresa tornou-se sócio, o que possibilitou adquirir maquinário e empregar de quarenta a cinquenta homens. O aço produzido era de qualidade muito boa e consolidou a reputação da empresa. Entre 1938 e 1843 Krupp empreendeu viagens para apresentar o seu produto aos franceses, ingleses e austríacos. Em 1840, Krupp começou a fabricar armamentos, mas passou por um período de crise que só foi superado em 1847 com a encomenda de São Petersburgo de máquinas para laminação de colheres e garfos. No ano seguinte, obteve uma encomenda de eixos e molas de aço, o que se tornou um negócio bastante rentável. Em 1855, abriu uma nova instalação industrial para fabricar rodas de aço e dez anos depois a produção era de vinte mil rodas. Em 1857, recebeu uma encomenda do Egito para a entrega de 300 canos de canhão. Em 1959, recebeu outra encomenda de canhões do governo russo e obteve a cooperação de engenheiros russos para a melhoria do armamento (HENDERSON, 1979).

Em 1864, Krupp já empregava seis mil homens. Com a unificação alemã em 1871, o complexo industrial da Krupp era enorme. Ele chegou a ter depósitos de hulha e arrendou uma mina de carvão. Com isso, podia produzir uma grande variedade de artigos e aço. A Krupp firmou-se como produtora de armamentos, equipamento ferroviário e insumos para barcos (HENDERSON, 1979).

A Krupp conseguiu expandir-se com base em sua atuação em novos mercados localizados em áreas distintas das anteriores.

Diversificação de atividades: o legado esquecido de Henrique Lage

No Rio de Janeiro ao lado do Jardim Botânico, há o Parque Lage, que visto de fora parece mais uma floresta do que um Parque. Henrique Lage construiu como presente para a sua noiva uma mansão digna de filme.

Henrique Lage, estranhamente esquecido pela imprensa quando se refere aos grandes empreendedores brasileiros, nasceu em 14 de março de 1881, no Rio de Janeiro. Entre suas principais realizações está a construção do primeiro barco a vapor de grande porte, o Itaquatiá, em 1919; a criação da Companhia Nacional de Navegação Costeira, principal meio de ligação entre as capitais brasileiras que se desenvolviam no litoral durante o início do século passado; a criação das Salinas Henrique Lage, em Macau (RN), e em Arraial do Cabo (RJ); e, posteriormente, a construção do cais do porto de Arraial do Cabo.

Foi o responsável pela instalação da primeira refinaria de sal no Brasil; a exploração e produção de carvão mineral necessário para as indústrias de construção naval; o desenvolvimento da Companhia de Construções Civis e Hidráulicas, que se destinava à construção de portos e ao melhoramento da navegabilidade dos rios; a instalação da primeira fábrica brasileira de aviação para construir o avião Muniz-7; a manutenção de fazendas agrícolas e pastoris para auxiliar e dar suporte às grandes empresas de sua propriedade.

Enquanto os demais empresários brasileiros estavam preocupados com as indústrias de base, Henrique Lage vislumbrou que a aviação teria um grande futuro. O processo de expansão industrial de Henrique Lage baseou-se no aproveitamento das tecnologias ou dos mercados de que a empresa já dispunha para criar novos produtos.

Agregação de serviços

O avanço tecnológico permite aumentar ou diminuir a escala mínima eficiente. O desenvolvimento da grande empresa industrial baseou-se na integração de unidades de produção em massa às unidades de distribuição em massa. Portanto, agregam-se os serviços de comercialização, distribuição e aprovisionamento de recursos específicos (CHANDLER, 1998).

Caso: O comerciante de farinha, bacalhau e algodão

Francisco Matarazzo estava prestes a ingressar no serviço militar na Itália quando o seu pai faleceu em 1873. Como era costume na época, por ser o filho mais velho, tornou-se o esteio da família. Embarcou para o Brasil com os familiares, trazendo algumas mercadorias para vender. Mas, por um infortúnio, as mercadorias afundaram na Baía da Guanabara durante o transporte para o porto. Com pouco dinheiro estabeleceu-se em Sorocaba e em 1882 abriu um armazém de secos e molhados (MATARAZZO, 2004).

Ele dizia a respeito de si próprio: "Sou comerciante de farinha, de bacalhau, de algodão... Não entendo de mais nada." Mas nos anos que se seguiram aumentou a sua atividade comercial e implantou uma fábrica de banha de pequeno porte em Soroca-ba (MATARAZZO, 2004).

Em 1900, já instalado em São Paulo há dez anos, inaugurou o primeiro gran-de moinho de trigo paulista. Em 1911, abriu as Empresas Reunidas Matarazzo que produziam tecidos, latas, óleos comestíveis, açúcar, sabão, presunto, pregos, velas, louças, azulejos. Dizia-se em seu tempo que ele tinha 365 fábricas, uma para cada dia do ano (MATARAZZO, 2004).

Matarazzo era proprietário de um banco, uma frota particular de navios, um terminal exclusivo no porto de Santos e duas locomotivas para transportar merca-dorias no pátio da sede do complexo industrial, em São Paulo. Quando fez 80 anos, suas empresas faturavam 350 mil contos de réis por ano, dinheiro equivalente na época à arrecadação do Estado de São Paulo. Em valores atualizados, não há comple-xo industrial brasileiro que seja tão grande quanto as Empresas Reunidas Matarazzo (MATARAZZO, 2004).

No caso das Empresas Reunidas Matarazzo verifica-se que a diversificação das atividades foi a forma que Matarazzo encontrou de continuar crescendo para obter economias de escopo, ao utilizar um só complexo de instalações para produzir mais de um produto ou serviço. Além disso, Francisco Matarazzo preocupou-se em criar uma rede comercial que atingisse todo o território brasileiro, o que diminuía drasti-camente os custos de distribuição e, em consequência, os custos de transação envol-vidos. Durante muito tempo, o nome Matarazzo foi o grande marketing do negócio, pois passava a ideia de qualidade, pujança.

Recrutamento e organização de administradores

O terceiro e último passo para constituir a moderna empresa industrial para Chandler (1990) foi o recrutamento e a organização de administradores para super-visionar as atividades funcionais de produção e distribuição, coordenar e monitorar o fluxo de materiais ao longo dos processos, e alocar recursos para a produção e distribuição futuras com base no desempenho corrente e na demanda prevista. As hierarquias daí resultantes se estabeleceram segundo linhas hierárquicas.

A Figura 3.2 mostra a dinâmica de formalização da estrutura administrativa da empresa industrial.

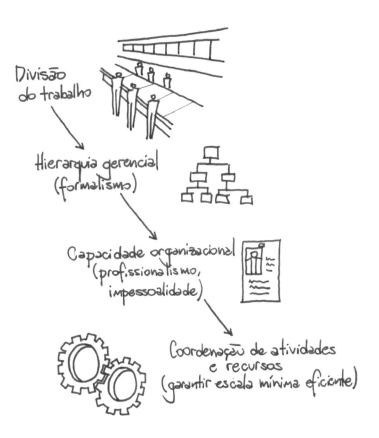

Figura 3.2: Formalização da estrutura administrativa da empresa industrial.

Esse estágio é pertinente a todos os casos apresentados anteriormente, mas tem um papel importante para garantir a competitividade da empresa frente aos seus concorrentes.

Inventores, pioneiros e desafiantes

No desenvolvimento de produtos e processos melhorados, primeiro vieram os "inventores", em geral os indivíduos que obtinham patente. Depois vieram os "pioneiros", empresários que investiram na estrutura necessária para comercializar um produto ou processo, ou seja, para torná-lo de uso geral. Os desafiantes foram os retardatários que enfrentaram os vanguardeiros fazendo esses mesmos investimentos para obter essas mesmas capacidades competitivas (CHANDLER, 1998).

Quase sempre os desafiantes surgiram em locais onde as rápidas mudanças demográficas vieram modificar os mercados existentes e onde o progresso tecnológico criou novos mercados e diminuiu vantagens de custos, porém o número de concorrentes continuou reduzido, havendo pouca alternância entre os líderes. Tais indústrias logo se tornaram e permaneceram oligopolistas e, às vezes, monopolistas. Umas poucas empresas integradas de grande porte passaram a competir por uma fatia de mercado e por lucros de maneira oligopolista, isto é, já não competiam principalmente nos preços, como antes as empresas faziam e continuaram fazendo nas indústrias mais fragmentadas e com alto coeficiente de mão de obra. A empresa de maior porte (na maioria das vezes, a primeira a fazer os três investimentos interligados) passava a comandar as alterações de preços, baseando-se em estimativas de demanda em relação à sua própria capacidade produtiva e a de seus concorrentes (CHANDLER, 1998). O preço continuou sendo uma importante arma competitiva, mas essas empresas competiam mais acirradamente por uma fatia de mercado e por maiores lucros mediante a eficiência funcional e estratégica; ou seja, executando com maior competência as funções de produção e distribuição, melhorando produtos e processos, procurando fontes de suprimentos mais convenientes, prestando melhores serviços de comercialização, diferenciando os seus produtos (no ramo de produtos embalados com marca registrada, principalmente pela propaganda) e, por último, ingressando mais depressa nos mercados em expansão e saindo mais depressa dos decadentes. O principal indicador dessa concorrência era a variação da fatia de mercado. No caso das indústrias oligopolistas, a fatia de mercado e os lucros variavam constantemente (CHANDLER, 1998).

A entrada de novas empresas concorrentes no mercado impele as empresas a buscarem melhorar a produtividade, induzindo a um processo de constante renovação dos seus produtos e a busca de novos mercados.

A Figura 3.3 apresenta a dinâmica da empresa industrial.

Essa concorrência exigia competência da capacidade organizacional para explorar integralmente as economias de escala e de escopo, direcionando o crescimento das empresas industriais e as economias nacionais em que elas atuavam (CHANDLER, 1998).

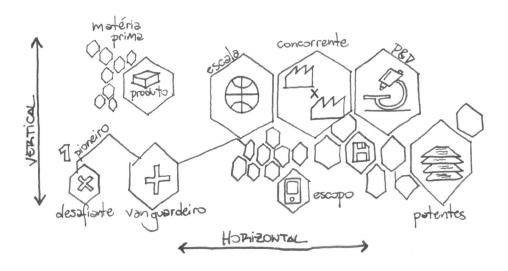

Figura 3.3: Dinâmica da empresa industrial.

Pequena empresa:
Escolha estratégica

A divisão do trabalho na pequena empresa é uma questão de escala. Normalmente não se divide, porque não há escala de produção.

Em termos racionais, quando se compara a produção da grande empresa com a pequena empresa, a desvantagem é claramente da pequena empresa, pois a divisão do trabalho na grande empresa permite produtividade e escala de produção. Entretanto, na pequena empresa, a escala é limitada em função do seu porte quando se aproxima de 499 funcionários. Mas a flexibilidade pode ser o diferencial da pequena empresa. Por exemplo, uma microempresa de costura que produz para uma grande marca baseia o seu diferencial no trabalho artesanal, que permite um tipo de bordado ou costura mais específico.

A escolha estratégica é se a empresa vai concorrer por menor preço ou por diferenciação de produto.

Na diferenciação e customização por produto, pode-se tomar a decisão de não dividir o trabalho, com foco na qualidade do produto. É o caso das bolsas Louis Vuitton, em que todo o processo é artesanal, desde a costura até o tingimento das bolsas. A única etapa na qual ocorre a divisão do trabalho é nos testes de qualidade. O mesmo acontece com os carros da marca Ferrari. Eles são produzidos sob encomenda, e até o perfil socioeconômico do futuro proprietário é levado em consideração para decidir se a empresa vai vender o carro para a pessoa.

Na opção pelo menor custo, a divisão do trabalho é um princípio inerente, pois permite aumentar a produtividade. A escala leva historicamente na evolução industrial à divisão do trabalho. A divisão do trabalho também pode maximizar a mais--valia, a exploração extrema do trabalho como ocorre em empresas chinesas. O caso chinês vem sendo discutido de maneira ética pela comunidade internacional. Qual é o limite da mais-valia? O que deve ser considerado um ambiente de trabalho que atenda aos requisitos mínimos de qualidade?

Bravemann já havia identificado a mais-valia com um outro ponto a ser considerado, além do aumento da produtividade e da destreza ao passar de uma função para outro, identificados por Adam Smith.

Administração também é cultura:

Cum-panis

De acordo com Sampson, (2000) a origem da palavra Companhia vem do latim *Cum-panis* que significa "aqueles que comem juntos". A palavra Companhia surgiu ainda na Idade Média, mas foi a partir do século XIX que adquiriu a característica de haver administradores e gerentes atuando como intermediários entre os empregados e os proprietários das empresas, o que viria a desembocar no século XX no administrador profissional, em empresas também profissionais.

Do século XIX ao início do século XX a empresa passou por diversas transformações, mas uma preocupação presente ao longo de todo esse período desde a Revolução Industrial sempre foi a desconexão entre as máquinas e o ser humano, e entre as atividades profissionais do indivíduo, os processos de diferenciação e integração e a organização do trabalho.

Conforme Sampson (2000), em 1838, no artigo "Sinal dos tempos", Thomas Carlyle chamou de Era da Máquina, que remetia a visão reducionista do mundo, onde o ser humano seria subjugado pelas máquinas. No final do século XIX, Henry Adams afirmou que a multiplicidade da unidade aumentava constantemente a níveis que beiravam a irracionalidade. Mas essa discussão ficou aquém das possibilidades que a produção em massa trouxe, com as suas variantes em todos os segmentos da sociedade, a ponto de, em 1950, Robert Weiner, o inventor da cibernética, advertir que o controle do homem sobre as máquinas não seria bem-sucedido, a menos que os objetivos do homem fossem conhecidos. Após a leitura de Adams e Weiner, Thomas Pynchon, escreveu em 1960 um conto chamado "Entropia", que abordava o caos como um elemento desagregador da individualidade do ser humano.

Mas o século XX ainda veria a Produção Enxuta e o princípio da autonomação, "a automação com um toque humano", que colocou em xeque todo o sistema de produção ocidental em xeque. Com o advento das tecnologias de informação e comunicação, o número de níveis hierárquicos diminuiu e a comunicação passou a ser feita de forma mais fluida e perene. Parece que a evolução das "máquinas" ainda não superou a capacidade do homem de adequar-se e descobrir usos inovadores para elaborar novas concepções de organização do trabalho e de empresas.

Cum-panis, continuamos a comer pão juntos, mesmo que separados fisicamente.

Caso:

O pescador e o homem de negócios: uma questão de contexto

A moderna empresa industrial é uma realidade, pois estamos em um contexto de uma sociedade capitalista, cujo princípio fundamental baseia-se na produção e acumulação de riquezas. Entretanto, para terminar esse capítulo com um contraponto, há uma história bastante difundida, com diversas variantes, mas que ilustra bem o conceito de escala de produção. Um administrador de empresas de São Paulo passava as suas férias em um hotel-fazenda no interior. Certo dia, durante a sua caminhada matinal, avistou ao longe um pescador pacientemente pescando com a sua varinha de bambu.

O administrador aproximou-se e perguntou:

– Oi, como vai? O senhor pesca bastante por aqui?

– Sim. – respondeu laconicamente o pescador.

O administrador olhou para o puçá do pescador e percebeu que estava repleto de peixes.

– Parece que a pescaria do senhor vai bem. O senhor está aqui há muito tempo? – perguntou o administrador.

– Não muito, mas agora é época de peixe – respondeu o pescador. – Daqui a pouco eu volto para casa para a minha mulher prepará-los para o almoço.

– Mas o senhor volta depois do almoço para pescar mais? – insistiu o administrador.

– Não, só volto quando os peixes que eu pesquei hoje terminarem. – respondeu o pescador.

– Mas o que o senhor faz no resto do dia?

– Depois do almoço eu tiro um cochilo. Quando acordo, vou tomar um cafezinho, assisto um pouco de TV, brinco com os meus filhos e, no final da tarde, toco um pouco de viola.

O administrador, ao ouvir aquilo, ficou com pena do pescador e resolveu ajudá-lo.

– Olhe, sou administrador de empresas e, se quiser, posso ajudá-lo a criar uma empresa. Se você pescasse o dia inteiro, poderia vender os peixes que sobraram da pescaria para a peixaria local.

– Mas por que eu faria isso? – perguntou, desconfiado, o pescador.

– Porque com o dinheiro a mais que o senhor ganharia com a venda, em pouco tempo poderia comprar um barco e contratar outras pessoas para pescar para o senhor. Isso aumentaria a quantidade de peixes vendidos e o senhor poderia comprar vários barcos e ter muitos pescadores trabalhando para o senhor.

O administrador percebeu que o pescador ouvia o que ele estava falando sem entender muito bem aonde ele pretendia chegar, mas mesmo assim continuou.

– Com o lucro das vendas desses peixes, o senhor poderia construir uma fábrica para limpar, congelar e embalar o peixe em caixas e vender para o país inteiro. Com o tempo, o senhor se transformaria em um grande exportador de peixes e poderia adquirir ou montar novas unidades produtivas em outros países e vender peixes no mundo todo.

– Mas o que é que eu ganho com isso? – perguntou o pescador.

– Ora, daqui a uns vinte anos o senhor seria um homem rico, poderia abrir as ações da sua empresa na Bolsa de Valores, se aposentar, voltar para cá e passar as manhãs pescando, simplesmente porque o senhor gosta. Poderia dormir depois do almoço, tomar o seu cafezinho, ver TV, brincar com os seus netos e tocar viola ao entardecer, sem se preocupar com a vida.

– Mas eu já faço isso! – respondeu o pescador e voltou a prestar atenção à sua pescaria.

Considerações finais

A dinâmica de evolução da empresa industrial baseou-se em três fases que garantiram a ela atingir economias de escala e escopo para atingir a escala mínima eficiente, tomando por base seus processos de produção. O crescimento ocorreu tanto no sentido vertical quanto horizontal para garantir, em um primeiro momento, a dominação por oligopólio de mercados, bem como o crescimento por região geográfica e por diversificação de produtos. No segundo caso, foi necessária a criação de departamentos de P&D nas empresas. Entretanto, somente a escala e o escopo, baseados na exploração da força de trabalho, com jornadas de trabalho de até 16 horas, mostrou-se inviável com o surgimento dos sindicatos de trabalhadores nos Estados Unidos. Ao mesmo tempo, com Lei Antitruste, várias empresas tiveram de ser desmembradas, para permitir a livre concorrência. Com isso, houve a necessidade de melhorar os processos de gestão e criar hierarquias e administradores profissionais para melhorar a produtividade em relação à concorrência.

A necessidade de aumentar a eficiência e a eficácia das empresas deu origem às teorias administrativas, ou como ficou conhecida, a administração moderna.

No decorrer do século XX a empresa industrial adquiriu diferentes configurações para viabilizar e manter as economias de escala e escopo, em função de condicionantes do mercado, em termos de ambiente externo, e do ciclo de vida do produto, em termos internos. Observou-se uma diminuição crescente do ciclo de vida do produto com o avanço das tecnologias de informação e comunicação (TIC). Esse conjunto de fatores evoluiu de parcerias firmadas entre empresas do mesmo setor, alianças para o desenvolvimento de produtos em nichos de mercados específicos, *joint ventures* para garantir acesso a novos mercados e fusões para diminuir o custo da estrutura gerencial das empresas visando a escala mínima eficiente.

A Figura 3.4 representa as diferentes configurações da empresa industrial:

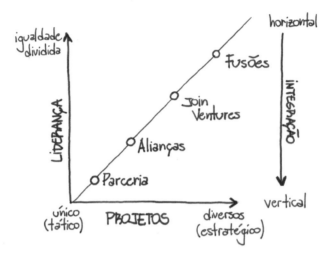

Figura 3.4: Espectro das configurações da empresa industrial. Adaptado de: HARPER e BERNOLD (2005).

Roteiro de aprendizado

Questões

1. Defina a moderna empresa industrial.

2. Defina economias de escala.

3. Defina economias de escopo.

4. Como é possível obter economias de escala e escopo simultaneamente?

5. Explique as formas de incorporação de unidades fabris.

6. Quais são os estágios de crescimento da empresa industrial e os respectivos investimentos necessárias.

Exercícios

1. Adam Smith afirmava que um trabalhador da manufatura de alfinetes não qualificado nem familiarizado com a utilização dos equipamentos usados poderia fazer poucos alfinetes por dia. No entanto, na época (1776), verificou-se uma tendência para uma divisão do trabalho do alfinete. Nessa divisão, o processo de produção foi repartido em " pequenas tarefas" (aproximadamente 18 etapas), nas quais cada trabalhador especializado passou a ser responsável por uma das etapas, resultando num aumento de produtividade dos trabalhadores. Dez trabalhadores especializados (alguns desempenhando duas ou três funções) trabalhando na produção do alfinete produziam aproximadamente 48 mil alfinetes por dia. Explique a relação entre a divisão de trabalho e o aumento de produção nesse caso, relacionando-os com a economia de escala.

2. A Standard Oil foi o maior exemplo de verticalização de produção da história. Uma vez que se tenha atingido o grau de investimento na produção e distribuição necessário para explorar integralmente as economias de escala e de escopo, por que a incorporação de novas unidades era necessária?

Pensamento administrativo *em ação*

Estamos na Europa em 1890 e você acaba de ser contratado pelo proprietário de uma empresa de tornos mecânicos como consultor de negócios.

Ele explica que a tradição na Europa não permite a inovação em todas as áreas. Embora a Inglaterra tenha feito a Revolução Industrial e exportado produtos com tecnologia industrial, as relações sociais no trabalho nas oficinas em boa parte da Europa ainda sofriam de grandes restrições por conta de resquícios das regras das corporações de ofícios, do artesanato, da concepção dos ofícios. As oficinas estavam organizadas de forma tradicional.

Nessa forma tradicional, artesanal, de trabalhar, o empresário era o comprador de matéria-prima, o gerente da oficina, o supervisor do pessoal, o mestre a ensinar as tarefas, o vendedor dos produtos. Sua oficina era organizada de duas maneiras: por meio do controle direto do empresário de todos os seus trabalhadores. Essa forma de controle perde sua eficácia com o crescimento de número de trabalhadores, ocasionado pela impossibilidade de manter um contato direto. E isso era de fato uma restrição, pois o trabalho artesanal exigia esse contato.

E a segunda maneira era o controle por contrato interno, sendo alguns subcontratadores responsáveis por turmas de trabalhadores. O subcontratador é responsável pela seleção, contratação, dispensa, produtividade, salário e disciplina dos seus trabalhadores. O empresário recebe o serviço e paga ao subcontratador; não há relação do empresário com os trabalhadores. Pelo contrato interno, o empresário pode manter uma organização simples e descentralizada da oficina para enfrentar o crescimento da produção.

O empresário pergunta a você: o que os empresários estadunidenses estão fazendo ao construir impérios como U. S. Steel, Sears-Roebuck, International Paper, American Tobacco, Swift & Co., United Fruit, General Electric, Standard Oil, Eastman Kodak, Du Pont?

Para saber mais

CHANDLER Jr., A. *Scale and scope*: the dynamics of industrial capitalism. *Belknap press, 1996.*

Administração multimídia

Documentário: **Gigantes da Indústria** – 8 episódios – History Channel. *Acessível no YouTube.*

Referências

BRAVERMAN, H. *Trabalho e capital monopolista*: a degradação do trabalho no século XX, 3ª ed.. Rio de Janeiro, Zahar, 1974.

CARDOSO, B. Sonho de Henry Ford é leiloado na selva amazônica. *O Estado de São Paulo*, Geral, p.10, 1992.

CHANDLER, A. Escala, escopo e capacidade organizacional. In: CHANDLER, A. (org. McCRAW, T.K.) *Ensaios para uma teoria histórica da grande empresa*. Rio de Janeiro, Fundação Getulio Vargas editora, 1998.

HARPER, D.G.; BERNOLD, L. E. Success of supplier alliances for capital projects. *Journal of construction engineering and management*, 2005, pp.979- 984.

HENDERSON, W. *A revolução industrial*. São Paulo, Verbo-Edusp, 1979.

MATARAZZO, A. A. 450 anos de São Paulo; 150 anos de Matarazzo. Francesco Matarazzo. *O Estado de São Paulo*, Economia, B7, 09/03/2004.

O ESTADO DE SÃO PAULO. Histórias de Henrique Lage. Marinha mercante em todo mundo , *suplemento especial de O Estado de São Paulo*, p.8, 17/07/1990.

SAMPSON, A. O homem da companhia: uma história dos executivos. São Paulo, Companhia das letras, 2000.

SILVERMANN, R. E. Riquezas e destinos distintos. *Wall Street Journal of Americas*, O Estado de São Paulo, 15/09/2000.

Capítulo 4

ORGANIZAÇÃO BUROCRÁTICA:

a jaula de ferro

Fábio Müller Guerrini
Edmundo Escrivão Filho
Daniela Rosim
Luiz Philippsen Jr. (ilustrações)

Resumo:

Quem tem medo de burocracia? O conceito de organização burocrática surgiu com o intuito de permitir que a administração das Organizações se tornasse viável. Entretanto, a palavra "burocracia" normalmente é utilizada como sinônimo de lentidão e demora. Neste capítulo queremos que você mude a sua opinião sobre burocracia.

Palavras-chave: Organização burocrática, burocracia, impessoalidade, formalismo, profissionalismo.

Objetivos instrucionais:

Apresentar o conceito de organização burocrática no contexto das organizações sociais.

Objetivos de aprendizado:

Após a leitura deste capítulo, espera-se que o aluno seja capaz de:

❖ Compreender como a impessoalidade, o formalismo e o profissionalismo aumentam a previsibilidade de comportamento na organização.

❖ Compreender o conceito de burocracia e sua aplicação para maximizar a eficiência da Organização.

Introdução

Enquanto a organização tradicional era desmontada palmo a palmo, o retorno à vida simples do campo não era mais possível para a sociedade como um todo. A Revolução Industrial redefiniu o modo de vida da sociedade, acentuando as diferenças entre o campo e a cidade. O capitalismo industrial promoveu uma mudança drástica na ordem social do século XIX, criando um sentimento de instabilidade constante, com a necessidade de mobilidade dos trabalhadores, a ascensão de grandes complexos industriais, a necessidade de viver para o trabalho, em jornadas de dezesseis horas que não poupavam sequer crianças.

Adam Smith já concluíra no século XVIII que o ser humano é o único ser vivo que depende do próximo para prover as suas necessidades. Esse pensamento se confirmou com o avanço do capitalismo industrial no século XIX.

Para uma pessoa comum que trabalhava por longas jornadas de trabalho, não era possível plantar, colher ou criar o próprio sustento; fiar o algodão para fabricar o tecido que serviria para costurar as suas roupas; ou mesmo educar os filhos. Todos os aspectos da vida cotidiana sofreram um processo contínuo de especialização. Cada homem utiliza sua vocação e talento para oferecê-los reciprocamente a outros. Nas palavras de Adam Smith "para adquirir qualquer parte da produção do talento de outro na ocasião que dela necessite". As máquinas passaram a ser concebidas como facilitadoras da divisão do trabalho, pois eram projetadas para executar partes específicas do produto final.

As empresas surgem em função da expansão das atividades comerciais, ao se separar a contabilidade privada da comercial e do surgimento da sociedade por cotas de responsabilidade limitada (BRESSER-PEREIRA, MOTA, 1983). Mas, mesmo com o surgimento das empresas, ainda não há elementos que caracterizem a empresa como uma Organização, o que vem a ocorrer com a criação da sociedade anônima, que modifica o caráter patrimonial das empresas. Nessa situação, os meios de produção passam a ser dominados por burocracias (BRESSER-PEREIRA, MOTA, 1983).

A Figura 4.1 apresenta os principais conceitos formadores da distinção da Organização enquanto burocracia.

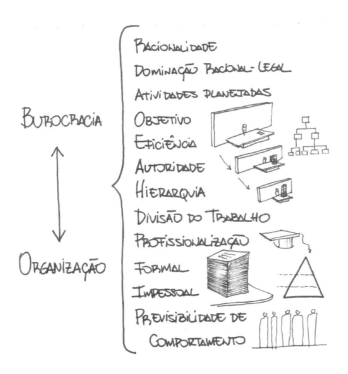

Figura 4.1: A Organização enquanto burocracia.

A militarização da sociedade

Nos primórdios do capitalismo tudo parecia indicar que não havia alternativa, a não ser atender às necessidades que se sobrepunham aos interesses individuais.

Entretanto, a Alemanha se tornou o primeiro país efetivamente industrial, ao liderar a Segunda Revolução Industrial, baseando-se na crescente disseminação de princípios de organização militar para as organizações industriais e governamentais. Enquanto as políticas de desenvolvimento dos demais países tendiam a limitar-se a ações de curto prazo, na Alemanha o conceito de planejamento viabilizou a visão de longo prazo. A militarização da vida social alemã foi empreendida no período de Otto von Bismarck, baseado na ideia de uma pirâmide social em que na base haveria funções a serem desempenhadas com a participação de todos. Essa visão mostrou-se eficaz para o progresso do país.

Karl Emil Maximilian Weber, ou somente Max Weber, era um jurista e economista atento ao processo de racionalização e à falta de perspectiva da sociedade perante o capitalismo. A inspiração de Weber para definir os princípios da burocracia veio da organização militar, cuja hierarquia de comando determinava as relações entre as pessoas, ao identificar e atribuir tarefas a pessoas detentoras das habilidades necessárias para executá-las sob supervisão do seu superior, que era responsável por garantir que ela fosse bem-sucedida, independentemente de quem estivesse encarregado. Esse raciocínio foi suficiente para que Max Weber definisse os princípios da burocracia que deveriam nortear a vida das empresas industriais: formalismo, profissionalismo e impessoalidade.

Pirâmide hierárquica

Max Weber propôs a transposição do conceito de pirâmide militar para compreender as organizações industriais. A pirâmide hierárquica de uma organização divide o trabalho de modo vertical, definindo os níveis de autoridade. A burocracia viabiliza a divisão horizontal do trabalho, em que diferentes atividades são distribuídas conforme os objetivos a serem alcançados. A divisão do trabalho define os cargos, independentemente das pessoas que os desempenharão. É o cargo que confere autoridade e responsabilidade, tornando a divisão do trabalho impessoal.

Para Max Weber os negócios deviam ser capazes de sobreviver à flutuação de mercados, tal como ocorria nos Estados Unidos, onde trustes industriais constituíam monopólios verticais para eliminar qualquer competição no mercado. A chave para esses complexos industriais funcionarem estava na cadeia de comando. O princípio de divisão de trabalho aumentava a eficiência na utilização de recursos e na rapidez de produzir algo.

Entretanto, Weber questionou-se se seria possível produzir mais rápido do que os concorrentes. Para ele, a competição e a eficiência empresariais assumem características diferentes da organização militar. Em um exército há o compromisso da cadeia de comando em obedecer às ordens sob quaisquer circunstâncias, o que define com clareza e precisão o papel de cada patente.

De acordo com Weber, em um país a burocracia constitui o poder em forma de uma "pirâmide racionalizada", tal como na organização militar. Cada "posto burocrático" tem uma função definida. O poder é extremo no topo da pirâmide e praticamente inerte na base. Um trabalho é bem realizado quando é possível fazê-lo de forma dedicada, sem a necessidade de realizar outro trabalho.

Na visão de Sennett (2008), "no modelo liberal de Adam Smith, prosperamos ao fazer mais do que o esperado; no modelo militar de Weber, somos punidos por sair da linha". No modelo weberiano, as funções são predefinidas e estáticas para garantir a coesão da Organização, independentemente da pessoa que está no cargo.

A pirâmide hierárquica pode sempre incluir pessoas no nível mais inferior de acordo com as funções a serem desempenhadas. Há um caráter de inclusão social em detrimento da eficiência, que garante a transparência do que é esperado. Nessa pirâmide hierárquica, constituída como uma organização burocrática, a pessoa vive a vida que alguém concebeu para ela, cumprindo funções preestabelecidas fixas, o que Weber denominou como "jaula de ferro".

Mas, afinal, por que a pessoa se sujeita a uma situação dessas?

Weber explica que é a expectativa de ser recompensado futuramente pelo trabalho realizado conforme o esperado. Portanto, há nesse tipo de atitude uma previsibilidade esperada do comportamento para se atingir a eficiência. Entretanto, essa recompensa pode ser adiada indefinidamente. Mesmo que isso leve à desmotivação e angústia do funcionário por um lado, por outro lado o funcionário sente-se protegido dentro da "jaula de ferro".

Ao longo do século XX, as organizações estruturaram-se com base no conceito de pirâmide burocrática, disseminando o conceito de divisão do trabalho para aumentar a eficiência, o que foi levado ao limite por Frederick Taylor nos estudos de tempos e movimentos.

Princípios da Organização burocrática

O sistema capitalista desempenhou um papel fundamental no desenvolvimento da burocracia. Na verdade, sem ela a produção capitalista não poderia persistir. Foi por intermédio da observação da sociedade, das relações trabalhistas e da percepção da necessidade de sistematizar as relações dentro da indústria que Max Weber concebeu a burocracia.

Weber considera a existência das organizações burocráticas desde a antiguidade, apesar de estarem longe do tipo ideal de organização. Com a decadência do feudalismo, surgem o sistema capitalista, as empresas e, consequentemente, a burocracia (DELORENZO NETO, 1973).

A emergência da burocracia foi uma consequência da busca por sistemas sociais mais aperfeiçoados, com a crescente pressão por maior eficiência e a dificuldade frente ao desenvolvimento tecnológico e ao crescimento dos sistemas sociais. A burocracia é um tipo de poder. O sistema burocrático e suas relações baseiam-se na previsibilidade do comportamento dos membros da organização (precisão, rapidez, univocidade, caráter oficial, continuidade, discrição, uniformidade e redução de atritos).

As organizações são sistemas predominantes nas sociedades industriais. A estruturação das empresas estava aumentando. As organizações estavam coordenando todas as atividades que diziam respeito ao trabalhador, influindo em sua personalidade. O grande número de organizações estava condicionando o desenvolvimento econômico, político e social.

Quanto maior é a organização de um sistema social, mais próxima ela está do modelo ideal de organização burocrática. Weber conceituou burocracia com a enumeração de suas características, considerando burocracia como um tipo de poder e o "tipo ideal" por abstrações: as atividades se acham distribuídas sob a forma de deveres oficiais; a organização dos cargos obedece ao princípio hierárquico; a atividade está regulamentada por um sistema de regras abstratas; o funcionário cumpre tarefas baseado em formalidade impessoal; os cargos se classificam tecnicamente; a organização administrativa do tipo burocrático puro é capaz de proporcionar o mais alto grau de eficiência.

A Figura 4.2 apresenta a articulação das características da Organização burocrática.

A articulação das características da organização burocrática se baseia na divisão do trabalho para definir cargos (formalismo) que devem ser exercidos por profissionais (profissionalismo) para atingir os objetivos da Organização, independentemente de quem os exerça (impessoalidade).

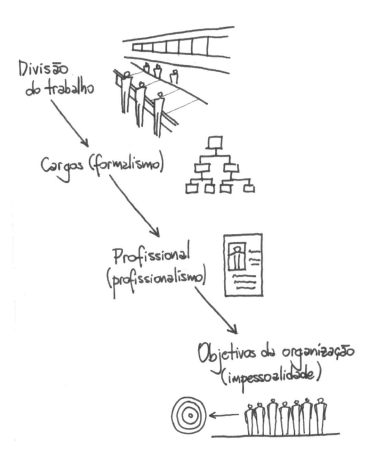

Figura 4.2: Articulação das características da Organização burocrática.

Os sistemas sociais que podem ser classificados em desorganizados (multidão, público), semiorganizados (família, tribo, feudo) e organizados (Estado, grande empresa, Igreja) (GURVITCH apud BRESSER-PEREIRA, MOTTA, 1983). Essa separação facilita distinguir as organizações dos demais sistemas sociais.

Para Max Weber a legitimidade da dominação é o que a torna efetiva. Os limites que separam a burocracia dos demais sistemas sociais podem ser entendidos segundo as formas de dominação: carismática (originária do carisma, é um poder sem base racional), tradicional (baseada na crença do tradicionalismo, em que a rotina determina a norma de conduta, não dispondo de base racional) e racional-legal (baseada em normas legais racionalmente definidas, consistindo na própria burocracia) (BRESSER-PEREIRA, MOTTA, 1983).

Organizações nem sempre burocráticas

Quando Martin Luther King fez aquele célebre discurso *I have a dream*, todos ficaram magnetizados pelas palavras proféticas. Ele foi um grande líder, pois a sua personalidade era capaz de mover montanhas e atrair seguidores. Mas o tipo de dominação que ele exercia era meramente carismático, ele não exercia cargo formal algum em instituições do governo. A oratória cativante era fruto de ele ser um pastor evangélico.

A família real britânica é constantemente alvo dos paparazzi, que procuram atos falhos entre seus membros, para demonstrar o quão anacrônica é a monarquia no século XXI. Um regime monárquico baseia-se na dominação tradicional, passando o trono de uma geração para outra, não importando se a pessoa está apta profissionalmente para ocupar o cargo. Os defensores do regime monárquico dizem que sim, que o herdeiro é sempre o mais apto, pois ele foi preparado a vida inteira para ser rei, enquanto que em uma democracia qualquer um pode ser eleito. Mas em termos de organização burocrática, a eleição também não é um mecanismo válido, pois não é necessariamente o mais preparado que assume o cargo de primeiro-ministro ou presidente. Há fatores imponderáveis nesse tipo de escolha.

Michael Bloomberg entregou o cargo de prefeito de Nova York em 2013. A sua administração recuperou financeiramente a cidade, criou um novo estilo de administrar, recuperando bairros degradados, com soluções criativas em todas as áreas. Fez uma verdadeira revolução na administração municipal. Ele ia de metrô para o trabalho, eliminou os gabinetes e salas da prefeitura, colocando todos os funcionários para trabalhar em um imenso salão. Como prefeito, não tinha sala própria, trabalhava em uma das mesas no meio do salão. Os seus secretários municipais eram constantemente cobrados por resultados e, sempre que encontrava algum entrave burocrático para fazer o que queria, colocava a mão no próprio bolso. Ao longo dos seus doze anos como prefeito de Nova York estima-se que ele tenha gastado por volta de US$ 650 milhões de sua fortuna pessoal para administrar Nova York do seu jeito. O caso dele é interessante, pois o tipo de dominação que ele exercia era racional, a ponto de, quando os aspectos legais não lhe permitiam que gastasse o dinheiro público, ele utilizava o próprio.

ELSEVIER   CAPÍTULO 4 – ORGANIZAÇÃO BUROCRÁTICA: A JAULA DE FERRO

Caso:

Projeto da Cornell NYC-Tech

Baseado em: FOLHA DE S. PAULO (2013)

Um dos últimos projetos que Michael Bloomberg empreendeu como prefeito foi a criação da Cornell NYC-Tech, uma universidade de tecnologia direcionada para as necessidades do mercado, para contrabalançar a perda mais de quarenta mil empregos desde a crise de 2008 no setor financeiro e outras indústrias fundamentais para a cidade, como a editorial e a fonográfica, a de mídia e o varejo.

Houve candidaturas de dezoito propostas de quase trinta universidades de nove países. O MIT não quis participar e, nesse cenário, Stanford parecia ser a universidade com melhores chances de ganhar a concorrência, tendo em vista que os seus ex-alunos eram os fundadores da Google, Yahoo, HP, Sun e PayPal, e participavam das diretorias da Apple, do Facebook e da Microsoft. Mas o consórcio formado pela Universidade Cornell e o instituto tecnológico israelense Technion venceu a concorrência em virtude de iniciar as aulas com um ano de antecedência em relação e garantir um aporte financeiro adicional além dos US$ 100 milhões da prefeitura para o novo Campus em Nova York, graças à doação integral para o projeto de US$ 350 milhões por parte de um ex-aluno de Cornell, o bilionário Charles Feeney, criador da rede Duty Free Shops.

A primeira fase do campus projetado pelo arquiteto Thom Mayne viabilizará a vida de 2.500 alunos e 300 professores. Os investimentos estimados para os próximos quinze anos serão de US$ 2 bilhões. As aulas tiveram início em uma sede provisória do campus em Manhattan, após uma parceria entre a prefeitura e a Google que é proprietária do imóvel e alugou 2.500 metros quadrados de um de seus 15 andares ao consórcio, por um período de cinco anos.

Esse exemplo demonstra que a burocracia pode ser um instrumento para agilizar o processo quando a relação entre todos os envolvidos se baseia em uma relação ganha-ganha para as entidades públicas, as empresas e a sociedade.

A burocracia como um sistema social

A burocracia pode ser entendida como um meio de organizar sistemas sociais, e, por analogia, como um tipo de organização baseado em princípios racionais, baseado em formalismo, profissionalismo e impessoalidade.

O formalismo está baseado em normas ou regras predefinidas, que estabelece "o que" deve ser executado, "como" deve ser executado, "por quem" deve ser executado, além das relações hierárquicas de comando e subordinação.

O profissionalismo baseia-se na premissa de que o trabalho a ser executado deve ser feito por pessoas com habilidades necessárias para a execução da tarefa. Quando há intersecção entre as habilidades necessárias e as tarefas a serem executadas, define-se a competência para algo.

A impessoalidade parte do princípio que seja quem ocupar um cargo ou função na Organização, o trabalho tem de ser feito com profissionalismo. Essa foi uma grande ideia de Weber, pois daí em diante seria possível definir cada cargo ou função na empresa pela descrição de suas atividades, de forma que diferentes pessoas que ocupam as mesmas funções ou cargos pudessem ser avaliadas da mesma forma.

A Figura 4.3 apresenta como o modelo burocrático aumenta a previsibilidade do comportamento, o que contribui para o planejamento e controle da Organização.

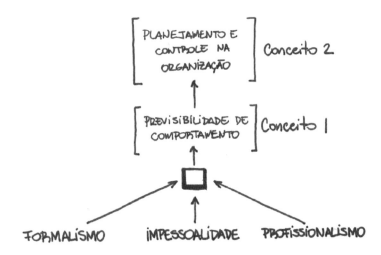

Figura 4.3: Modelo burocrático. Adaptado de: BRESSER-PEREIRA e MOTTA (1983).

Durante muito tempo os conceitos de Organização, burocracia e organização burocrática foram utilizados como sinônimos, e na acepção teórica muitos autores trabalham dessa forma. Mas em função dos diferentes usos do termo "organização", o paralelo entre o conceito de burocracia e de Organização pode ser abordado com alguma distinção: ambos são sistemas sociais. Enquanto na burocracia a divisão do trabalho é racionalmente definida em função da finalidade pretendida, a Organização é composta por indivíduos que se relacionam socialmente para cumprir objetivos. A diferença básica está na divisão racional do trabalho. O termo "racional" revela a coerência com os objetivos pretendidos, que, em última análise, está associado à eficiência.

Um bom exemplo de um tipo de Organização que não tem finalidade da racionalidade são as redes sociais. De uma forma geral, uma rede social não apresenta governança pelos seus participantes, não há poder ou relações de subordinação atribuídas a qualquer membro. É uma Organização que existe com a única finalidade de reunir pessoas com afinidades e interesses comuns para o compartilhamento de textos, fotos e vídeos. Por outro lado, a proprietária da rede social é uma organização burocrática racional, com funcionários que trabalham baseados em regras com relações de subordinação entre si.

A burocracia tornou possível a organização do trabalho de grandes empresas ou entidades públicas. Há empresas com mais de dez mil funcionários cujo controle informal seria um desastre de tal proporção, que ela provavelmente fecharia antes de atingir esse contingente de funcionários. A proporção de empregos administrativos varia o tempo todo entre empresas de diferentes tipos e tamanhos hoje. O crescimento de empresas industriais comporta certos problemas administrativos. Quando as empresas crescem é necessário que o gerente-proprietário delegue aos seus subordinados as respectivas responsabilidades para desempenhar várias funções que ele vinha exercendo no passado, entre elas algumas funções gerenciais. Esse problema é resolvido em parte por nomear um ou vários assistentes gerenciais disponíveis para que o executivo possa concentrar suas energias em questões essenciais. Em empresas que permanecem crescendo pode vir a ser necessário constituir gerentes especialistas, encarregados de desenvolver planos e metas para os departamentos da empresa. Pode ser necessário o aumento do grau de responsabilidade dos subordinados, descentralizando as operações para que a empresa possa operar eficientemente (DALE apud BENDIX, 1956).

O conceito de disfunção burocrática

É comum, no entanto, ouvir que o excesso de burocracia deixa as organizações lentas e incapazes de tomar decisões racionais. Há uma imprecisão conceitual nessa afirmação: não é a burocracia que causa a lentidão, mas a disfunção burocrática.

A disfunção burocrática pode ser intencional para dificultar que algo seja feito. Nesse caso o profissionalismo deixa de existir e a impessoalidade serve para esconder a pessoa responsável. A disfunção burocrática pode ocorrer por anacronismo. Uma regra ou norma estabelecida no passado que não se aplica no presente, em função da própria evolução do sistema social.

A burocracia eficaz exige reação segura e devoção estrita aos regulamentos, conduzindo a sua transformação em valores absolutos; não são consideradas como relativas a um conjunto de objetivos. Isso interfere com a pronta adaptação em condições especiais, não claramente divisadas por aqueles que elaboraram as regras gerais. Assim, os próprios elementos que conduzem à eficiência em regra produzem a ineficiência em casos específicos (MERTON, 1977). As organizações têm uma tendência natural para o desenvolvimento ajustável. *"A única permanência nas estruturas burocráticas é a ocorrência de modificação ao longo de padrões previsíveis e mesmo estes não são determinados de modo inalterável"* (BLAU, 1977).

Quando Weber limita sua análise à organização puramente formal, como resultado denota-se que todos os desvios desses requisitos formais são apenas casos particulares. Esse enfoque é enganoso. As consequências principais e generalizadas da dominação burocrática são: a tendência ao nivelamento no interesse de uma base de recrutamento quanto à qualificação profissional; a tendência à plutocratização no interesse de uma formação profissional e a predominância de um espírito de impessoalidade formalista.

Muitas críticas aos princípios de Weber buscaram particularizar aspectos relativos às distorções causadas por aqueles que procuraram interpretá-los. Weber, ao procurar sistematizá-los, tão somente relatou uma realidade que se impunha àquele momento histórico. A questão das formas de dominação, as críticas relativas à abordagem restrita às relações formais dentro da empresa eram uma particularização que estava aquém dos fatos que motivaram Weber a relatar e procurar explicar a burocracia.

Com Weber, inicia-se a teorização da organização burocrática racional, que é a Organização regida por regras. Há uma discussão entre Organização burocrática racional legal, legitimada pela racionalidade das regras e, a partir da década de 1990, a Organização burocrática racional competitiva, legitimada pela racionalidade do mercado.

A organização burocrática racional legal é característica das instituições regidas pela legislação referente à administração pública. A administração pública, no caso brasileiro, é regida pelos princípios constitucionais da legalidade (sob a regência da lei), da impessoalidade (ato sem privilégios), da moralidade (o fim é o bem comum), da publicidade (sem ocultar atos) e da eficiência (da boa gestão).

A organização burocrática racional competitiva é característica de empresas que justificam as suas ações utilizando a lógica do mercado. Esta lógica de ação é reconhecida em processos de fusão, aquisição ou demissões em massa que ocorrem em empresas do setor produtivo. A legitimidade dos atos dos executivos é baseada nos movimentos dos concorrentes, na força ou no fracasso do mercado. Dessa forma, uma demissão em massa ou defasagem no salário não é intencional da gerência, mas algo que está além de suas decisões, na esfera do mercado, este "ser" poderoso e não identificável.

Mas, para sintetizar o conceito de organização burocrática, pode-se raciocinar da seguinte forma: a divisão de trabalho gera cargos (formalismo) desempenhados por profissionais (profissionalismo) que realizarão as suas funções identificados segundo os objetivos da organização (impessoalidade).

A utopia de uma sociedade perfeita

Mas Weber não foi a única vertente sociológica a pensar a Organização. Havia também uma corrente que ficou conhecida como socialismo utópico, sendo um dos seus expoentes Robert Owen, que criou a fábrica New Harmony.

Robert Owen foi um industrial inglês que viveu entre meados do século XVIII e meados do século XIX e acreditava no bem-estar social do empregado. Ele tinha a concepção de que o empregado precisava se sentir valorizado e protegido pela empresa em que ele trabalhava e isso significava criar todo um aparato para incluir a sua família no processo. Assim, ele criou emprego também para as mulheres dos empregados, escola para os seus filhos e um sistema de valorização do funcionário que incluía recompensas em dinheiro. Era como se a Organização que ele criara de sua empresa fosse um microcosmo. Posteriormente, Robert Owen mudou-se para os Estados Unidos e também tentou estabelecer uma Organização dentro dos mesmos princípios. Mas quando ele morreu essa concepção não se sustentou, pois tudo o que ele criara tinha que contar com a sua liderança e personalidade.

Pequena empresa:

Na prática a teoria é outra

Há uma frase muito batida no meio empresarial, principalmente com relação à pequena empresa, de que "na prática a teoria é outra". "Na prática a teoria é outra" aplica-se à pequena empresa, porque, em muitos casos, o empresário desconhece as especificidades da pequena empresa em relação às grandes; dessa forma, a teoria de administração tradicional não se encaixa. Sendo assim, é necessário haver adequação da teoria administrativa das grandes corporações para ser aplicada na pequena empresa. As necessidades de formalização existem e podem melhorar a eficiência e a eficácia da pequena empresa, no entanto devem ser observadas e, se for o caso, adaptadas, pois na pequena empresa o excesso de formalidade pode fazer com que ela perca sua flexibilidade e capacidade de adaptação ao meio em que opera. A rigor, pela teoria administrativa elaborada para a grande empresa, a pequena empresa não deveria existir. Todavia, existe e deve ser compreendida de uma forma diversa e específica. É importante o desenvolvimento de uma teoria administrativa específica para as pequenas empresas.

O desconhecimento da teoria faz com que o cotidiano de trabalho seja diferente e funcione, por vezes ao longo de uma vida inteira do empresário. No entanto, o desconhecimento ou não existência de uma teoria de administração consolidada e específica para as pequenas empresas conduz o dirigente a pensar que não está fazendo o melhor, só porque é diferente da grande empresa. A formalização, por exemplo, tem um custo, e o empresário da pequena empresa, em função dos seus recursos limitados, sempre faz uma avaliação do impacto que um novo investimento terá. Se o controle pelo livro-caixa é suficiente, não há motivo para implantar um sistema do tipo ERP com módulo financeiro. Há uma avaliação de custo e benefício, de uma maneira bastante pragmática.

Durante muito tempo as empresas familiares foram incentivadas a abrir as suas ações para se tornarem empresas controladas por Conselhos de acionistas, para que pudessem crescer e ganhar novos mercados, baseando a sua administração nos princípios burocráticos. Entretanto, verificou-se na Alemanha que as empresas de pequeno e médio porte haviam garantido a sua sobrevivência ao longo dos anos, em virtude da visão de longo prazo dos empresários familiares, pois conduzem as suas empresas em uma perspectiva de gerações, portanto, de longo prazo. Já as grandes empresas, controladas por acionistas, podem ser prejudicadas pela necessidade de gerar lucro para os seus acionistas em curto prazo.

Administração também é cultura:

Previsibilidade do comportamento na literatura

Os princípios da burocracia e o poder do Estado e das Organizações podem ser vislumbrados no livro "A metamorfose". Em sua obra, Franz Kafka conta a história de um caixeiro-viajante chamado Gregor Samsa que começa a se ver engolido pelo sistema burocrático a ponto de ele passar por uma transformação radical:

> "Quando certa manhã Gregor Samsa despertou, depois de uma noite mal dormida, achou-se em sua cama transformado em um monstruoso inseto. Estava deitado sobre a dura carapaça de suas costas, e ao levantar um pouco a cabeça viu a figura convexa de seu ventre escuro, sulcado por pronunciadas ondulações, em cuja proeminência a colcha mal podia aguentar, pois estava visivelmente a ponto de escorregar até o solo. Inúmeras patas, lamentavelmente, esquálidas em comparação com a grossura comum de suas pernas, ofereciam a seus olhos o espetáculo de uma agitação sem consistência.
>
> – Que me aconteceu?
>
> Não estava sonhando."

Esse livro faz uma crítica ao modo de vida que a sociedade burocrática impõe ao ser humano, como se a identidade das pessoas não fosse mais importante. Somente o trabalho mediria o que a pessoa é. Essa história reflete bem o conceito de jaula de ferro. De acordo com este conceito, a pessoa vive a vida que alguém pensou para ela e se mantém na organização mesmo desmotivada, pois há a expectativa de recompensas futuras. Ao mesmo tempo, sente-se protegida pela jaula de ferro.

George Orwell escreveu em 1948 o livro "1984" que mostra as relações humanas controladas pelo Estado em um futuro no qual os meios de comunicação em massa sufocam a existência do ser humano pela onipresença do Estado. Todos eram vigiados pelo Grande Irmão (Big Brother), que proibia qualquer tipo de relação afetiva, cujo castigo era a morte. Em 1984, não existe mais a democracia. Os governos totalitários dominaram a sociedade completamente. Criaram-se sistemas inteiros para controlar atividades, pensamentos, a liberdade e a cultura. Tudo ocorre conforme o Estado determina. O personagem Winston vive angustiado por demonstrar ainda alguns vestígios de humanidade.

Caso:

OSESP: uma organização burocrática de excelência

Nota: Agradecemos a Marcelo Lopes, diretor executivo da Fundação Osesp, que gentilmente forneceu informações e colaborou na revisão deste texto.

A Orquestra Sinfônica do Estado de São Paulo (Osesp) é reconhecida como a melhor orquestra brasileira pela sua qualidade artística. No entanto, esse reconhecimento só foi possível graças ao processo de reestruturação, iniciado em 1997, pelo maestro John Neschling, a partir de um plano deixado pelo maestro Eleazar de Carvalho e pela continuidade das ações nas administrações seguintes.

John Neschling é um maestro com ampla experiência e reconhecimento internacional. Ao assumir, encontrou uma realidade distante dos tempos áureos, quando a orquestra estava sob o comando do maestro Eleazar de Carvalho. Os seus músicos ganhavam tão mal que precisavam tocar em outras orquestras. A orquestra não gerava receita, só despesa.

Nesse cenário, o primeiro passo foi abrir editais internacionais de contratação. Paulatinamente a orquestra adquiriu uma dinâmica virtuosa, com a contratação de novos músicos e a garantia de um salário digno. Havia ensaios todos os dias das 10h às 16h. O músico tinha o compromisso de chegar ao ensaio com as peças estudadas. Com o tempo, os músicos deixaram de tocar em outras orquestras, pois perceberam que não havia o mesmo senso de profissionalismo.

Em 1999, a Sala São Paulo passou a ser o local oficial da Osesp para os ensaios e as apresentações. No teto da sala, há quinze painéis com ajuste remoto independente, o que permite trabalhar a sonoridade da orquestra de maneira mais precisa, conforme o repertório executado.

Em 2005, foi criada a Fundação Osesp, que viabilizou a organização das receitas e melhoria do potencial de captação, e permitiu implementar diversas iniciativas, dentre as quais a compra e locação de partituras e a formação de músicos.

A Fundação Osesp passou a se relacionar com várias editoras internacionais para compra ou locação de partituras. Sempre que uma peça é executada, os direitos de edição são pagos. Mas isso resolvia uma parte do problema. E os compositores brasileiros? O Brasil possui uma produção de música erudita desde o período colonial de grande qualidade, mas o grande público brasileiro desconhece. As obras de Villa Lobos e Carlos Gomes, por exemplo, são registradas nos Estados Unidos e na Europa. Neste caso, as partituras ainda estão disponíveis. Entretanto, no caso da maioria dos compositores brasileiros havia grande dificuldade para encontrar edições profissionais.

Já havia uma editora vinculada à orquestra antes da Fundação Osesp, que veio a ser formalizada posteriormente, para editar as obras de compositores brasileiros, acessíveis para as orquestras do mundo todo. Após a criação da Fundação Osesp, ela se tornou uma marca da Osesp registrada como "A Editora Criadores do Brasil". Para divulgar esse trabalho de resgate, a orquestra fez várias gravações pelo selo BIS da Europa e firmou um acordo com a gravadora Biscoito Fino no Brasil. Adicionalmente, a orquestra, que sempre executou peças de compositores contemporâneos, organizou e sistematizou o processo de encomendar novas composições.

Outro aspecto importante é a formação de músicos. O Brasil é um país que está perdendo a tradição na formação de músicos. Antigamente, grande parte das famílias de classe média possuía instrumentos em casa. Este era o esteio da formação musical básica, mas essa cultura deixou de existir. Em 2006, foi criada a Academia de Música da Osesp, para colaborar com a formação de músicos qualificados no Brasil. Os professores são os próprios músicos da orquestra, que recebem à parte pelas aulas, enquanto o aluno, por sua vez, recebe uma bolsa para estudar.

Em 2008, a Osesp possuía uma receita de R$ 74 milhões e despesas de R$ 64 milhões. Parte do orçamento era proveniente dos 12.000 assinantes dos concertos, dos direitos autorais das gravações e das partituras. No final de 2008, a orquestra fez uma apresentação transmitida da Sala São Paulo pelo canal de TV Arte, que o retransmitiu para a Europa. Em outubro de 2013, a orquestra se apresentou na Philharmonie de Berlim, uma das principais salas de concerto do mundo, em uma turnê regida por Marin Alsop.

Um aspecto que reforça o caráter de impessoalidade e profissionalismo da Osesp é a participação de maestros convidados durante as temporadas. A atuação de maestros convidados colabora para melhorar a sonoridade da orquestra, o que permite aos músicos incorporarem novos estilos e percepções artísticas.

Atualmente orquestra é constituída pelas seguintes instâncias de governança: Conselho de Orientação (como um guardião de princípios, nos moldes dos *Boards of Trustees* americanos), Conselho de Administração (que supervisiona a gestão), Direção Executiva (similar ao CEO de uma corporação) e Diretor Artístico (responsável pela programação). A direção musical e a regência titular são exercidas pela mesma pessoa com o intuito de garantir o desempenho técnico e o desenvolvimento artístico do grupo. A Osesp é composta por quatro unidades de negócio: Orquestra e Coro Profissionais, responsável pela gestão da Osesp e do Coro; Educacional, que inclui academia, coros infantis e atividades de treinamento; Sala São Paulo, que é responsável pela gestão da sala de espetáculo; Festival de Inverno de Campos do Jordão, que é responsável pela gestão do festival.

Para manter e sistematizar o seu acervo, a Osesp possui o Centro de Documentação Musical (CDM) Maestro Eleazar de Carvalho que reúne o acervo de partituras e gravações da Osesp. A Editora é uma parte do CDM. Ele fica aberto 4 horas por dia para consulta pública. Nele há gravações raras, partituras marcadas, história oral, entrevistas, geração de podcasts e da operacionalização das gravações. Possui o acervo de vários compositores, dentre os quais do professor e compositor Osvaldo Lacerda e parte do acervo de Almeida Prado. Outra parte do CDM é o arquivo que serve à orquestra, aos coros e a academia. É um centro de geração e fornecimento de material gráfico e sonoro para as atividades da Fundação Osesp. Todo o material que se encontra na parte de multimídia do site da Osesp (www.osesp.art.br) vem do CDM.

Esse nível de organização e competência da Osesp demonstra que o processo de reestruturação caminhou na direção de torná-la uma Organização burocrática, na acepção do conceito, pois garantiu profissionalismo, formalismo e impessoalidade na condução administrativa da melhor orquestra brasileira.

Considerações finais

Em qualquer aspecto da vida social, a burocracia está presente. Sem ela, a sociedade não teria atingido os níveis de organização atuais. Se a previsibilidade de comportamento nas Organizações é atingida pela impessoalidade, formalidade e profissionalismo, na realidade, o que não funciona adequadamente ocorre quando um desses três aspectos não está presente.

Outra questão importante da organização burocrática foi identificar a necessidade do administrador profissional, que detém os conhecimentos adequados para desempenhar as suas funções, a sua fidelidade está relacionada ao cargo que ocupa em detrimento da visão do proprietário da Organização. Nesse caso, ele não dispõe dos meios de produção e recebe um salário para realizar o seu trabalho. Somente um superior hierárquico pode nomeá-lo, bem como o cargo dele não tem caráter vitalício, mesmo que isso não signifique necessariamente que ele ocupe o cargo por um tempo determinado. E chega um dia, quando ele tiver cumprido o tempo necessário de serviço, em que ele vai se aposentar e dar lugar a outros.

A Figura 4.4 apresenta as características do administrador profissional enquanto funcionário burocrata.

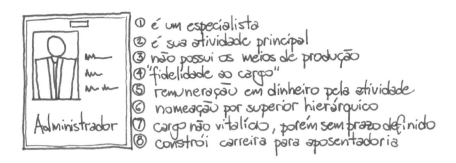

Figura 4.4: Características do administrador profissional, enquanto funcionário burocrata.

A aplicação dos princípios da burocracia, entretanto, demanda profissionais que pensem as atividades de forma proativa, antecipando-se a eventuais problemas que possam ocorrer. Se você não está convencido ainda, utilize um serviço do "Poupatempo" e veja como a burocracia realmente funciona.

Roteiro de aprendizado

Questões

1. Quais são os princípios da Organização burocrática?

2. Explique a contribuição da burocracia para viabilizar a sociedade contemporânea.

3. Explique como o governo da Alemanha no século XIX utilizou princípios militares para definir um planejamento de longo prazo e o conceito de pirâmide social.

4. A previsibilidade de comportamento é identificada pela precisão, rapidez, univocidade, caráter oficial, continuidade, discrição, uniformidade, redução de atritos. Apresente um exemplo no qual seja possível identificar todas essas características.

5. Qual é o efeito em termos da eficiência no serviço público da afirmação de Otto von Bismark? "Com leis ruins e funcionários bons ainda é possível governar. Mas com funcionários ruins as melhores leis não servem para nada."

6. Tome um exemplo e explique o conceito de jaula de ferro, proposto por Max Weber.

7. Apresente um exemplo de disfunção burocrática.

8. Apresente um exemplo que represente a dominação carismática.

9. Apresente um exemplo que represente a dominação hierárquica profissional.

Exercícios

1. Explique a definição de burocracia proposta por Max Weber, utilizando a Figura 4.3:

2. Qual é o efeito em termos da eficiência no serviço público da afirmação de Otto von Bismark?

   "Com leis ruins e funcionários bons ainda é possível governar. Mas com funcionários ruins as melhores leis não servem para nada."

4. Tome um exemplo e explique o conceito de jaula de ferro, proposto por Max Weber.

5. Apresente um exemplo de disfunção burocrática.

6. Apresente exemplos que representem os tipos de dominação identificados por Max Weber.

Pensamento administrativo *em ação*

Estamos no ano de 1918 e você é um consultor que acaba de ser contratado por uma empresa industrial situada nos Estados Unidos da América. O presidente da empresa inicia a conversa dizendo:

Com a volta da prosperidade ao final do século XIX da economia dos EUA e a maior facilidade de obter capital, todas as indústrias foram sendo dominadas por um pequeno número de grandes empresas integradas. A promessa de bons lucros com a produção e comercialização em massa e a penosa lembrança de duas décadas de preços declinantes tornavam irresistível a perspectiva de consolidação das empresas. O resultado foi o primeiro grande movimento de fusões na história norte-americana.

No período imediatamente posterior a esse movimento de fusões, um dos grandes desafios enfrentados pelos administradores das empresas recém-integradas foi descobrir meios de garantir sua operação eficiente. A tarefa não era fácil, pois vários desses administradores tinham competido entre si por muito tempo, não raro acirradamente, e com pontos de vista diferentes sobre negócios e sua administração. Os atacadistas, agora transformados em executivos de vendas, tinham antes interesses e atitudes que não coincidiam com os dos industriais, o mesmo acontecendo com os encarregados de compras. Além disso, esses homens, *há muito acostumados a agir de modo independente, não se submetiam facilmente a qualquer tipo de controle pessoal, contábil ou estatístico.*

O presidente encerra a fala dizendo: juntar esses homens e setores numa organização capaz de funcionar uniformemente tem implicado novos desafios administrativos que se apresentavam a essas empresas. Nós somos uma dessas empresas que passa por esse processo.

Pede-se: O presidente pergunta a você qual é o problema da situação apresentada e que solução você proporia.

Para saber mais

SENNETT, R. *A cultura do novo capitalismo*. Rio de Janeiro, Record, 2005.

Administração multimídia

KAFKA, F. *A metamorfose*. São Paulo, Martin Claret, 2004.

ORWELL, G. *1984*. São Paulo, Companhia das letras, 2009.

Referências

BENDIX, R. *Work and authority in industry*. New York, John Wiley & Sons, 1956.

BLAU, P. *Introdução ao estudo da estrutura social*. Rio de Janeiro, Zahar, 1977.

BRESSER-PEREIRA, L. C. B ; MOTTA, F. P. *Introdução à Organização Burocrática*. São Paulo, Brasiliense, 1983.

DELORENZO NETO, A. *Sociologia aplicada à administração*. São Paulo, Atlas, 1973.

FOLHA DE S. PAULO. *Cornell NYC Tech*: Nova York cria universidade de ponta para se tornar pólo tecnológico. Ilustríssima, p.6, 20 de janeiro, 2013.

MERTON, R.K. *Sociologia* – teoria e estrutura. São Paulo, Mestre Jou, 1968.

O ESTADO DE S. PAULO. *Bloomberg gastou uma fortuna para ser prefeito de Nova York*, 1 de janeiro, 2014.

SENNETT, R. *A cultura do novo capitalismo*. Rio de Janeiro, Record, 2005.

VASCONCELOS, F.C. Racionalidade, autoridade e burocracia: as bases da definição de um tipo organizacional pós-burocrático, *RAP*, 38(2), Mar/ Abr., pp. 199-220, Rio de janeiro, 2004.

VERGARA, S. C.; VIEIRA, M.M.F. Sobre a Dimensão Tempo-Espaço na Análise Organizacional, *RAC*, v. 9, n.2, Abr./Jun., pp. 103-119, 2005.

WEBER, M. *Teoria e sociedade*. Brasília, UNB, 1999.

Capítulo 5

ADMINISTRAÇÃO CIENTÍFICA:
princípios e mecanismos da administração

Fábio Müller Guerrini
Edmundo Escrivão Filho
Daniela Rosim
Luiz Philippsen Jr. (ilustrações)

Resumo:

Quais são os princípios e mecanismos da Administração? A Administração Científica é considerada a ideia fundadora da administração moderna. Entre as suas contribuições, a identificação dos princípios, que definem a filosofia do processo administrativo, e de mecanismos, que auxiliam a implementação de ações, foi fundamental para difundir a percepção de que o administrador, além de suas habilidades técnicas, deve ter habilidades conceituais para garantir a coordenação e coesão dos indivíduos para atingir os objetivos da Organização.

Palavras-chave: Administração Científica, racionalização do trabalho, estudo de tempos e movimentos.

Objetivos instrucionais:

Apresentar os princípios da Administração Científica e sua contribuição no processo de racionalização do trabalho das operações do chão de fábrica.

Objetivos de aprendizado:

Após a leitura deste capítulo, espera-se que o aluno seja capaz de:

❖ Compreender os princípios da Administração Científica.
❖ Identificar como os princípios da Administração Científica foram aplicados e seus desdobramentos contemporâneos.

Introdução

O Movimento da Racionalização do Trabalho (ou Clássico) foi pioneiro na utilização do princípio da divisão do trabalho tanto na Administração Científica, cujas maiores expressões foram Frederick Winston Taylor, Henry L. Gantt, Frank e Lilian Gilbreth, Harrington Emerson; quanto na Gerência Administrativa de Henri Fayol, Luther Gulick, Lyndall F. Urwick, James D. Mooney. Na vertente da Psicologia Industrial, os maiores expoentes foram Hugo Münsterberg, Ordway Tead, Charles S. Myers e Morris S. Vitelles e Walter Dill Scott.

Esse movimento baseou-se na racionalidade científica de causa e efeito, posição criticada pelo Movimento das Relações Humanas, mas que, no entanto, serviu como ideia fundadora da Moderna Administração enquanto uma disciplina do conhecimento (ABREU, 1982).

É importante registrar que a atividade industrial já havia se desenvolvido sobremaneira à época do Movimento da Racionalização do Trabalho, com a constituição de grandes conglomerados nos Estados Unidos, Alemanha, Inglaterra e França. Entretanto, a exploração do trabalho humano, baseada em jornadas de trabalho de dezesseis horas, começou a demonstrar fadiga, e os sindicatos no início do século XX passaram a mobilizar-se pela definição de condições dignas de trabalho. Portanto, era necessário buscar novas formas de organizar o trabalho para garantir aumentos de produtividade baseados em métodos científicos, em detrimento dos métodos tradicionais e empíricos.

Parte do direcionamento para a racionalidade científica deve-se à contribuição de engenheiros cuja visão era direcionada à resolução da produtividade no chão de fábrica (Taylor formou-se engenheiro mecânico após trabalhar muitos anos em empresa) e na definição de uma hierarquia organizacional que garantisse a comunicação adequada dos objetivos da gerência para o pessoal de chão de fábrica (Fayol era engenheiro de minas e com ampla experiência empresarial).

Apesar de todas as críticas que o Movimento da Racionalização do Trabalho sofreu ao longo dos tempos, vários conceitos foram retomados no final do século XX, com uma roupagem nova, sem que fosse dado o devido crédito. As revistas de final de semana são especialistas em anunciar tais novidades: participação nos lucros da empresa, recompensas financeiras por atingir ou superar metas de produtividade, a necessidade de "mudança de mentalidade das pessoas" para a gerência trabalhar em estreita cooperação com os operários.

Remuneração e divisão do trabalho

Mark Twain escreveu o livro "As aventuras de Tom Sawyer". Tom Sawyer é um menino do campo, que está sempre aprontando e vive com a sua tia Polly, com o irmão Sid e a prima Mary. Em uma das passagens do livro, Tom Sawyer destrói a cerca de madeira do vizinho e a sua tia dá como castigo pintar toda a cerca nova. Ele fica tremendamente chateado com a situação, mas resolve cumprir com o que a sua tia mandou. Depois de passar algum tempo, chega um amigo que acha aquilo interessante e pede para que Tom o deixe pintar um pouco. Percebendo a oportunidade, Tom diz que ele pode pintar a cerca mediante certo pagamento e assim ele pinta uma parte da cerca. Nisso, outros meninos vão chegando e a mesma condição é colocada para todos. Sem trabalhar e recebendo pelo serviço dos amigos, ele ganha dinheiro e o que era castigo torna-se uma diversão.

A forma de remuneração baseada na quantidade necessária de habilidade, em função da divisão do trabalho que Tom Sawyer aplicou para livrar-se do serviço, foi proposta pelo matemático inglês Charles Babbage em 1832.

A ideia de divisão do trabalho teve como consequência um modelo de desenvolvimento de empresas apoiado no reducionismo, para o qual o conhecimento e a experiência podiam ser reduzidos, decompostos e desmontados, fazendo-se o isolamento das partes. O reducionismo originou o método analítico, no qual as explicações de um "todo" eram extraídas das explicações do comportamento e propriedades das suas partes. Consequentemente, o processo de análise isola o objeto de estudo para entender o comportamento das partes e reúne esse entendimento das partes para a compreensão do todo.

As consequências do modelo de desenvolvimento de empresas baseado na formação de grandes unidades fabris levaram os administradores a analisarem os seus problemas de forma determinista (relações de causa-efeito) e mecanicista (mundo encarado como uma máquina). A divisão do trabalho baseia-se em tarefas simples e repetitivas; a divisão da estrutura organizacional agrupa funções similares, níveis hierárquicos e especializa as pessoas em suas respectivas funções.

Frederick Winston Taylor

Se houvesse um dia para comemorar o dia da "engenharia de produção", esse dia poderia ser 20 de março de 1856. O relato a seguir é um extrato do texto originalmente escrito por Gerencer (1979) na introdução do livro de Taylor (1979).

Em 20 de março de 1856, nascia no subúrbio de Germantown, na Filadélfia, Pensilvânia, Estados Unidos, Frederick Winston Taylor, um menino de classe média que, ao não conseguir ingressar na Escola de Direito, foi trabalhar em uma oficina que ficava próxima da sua casa, as Oficinas Sharpe. Certo dia, o proprietário perguntou-lhe:

– Qual é a ideia que você faz de êxito no trabalho?

– Quero ser mecânico e ganhar dez centavos por dia. – respondeu o rapaz.

– Esta não é uma meta suficiente. Na sua idade, decidi que aprenderia a trabalhar um pouco mais cuidadosamente que os outros e que faria o meu trabalho melhor do que no ano anterior.

Em 1878, aos 22 anos, o rapaz conseguiu um emprego como operário nas oficinas de construção de máquinas Midvale Steel Company. Nessa época, as empresas siderúrgicas estavam constantemente sendo noticiadas como os arautos do desenvolvimento, pois grandes empresários como David Rockfeller e Dale Carnegie foram capazes de feitos empresariais impressionantes. É provável que a dinâmica empresarial do setor tenha despertado a atenção do jovem Taylor.

Taylor era uma pessoa extremamente disciplinada para o trabalho e procurou sempre aprimorar a sua formação. Em pouco tempo Taylor foi promovido a novos cargos na Midvale Steel Company, passando de contador a torneiro mecânico, pois o seu trabalho tinha um rendimento melhor do que o dos outros. Apesar de procurar realizar o seu trabalho da melhor forma possível, sentia-se incomodado com as críticas que recebia de um encarregado. Ao procurar o seu chefe, o engenheiro William Sellers, recebeu a recomendação de não dar importância a tais críticas e continuar a fazer o seu trabalho da melhor maneira possível.

Nessa época a ideia era fazer o pagamento por peça fabricada. Havia uma queda de braço constante entre dirigentes e empregados para estabelecer a tarefa. Os dirigentes queriam ter o maior lucro possível ao fixar o preço da tarefa; por outro lado, os empregados faziam corpo mole e diziam que podiam produzir somente um determinado número de peças por dia (o que correspondia mais ou menos a um terço da possibilidade real de produção).

Todo operário novo era forçado a ser solidário com os outros para que ninguém perdesse o emprego. E Taylor queria fazer o seu trabalho bem-feito, mas não queria se indispor com os colegas. Ao ser promovido a chefe de seção, Taylor decidiu limpar a galeria subterrânea da fábrica. Depois de uma luta insana, saiu sujo da cabeça aos pés, mas conseguiu desentupir a galeria. Os colegas riram dele, mas o presidente da companhia interessou-se pelo caso e levou-o para o Conselho Administrativo, pois ele havia economizado milhares de dólares para a empresa.

Taylor enfrentou resistências a ponto de ter que demitir operários. Em contrapartida, os operários quebravam as máquinas propositalmente para acusá-lo de tais prejuízos, pois diziam que ele forçava a máquina a ter um rendimento excessivo. Mas ele deu o troco e ameaçou descontar do salário. Depois de três anos nesse verdadeiro inferno pessoal, a produtividade das máquinas aumentara (em alguns casos o dobro) e ele fora mais uma vez promovido.

Taylor formou-se em engenharia mecânica pelo Stevens Institute, o que lhe permitiu compreender teoricamente os conhecimentos que adquirira ao longo de sua atividade profissional. Com a sua reputação consolidada na empresa, William Sellers deu-lhe permissão para desenvolver um estudo científico dos métodos de trabalho, sem esperar que tais estudos tivessem um resultado prático. Entretanto, os resultados superaram as expectativas de Sellers, que endossou a continuidade de suas pesquisas por 26 anos. Mais de cinquenta patentes relativas a máquinas, ferramentas e processos de trabalho foram geradas. Taylor ficou conhecido como o pai da Administração Moderna, mas também deu grandes contribuições na área de processos de fabricação.

Em 1896, Taylor foi contratado pela Bethlehem Steel Works (outra empresa siderúrgica) e três anos e meio depois, aumentou a produtividade da empresa em cinco vezes e reduziu o custo da manipulação do material pela metade.

Nos anos seguintes procurou difundir as suas ideias e escreveu um "livrinho" (no sentido de ter somente 144 páginas na edição original de 1916) intitulado *The Principles of Scientific Management*", que seria a síntese do seu trabalho e mudaria para sempre os conceitos de organização da produção. A Administração Científica difundiu-se ao longo dos anos e sofreu a contraposição de outras correntes de pensamento que viam nela uma tentativa de mecanizar o homem.

O reconhecimento dos princípios da Administração Científica e do trabalho de planejamento e controle de produção como uma função da empresa ocorreu na Segunda Guerra Mundial. Como resultado, o controle de produção e estoques existia como funções distintas na maioria das empresas, mas eram usualmente rudimentares. O controle de produção, com exceção de algumas técnicas de carregamento de máquinas simples, limitava-se basicamente à expedição e, na maioria das empresas, o controle de produção foi desenvolvido por teorias científicas que eram pouco aplicáveis na prática.

Administração Científica

A denominação "Administração Científica" foi intencionalmente cunhada para contrapor-se à administração tradicional. Nessa época já havia um alto conteúdo tecnológico nas empresas, pois grandes máquinas e diversos equipamentos foram desenvolvidos para viabilizar a escala de produção, para atender a demanda de um mercado em expansão. De certa forma, a noção de progresso industrial alinhava-se ao progresso econômico, pois a implantação de ferrovias e a geração de energia eram dependentes da indústria petrolífera e das siderúrgicas. As máquinas e equipamentos da indústria fabril dependem de métodos, técnicas e habilidades específicas para serem utilizados. A questão que emergiu dessa constatação foi:

Como identificar a melhor técnica ou métodos e desenvolver as habilidades necessárias para executar a tarefa? Ao referir-se à "melhor técnica" buscava-se aquela que garanta maior produtividade.

Na concepção de Taylor, somente o método científico pode assegurar que a melhor técnica ou método tenha sido escolhido e determinar as habilidades necessárias para executar a tarefa. Essa era uma premissa que incorporava várias questões. "Método científico" era tomado na perspectiva de decomposição das partes. Esse processo de decomposição em partes permitia chegar à tarefa. Com base na tarefa, realizam-se medições de tempo de realização, verificam-se a adequação dos equipamentos utilizados e questões de ergonomia associadas ao operário, e mais especificamente, ao posto de trabalho. A "melhor técnica", portanto, era aquela que permitia chegar ao menor tempo de execução da tarefa, ao definir os movimentos que o operário deveria fazer para conseguir utilizar os equipamentos e máquinas com máximo aproveitamento. Ao final, uma medida científica para definir a "melhor técnica" era a produtividade de peças por hora-homem.

Funções do gerente e do trabalhador

Há uma máxima em administração que se aplica a qualquer tipo de evento, segundo a qual: "quem planeja, não executa; quem executa, não planeja". Isso se verifica porque se o planejador for executar, ele pode colocar em risco o evento para garantir que tudo o que ele planejou seja seguido sem atentar para possíveis contingências que podem surgir durante a execução. Em outro sentido, quem executa pode não conhecer o contexto que deve ser considerado para planejar. Mas isso só é claro hoje porque Frederick Taylor separou essas funções.

A Administração Científica contribuiu para dar o passo seguinte e aprofundar o processo de divisão do trabalho. Se ao longo da evolução da organização do trabalho as cinco funções do artesão (proprietário da matéria-prima, contratação de ajudantes, proprietário dos meios de produção, responsável pela produção e venda do que produz) foram limitadas pelo capitalismo industrial à função de produção, na Administração Científica o livre arbítrio de como executar o trabalho é suprimido do trabalhador. A gerência passa a determinar como a tarefa deve ser realizada em termos de movimentos do trabalhador para que se obtenha a melhor produtividade.

Taylor retomou o conceito de divisão do trabalho, enfatizando que deve haver uma estreita colaboração entre a gerência e os trabalhadores. Nessa versão de divisão do trabalho, a gerência é responsável por planejar e supervisionar o trabalho a ser executado pelos trabalhadores. A separação entre as atividades da gerência (planejar e supervisionar) e as atividades do trabalhador (executar o trabalho) era uma proposição inovadora na época, principalmente se analisada sob a perspectiva de estreita colaboração entre ambos.

A colaboração é uma ação acordada do ser humano. Por não ser capaz de realizar o que precisa para sobreviver sozinho, a dependência de outros seres humanos faz com que ele aceite o seu lugar no processo de divisão do trabalho, resignando-se a cumprir a sua função. E a sua função é definida por uma instância superior, que, ao planejar o seu trabalho, requer a colaboração do funcionário para que o trabalho seja executado. E a supervisão busca identificar o que pode ser melhorado na execução daquele trabalho em função da resposta e do desempenho do funcionário. Mas neste caso, a "colaboração" é entendida como um acordo tácito entre as partes.

A Figura 5.1 apresenta a cooperação entre a gerência e a produção na Administração Científica.

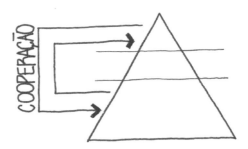

Figura 5.1: Cooperação entre a gerência e a produção na Administração Científica.

Fazendo um paralelo com uma comunidade de formigas, a colaboração é instintiva. As formigas também têm um sistema de divisão do trabalho que garante eficiência e eficácia inatingíveis pelo ser humano, pois não se trata de um "acordo tácito" entre as partes, mas da própria natureza instintiva (ou genética) das formigas. Quando, por algum motivo, uma formiga operária não pode realizar o seu trabalho, o formigueiro se reorganiza para suprir a sua ausência.

Portanto, para que esse princípio da colaboração seja posto em prática, e permita viabilizar a divisão entre as atividades da gerência e dos trabalhadores, Taylor afirma que é necessária uma mudança de mentalidade das pessoas que fazem parte da Organização.

A própria Administração Moderna surgiu como necessidade de resposta ao abuso imposto pelos empresários para aumentar a produção baseado em jornadas de trabalho de dezesseis horas, condições insalubres de trabalho e falta de um padrão de remuneração pelo trabalho. Em certo sentido, a organização dos trabalhadores em sindicatos e as manifestações por condições dignas de trabalho indicaram que somente o desenvolvimento de métodos e técnicas de administração eficazes poderia garantir o aumento de produtividade necessário. Taylor trabalhou a sua vida toda em empresas siderúrgicas, que foram as primeiras a enfrentar turbas de operários em greve por melhores condições de trabalho.

A mudança de mentalidade era uma necessidade antes de tudo social, nesse caso, mas para que ela também fosse incorporada no meio industrial, Taylor formulou as seguintes questões que a Administração Científica deveria responder:

ELSEVIER   CAPÍTULO 5 – ADMINISTRAÇÃO CIENTÍFICA: PRINCÍPIOS E MECANISMOS DA ADMINISTRAÇÃO

(a) Em que a Administração Científica difere essencialmente dos sistemas comuns?

(b) Por que os resultados conseguidos por meio da Administração Científica são melhores?

(c) É importante colocar o homem adequado para chefiar a empresa? Ele pode definir com liberdade o sistema de administração?

Para responder a essas questões, a Administração Científica tinha um direcionamento para a organização do trabalho e identificou tanto os princípios associados à filosofia do sistema administrativo quanto seus mecanismos, que são as ferramentas que operacionalizam a implantação dos princípios.

Princípios e mecanismos da administração

A segunda grande contribuição de Taylor para a teoria administrativa foi a separação entre os princípios e mecanismos da administração.

Os princípios fundamentais da Administração Científica dizem respeito à substituição do critério individual do operário por uma ciência, à seleção e ao aperfeiçoamento científico do trabalhador e à cooperação da administração com os trabalhadores (TAYLOR, 1979).

O principal objetivo da administração é garantir a prosperidade da empresa, conjugada com a prosperidade do empregado. A Administração Científica baseia-se em alguns princípios gerais ou numa filosofia, mas são os mecanismos que definem o melhor meio de implantar esses princípios gerais (TAYLOR, 1979).

Os mecanismos da Administração Científica envolvem elementos que sistematizam as relações de produção e o estudo da organização, tais como o estudo de tempo e padrões de produção; supervisão profissional; padronização de ferramentas e instrumentos; planejamento de cargos e tarefas; princípio de execução; a utilização da régua de cálculo e instrumentos para economizar tempo; fichas de instruções de serviço; atribuição de tarefas, associadas a prêmios de produção pela execução eficiente; sistemas de classificação dos produtos e do material usado na manufatura e sistemas de delineamento da rotina do trabalho.

O estudo de tempos e movimentos tinha como finalidade definir o método de trabalho com base em índices de produtividade esperados em um dia de trabalho. Por meio do método de trabalho realizava-se a seleção científica do trabalhador, fazendo-se a interseção entre as tarefas a serem realizadas e as habilidades necessárias.

Taylor também identificou a Lei da Fadiga, visando definir movimentos precisos para a execução da tarefa no menor tempo e com o menor esgotamento físico. Para que o trabalhador tivesse um bom desempenho era importante garantir a ele intervalos de descanso. Depois de o método de trabalho estar definido, definia-se um padrão de produção que era supervisionado de forma intensiva e funcional. Ao atingir as metas o funcionário recebia uma premiação financeira. Com isso, visava-se garantir a máxima eficiência, aumentando-se os lucros e os salários.

Como já havia sido preconizado por Max Weber, os cargos e funções devem ser preenchidos por especialistas para orientar cada operário com conhecimentos técnicos para a utilização plena do princípio de divisão do trabalho, minimizando as funções de cada operário. Entretanto, a falta de coordenação entre operários e departamento pode causar problemas de autoridade, desestabilizando a produção.

Os três tipos de problemas mais comuns na empresa estão relacionados com:

1) Vadiagem premeditada, que pode ser eliminada com a adequada compreensão do dia de trabalho comum, registrando-se o rendimento maior alcançado pelo operário e sua eficiência, elevando os salários individuais conforme o aprimoramento do trabalhador, despedindo aqueles que não atingiram os índices desejados pela empresa;

2) O desconhecimento pela gerência das rotinas de trabalho e tempo necessário para a sua realização;

3) A falta de uniformidade das técnicas ou métodos de trabalho.

É interessante notar que, na Administração Científica, Frederick Taylor recuperou a definição de Carl C. Barth da Lei da Fadiga, para a qual o ser humano só pode ser solicitado uma parte do dia para esforços que dependam dos movimentos de extensão ou flexão do braço (TAYLOR, 2006).

A supervisão deve manter a divisão equitativa de trabalho de responsabilidades entre a direção e o operário. A administração planeja e orienta a realização do trabalho, de tal forma que o operário trabalhe mais rápido e melhor (TAYLOR, 1979).

A Administração está baseada na preparação e execução de tarefas. As melhorias de processo são obtidas por meio do treinamento em novos métodos de organização e execução do trabalho. O desenvolvimento dos métodos baseia-se na observação empírica. Essa ideia, com o passar do tempo, desenvolveu-se no sentido de criar procedimentos ou padrões organizacionais para as grandes empresas, com diversas unidades fabris.

A Administração Científica preconizou a padronização de procedimentos e ferramentas. Até então, cada trabalhador usava as suas próprias ferramentas, o que causava ineficiências no processo de fabricação. Nem sempre a ferramenta de que o trabalhador dispunha era a mais adequada para executar aquela tarefa. O projeto da ferramenta deveria estar intrinsicamente relacionado com o projeto do procedimento a ser executado.

Taylor (1979) desenvolveu sua teoria com base na observação direta dos problemas no chão de fábrica. Constatou que a produção do operário médio era menor do que ele era capaz com o equipamento disponível. Concluiu que a Administração deve pagar salários altos e ter baixos custos unitários de produção. A Administração deve usar métodos científicos de pesquisa e experimentação que permitam padronizar os processos. Os empregados devem ser cientificamente aptos aos serviços e postos de trabalho e adestrados para aperfeiçoar suas aptidões. A Administração e os trabalhadores devem cooperar mutuamente para a melhoria da produção.

A Figura 5.2 apresenta os elementos da Administração Científica.

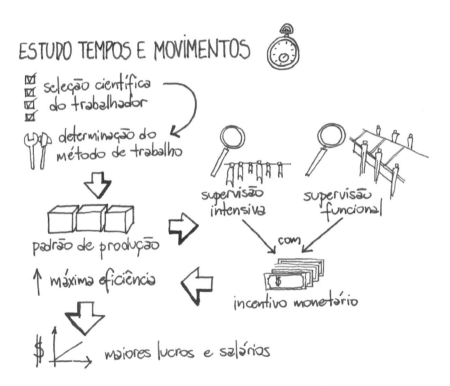

Figura 5.2: Elementos da Administração Científica.

A utilização da régua de cálculo e instrumentos para economizar tempo pode parecer extemporânea, mas continuamos a utilizar "uma régua de cálculo" para economizar tempo: o computador. Além dos limites da Administração, Taylor enxergou antes dos demais que a produção em larga escala e eficiente só seria possível com a utilização de tecnologias de apoio que garantissem melhor precisão às atividades.

A contribuição de Henry Ford

Por volta de 1940, Ford ouvia de seu filho John Dehlinger que os livros didáticos utilizados na escola eram antigos, e Ford argumentava contra, pois era um entusiasta de livros. Dehlinger disse: "Mas, senhor, vivemos em novos tempos. Esta é a idade moderna e....". Ford interrompeu o rapaz e disse: "Rapaz, eu inventei a idade moderna" (SNOW, 2014).

Henry Ford era um menino de doze anos quando passou por ele um locomóvel, na estrada de Detroit. O veículo era fabricado pela Nichols, Shepard & Company, de Battle Creek. O que o deixou impressionado foi o veículo não depender de tração animal e ser guiado por um homem que ficava de pé na parte traseira.

Desse momento em diante, Ford começou a preocupar-se com a fabricação de carros (que iniciou no trator, passou pela descoberta da viabilidade do motor à combustão e pela fabricação dos Modelos A, B, C, F, N, R, S e K). Ford tinha a ideia de popularizar o carro, de tal forma que o seu operário pudesse ter um. Ao desenvolver o Modelo T, a partir de 1909 todos os outros modelos saíram de linha.

Os princípios de Ford baseavam-se em alta produtividade, baixo custo de produção e verticalização da produção. Taylor chegou a dar consultoria para Ford na implantação do Complexo de Rouge. Emerson contribuiu para o processo de padronização de procedimentos.

Ford define a padronização:

> "Em seu verdadeiro sentido, a padronização equivale à reunião das melhores vantagens do produto às melhores vantagens da produção, de modo que sob o menor preço possa ser oferecido ao público."

Como pode ser observado na própria definição de Ford, a padronização define certo tipo de relacionamento entre o produto e a produção. E define também uma determinada relação com o cliente baseada no atendimento de expectativas mínimas de desempenho do produto e de uma previsão de compra desse produto.

Ford, com a intenção de tornar o seu carro universalmente aceito e acessível, queria que o seu automóvel pudesse ser comprado pelo operário de sua fábrica e isso impunha restrições ao projeto do Modelo T. Entretanto, um princípio básico que garantiu a adesão do cidadão comum ao Modelo T é que ele era de fácil manutenção, o proprietário podia facilmente fazer reparos em caso de problemas. A simplificação do projeto do produto resolvia tanto questões de padronização para a fabricação quanto para a manutenção do automóvel.

Esses desenvolvimentos foram incorporados de tal forma pelas empresas contemporâneas, que não há como imaginar a organização do trabalho sem eles.

Outras contribuições para Administração Científica

Henry L. Gantt foi um colaborador de Taylor na Midvale Steel, Simond´s Rolling Machine and Bethlehen Steel. Gantt desenvolveu uma representação gráfica para acompanhamento da evolução do trabalho executado em relação ao trabalho planejado, que ficou conhecido como Gráfico de Gantt. O problema com que Gantt se deparou foi a construção de navios para os Estados Unidos na Primeira Guerra Mundial, definindo as suas etapas e os processos de forma a permitir a definição de marcos intermediários para que partes do navio estivessem prontas e a colocação de barras horizontais que permitissem o acompanhamento da fabricação do navio. Colaborou para a definição de métodos de trabalho, criando sistemas de recompensa para o trabalhador que cumprisse as tarefas conforme o planejado e medidas que permitissem ao trabalhador solicitar a revisão dos padrões de trabalho estabelecidos, caso fosse constatada alguma dificuldade (CORRÊA, 2003).

Frank e Lilian Gilbreth foram responsáveis pela definição de padrões de trabalho na construção civil. A construção civil apresentava deficiências sérias no planejamento da execução do trabalho. Frank e Lilian Gilbreth fizeram um amplo de estudo de tempos e movimentos para melhorar a produtividade dos pedreiros no assentamento de tijolos. Inventaram o andaime, para garantir condições ergonômicas mais adequadas a esse processo (CORRÊA, 2003). Chegaram a filmar trabalhadores em ação, para que pudessem analisar os movimentos e sistematizá-los em dezoito movimentos básicos, conhecidos como *therbligs*: buscar, encontrar, selecionar, agarrar, alcançar, mover, segurar, soltar, posicionar, preposicionar, inspecionar, montar, desmontar, usar, demora evitável, demora inevitável, planejar e descansar.

Emerson seria o responsável pela padronização de procedimentos e processos operacionais nas linhas de produção. Esses desenvolvimentos seriam o embrião do que veio a se constituir como a qualidade de processo.

Pequena empresa:

Especialização flexível

Em razão da heterogeneidade das pequenas empresas, torna-se mais difícil generalizar a ocorrência da divisão do trabalho e o aumento da especialização dos trabalhadores em todo o setor. Verifica-se que nas pequenas empresas com menos funcionários (cerca de vinte) a divisão do trabalho e especialização é menor do que nas empresas com cerca de 499 funcionários. Sendo assim, observa-se que os princípios da Administração Científica – que preveem a especialização na execução das tarefas do trabalhador durante a realização do trabalho – ocorrem em pouca proporção ou quase não ocorrem.

Como nas pequenas empresas a organização do trabalho aproxima-se do modo artesanal, os princípios que se adequam bem às atividades industriais de escala e escopo necessariamente não se enquadram bem na pequena empresa.

Na Itália, a interação entre as pequenas empresas, o governo e instituições de apoio para desenvolver a exportação permitiu promover uma especialização produtiva. Na região da Emília Romana, a especialização flexível permitiu combinar a capacidade de produção em escala da grande empresa com a flexibilidade da pequena empresa em sobreviver às flutuações do mercado. De acordo com Piore e Sabel (1984), a especialização flexível baseia-se em uma estratégia de inovação constante, no sentido de adequar-se continuamente às mudanças. Os trabalhadores são especializados e há a utilização de equipamentos multiuso.

As grandes empresas descentralizaram parte de sua atividade produtiva, para pequenas empresas que se especializam na produção de itens específicos a serem fornecidos para as grandes empresas. Com isso, a pequena empresa que tem uma carteira de clientes definida apresenta condições de produzir itens de forma especializada que farão parte do produto final de uma grande empresa, com alto conteúdo tecnológico, o que demanda mão de obra qualificada.

Para viabilizar os benefícios da especialização flexível, Humphrey e Schmitz (1998) consideram alguns fatores baseados em divisão de trabalho com a especialização dos produtores, definição da especialidade de cada produtor, existência de fornecedores de matérias-primas e máquinas, agentes de venda para mercados distantes, empresas especialistas em serviços tecnológicos, trabalhadores assalariados com qualificações específicas e associações para a realização de *lobby* e de tarefas específicas para o conjunto de seus membros.

ELSEVIER CAPÍTULO 5 — ADMINISTRAÇÃO CIENTÍFICA: PRINCÍPIOS E MECANISMOS DA ADMINISTRAÇÃO

Administração também é cultura:

Os reflexos da racionalização do trabalho na arquitetura

Luiz Philippsen Jr.

Le Corbusier publicou, em 1920, um livro-manifesto intitulado "Por uma arquitetura". O texto é um manifesto em prol da sociedade industrial e, no caso, reivindica a necessidade de a arquitetura e a construção civil espelharem a técnica, a escala de produção, a redução de custos, a qualidade e a divisão do trabalho – preceitos intimamente ligados a racionalização do trabalho.

Em meio às suas propostas construtivo-arquitetônico, sintetizadas na busca da "máquina de morar", diversas imagens da indústria moderna são apresentadas, sempre em contraste à realidade da arquitetura e da construção no período.

Le Corbusier descreve a admiração pela indústria nascente. Há certa ingenuidade nesse pensamento, especialmente se analisado sob o enfoque do trabalhador e a alienação de seu trabalho. No entanto, contextualiza-se o período e o significado da Era Industrial:

> *"(...) a indústria conduziu à peça em série; as máquinas trabalham em colaboração íntima com o homem; a seleção das inteligências se faz com uma segurança imperturbável; trabalhadores braçais, operários, mestre-de-obras, engenheiros, diretores, administradores, cada um tem seu justo lugar; e aquele que tem estofo de um administrador não permanecerá muito tempo como trabalhador não especializado; todos os postos são acessíveis. A especialização prende o homem à sua máquina; exige-se de cada qual uma precisão implacável, pois a peça que passa para a mão do próximo operário não pode ser "recuperada" por ele, corrigida ou consertada; ela deve ser exata para continuar na exatidão seu papel de peça de detalhe, chamada a vir a se ajustar automaticamente em seu conjunto." (p. 193)*

E por fim:

> *"O operário faz uma pequenina peça, e sempre a mesma durante meses, durante anos, talvez, talvez durante toda a sua vida. Ele não vê a conclusão de seu trabalho senão na obra terminada no momento em que ela passa brilhante, polida e pura, no pátio da fábrica (...) Se o operário é inteligente, compreenderá os destinos de seu trabalho e terá um orgulho legítimo dele." (p. 193)*

Nota-se a tentativa de compreender o pensamento daquele período e como a Era Industrial mudou de forma decisiva os aspectos da vida moderna, não apenas nas relações de trabalho e na forma de enxergá-lo, mas em tantos outros aspectos da vida, como o consumo, a remuneração e, inclusive, a ordenação das cidades, do local de trabalho e das habitações.

Caso:

Complexo de Rouge – a cidade-fábrica

Tony Garnier projetou a primeira cidade que se sujeitasse às implicações da Revolução Industrial entre 1899 e 1904. A cidade industrial projetada por Garnier era dividida por vias em áreas comercial, residencial, industrial, e o padrão de repetição das construções era o espelho da atividade do operário industrial. A planificação da cidade apresentava um grau de ordenação urbana que eliminava qualquer vestígio de formação orgânica da cidade.

Com o desenvolvimento do Ford Modelo T uma fábrica maior era necessária para viabilizar a linha de produção. Assim, Henry Ford adquiriu 24 hectares em Highland Park. De 1908 a 1911 a fábrica passara de 2,65 acres a 32 acres, de 6 mil carros produzidos para 35 mil. O Complexo de Rouge não nasceu com a pretensão de ser uma cidade, mas a escala com a qual operava era impressionante: 100 mil trabalhadores; 93 prédios; 160 quilômetros de estrada de ferro interna, para suas 16 locomotivas; 193 quilômetros de correias transportadoras de materiais; 24 quilômetros de ruas pavimentadas para sua frota de ônibus; usina de força própria, que consumia 2.200 toneladas de carvão por dia e gerava 2.500 milhões de quilowatts/dia; 1 mil caminhões Ford, que traziam carvão para a fábrica; altos-fornos que produziam 1.200 toneladas de ferro por dia; uma fundição que ocupava uma área de 121.406 m², que recebia o ferro líquido diretamente dos fornos e o colocava em moldes para transformá-lo em blocos de motores, cilindros, coletores, escapamentos e outras peças diversas; 240 fornos de carvão; fábrica de cimento Portland; fábrica de vidros com capacidade anual de 929.000 m² de vidro de segurança, que era equipamento-padrão de todos os veículos Ford; usina de aço e laminação; estamparia; fábrica de papel reciclado; manufatura de arame; ferramentaria; fábrica de tintas e fábrica de pneus (CLUBE DO FORDINHO, 2013).

Durante muitos anos a Fábrica de Rouge da Ford foi conhecida como um modelo de fábrica a ser copiado, pois adotava técnicas inovadoras que permitiam a reorganização dos processos de produção. A produção ocorria sequencialmente em linha reta, com peças pequenas que eram transportadas por correias automáticas.

Considerações finais

A Administração Científica sofreu críticas associadas à sua abordagem reducionista e mecanicista. A superespecialização do funcionário tornava-o alheio ao restante do trabalho e do conhecimento do seu papel no processo de produção. A produção em linha permitia que cada pessoa aprendesse rapidamente o que era para ser feito. Como o foco eram as atividades do chão de fábrica e a melhoria de execução das tarefas, o elemento humano era apenas mais uma peça que viabilizava a produção em massa.

Esse raciocínio é observado no filme "Tempos Modernos" de Charles Chaplin, no qual o funcionário Carlitos perde a noção do que está fazendo e da sua própria identidade, no momento em que é engolido pela máquina. Ele é parte da máquina.

A Figura 5.3 apresenta o fundamento básico da produção em massa, a transformação de insumos, baseando-se em uma linha de produção em massa, que produz produtos em escala e padronizados.

Figura 5.3: Fundamento básico da produção em massa.

Entretanto, a Administração Científica foi o primeiro passo da administração moderna na tentativa de equacionar os problemas administrativos. A principal contribuição, a despeito de todo foco dado à melhoria da produtividade no chão de fábrica, foi a distinção entre princípios e mecanismos da administração.

Roteiro de aprendizado

Questões

1. Quais eram os princípios da Administração Científica?
2. Qual era a importância do conceito de divisão do trabalho na Administração Científica?
3. O que são *therbligs*?
4. Qual é a importância do gráfico de Gantt para o controle de produção?
5. Explique os efeitos da padronização na produtividade, nos custos de produção e na verticalização da produção, de acordo com a seguinte frase de Henry Ford:

"Em seu verdadeiro sentido, a padronização equivale à reunião das melhores vantagens do produto às melhores vantagens da produção, de modo que só o menor preço possa ser oferecido ao público."

Exercício

1. Andrew Carnegie ficou conhecido como o "rei do aço" na segunda metade do século XIX nos Estados Unidos. Henry Clay Frick foi nomeado por Carnegie presidente da siderurgia e buscou preços mais baixos e maiores escalas de produção, para aumentar a lucratividade das empresas, com jornadas de trabalho de 84 horas semanais. A exploração da mão de obra começou a ser combatida pelos sindicatos, resultando em uma greve histórica, cuja repressão ocasionou diversas mortes. Percebeu-se então que a simples exploração da mão de obra não seria mais suficiente para aumentar a produção.

   Pede-se: explique como a Administração Científica propunha mudar esse cenário.

2. Henry Ford se tornou o maior e mais bem-sucedido fabricante de automóveis no início do século XX. Ele adaptou a linha de montagem para carros padronizados e baratos numa série de funções desempenhadas por trabalhadores especializados. A verticalização da produção dos carros de Ford fez com que ele tivesse fábrica de pneus em duas cidades criadas por ele no meio da selva amazônica (Fordlândia e Belterra). Ele criou, em 1914, um plano de participação nos lucros que distribuiu mais de US$ 30 milhões anualmente a seus empregados. Quais são as implicações desse modo de produção para a sociedade?

ELSEVIER   CAPÍTULO 5 – ADMINISTRAÇÃO CIENTÍFICA: PRINCÍPIOS E MECANISMOS DA ADMINISTRAÇÃO   **111**

Pensamento administrativo *em ação*

Estamos no ano de 1912 e você é um consultor que acaba de ser contratado por uma empresa industrial situada nos Estados Unidos da América. O presidente da empresa inicia a conversa dizendo que:

"A empresa emprega cerca de mil operários e conta com umas trinta espécies de trabalhos diferentes. O trabalhador em cada uma dessas funções adquiriu seus conhecimentos por meio da tradição oral, desde quando o artífice desempenhava vários ofícios até o estado atual de grande divisão do trabalho, em que cada homem se especializa em tarefas reduzidas. A inteligência de cada geração tem desenvolvido métodos mais rápidos e melhores para fazer as operações nos diferentes trabalhos.

Entretanto, dificilmente é encontrada uniformidade na execução. Em lugar de um processo que é adotado como padrão, há talvez 50 a 100 processos diferentes de fazer cada tarefa que jamais foram sistematicamente analisados e descritos. Esse conjunto de conhecimentos é o principal recurso e patrimônio dos artífices, dos quais grande parte escapa à administração.

O administrador mais experimentado deixa ao arbítrio do operário o problema da escolha do método melhor e mais econômico para realizar o trabalho. Ele acredita que sua função seja induzir o trabalhador a usar sua iniciativa, no sentido de dar o maior rendimento possível ao patrão.

Para provocar a iniciativa do trabalhador, o diretor deve fornecer-lhe incentivo especial: promessa de promoção, salários mais elevados, menor carga de trabalho etc. Em dezenove de vinte empresas, o trabalhador acredita que é positivamente contra seus interesses empregar sua melhor iniciativa e ele, de modo deliberado, trabalha tão devagar quanto pode."

O presidente pergunta a você: **Qual é o problema da situação apresentada e que solução você proporia?**

Para responder a essa questão, veja alguns argumentos de alunos:

– *Penso que há falta de organização em relação aos métodos utilizados nos processos produtivos e falta de controle sobre os gastos de recursos.*

– *O excesso de processos padronizados juntamente com a ineficaz gestão do conhecimento também impedem o bom rendimento da produção.*

– *Para uma melhoria no desempenho seria melhor então sistematizar os processos fabris e administrativos da empresa.*

– *Além disso, poderia estimular o trabalhador, fazendo com que se considere parte indispensável e integrante dos meios, de forma que ele se sinta gratificado dentro do possível e empenhe seu máximo esforço para atingir objetivos da empresa.*

Para saber mais

TAYLOR, F.W. *Princípios da administração científica*. São Paulo, Atlas, 2006.

Administração multimídia

Filme

Tempos Modernos (*Modern Times*, EUA, 1936). Diretor: Charles Chaplin.

Documentário

People of the Century: episódio 5 – 1924: On the line – PBS. Acessível no YouTube.

Referências

ABREU, A.B. Novas reflexões sobre a evolução da teoria administrativa: os quatro momentos cruciais no desenvolvimento da teoria organizacional. *Revista de Administração Pública*, v. 16, n. 4, pp. 96-108, 1982.

CLUBE DO FORDINHO. http://www.clubedofordinho.com.br/si/site/0060, 2013.

CORRÊA, H. *Teoria Geral da Administração*: abordagem histórica da gestão de produção e operações. São Paulo, Atlas, 2003.

FORD, H. Minha vida, minha obra. *In: Os princípios da prosperidade*. Rio de Janeiro, sem data.

HUMPHREY, J.; SCHMITZ, H. *Trust and inter-firm relations in developing and transition economies*. United Kingdon, IDS-University of Sussex, 1998.

LOCKE, E.A. The ideas of Frederick Taylor: an evaluation. *Academy of Management Review,*. vol. 7. No. 1, pp.14-24, 1982.

PIORE, M.J.; SABEL, C.F. *The second industrial divide*: possibilities of prosperity. United States, Basic Books, 1984.

SNOW, R. *Henry Ford*: o homem que transformou o consumo e inventou a era moderna. São Paulo, Saraiva, 2014.

TAYLOR, F.W. *Princípios da Administração Científica*. São Paulo Atlas, 1979.

Leituras transversais utilizadas para a elaboração do texto

TWAIN, M. As *aventuras de Tom Saywer*. Porto Alegre, LPM, 2012.

Capítulo 6

GERÊNCIA ADMINISTRATIVA:
hierarquia e estrutura organizacional

Fábio Müller Guerrini
Edmundo Escrivão Filho
Daniela Rosim
Luiz Philippsen Jr. (ilustrações)

Resumo:

Como é feita a comunicação entre a alta gerência e os funcionários? A Gerência Administrativa foi determinante para reconhecer que os níveis hierárquicos da Organização permitem que as diretrizes normativas da alta gerência sejam conhecidas por toda a Organização. Para cada nível hierárquico, atribui-se um determinado papel e nível de autoridade. Compreenda o conceito de estrutura organizacional e como as funções administrativas foram definidas.

Palavras-chave: Gerência Administrativa, estrutura organizacional, hierarquia.

Objetivos instrucionais:

Apresentar os princípios da Gerência Administrativa e sua contribuição no processo de racionalização do trabalho do administrador.

Objetivos de aprendizado:

Após a leitura deste capítulo, espera-se que o aluno seja capaz de:

❖ Compreender os princípios da Gerência Administrativa.
❖ Identificar como os princípios da Gerência Administrativa foram aplicados e seus desdobramentos contemporâneos.

Introdução

A vertente do Movimento da Racionalização do Trabalho que complementou a Administração Científica foi a Gerência Administrativa de Henri Fayol, Luther Gulick, Lyndall F. Urwick, James D. Mooney. Enquanto a abordagem da Administração Científica estudava o trabalho do chão de fábrica para a estruturação dos níveis inferiores da administração da Organização, a Gerência Administrativa estudava o trabalho da gerência e como viabilizar a comunicação dos objetivos para os níveis inferiores. Portanto, essas duas vertentes se complementavam no estudo da Organização e tinham os mesmos pressupostos de racionalização do trabalho.

Quando nos referimos a uma empresa, pensamos imediatamente nos seus produtos e nos negócios que são gerados desses produtos. Entretanto, se quisermos compreender como a empresa funciona, o primeiro passo é identificarmos a sua estrutura organizacional, como se dividem as responsabilidades após a definição dos cargos e da posição que esses cargos ocupam na hierarquia.

Para Mintzberg (2009), a estrutura organizacional é o *"total de meios utilizados para dividir o trabalho em tarefas e de meios para assegurar a necessária coordenação entre tarefas"*. Em uma estrutura organizacional, a autoridade estabelece os objetivos, a atividade define a divisão do trabalho e a comunicação viabiliza a coordenação de tarefas.

A Figura 6.1 apresenta os elementos da estrutura organizacional.

Figura 6.1: Elementos da estrutura organizacional.

Nessa definição surgem novamente conceitos como "divisão do trabalho" e "coordenação de tarefas". No caso de uma estrutura organizacional, a "divisão do trabalho" ocorre na definição da hierarquia e dos cargos a serem ocupados nessa hierarquia, o que também é um pressuposto para a coordenação de tarefas, uma vez que diferentes tarefas serão executadas por diferentes pessoas.

March e Simon (1967) pontuam o problema da organização da seguinte forma:

"Dado que uma organização possui um determinado objetivo, é possível identificar as tarefas unitárias necessárias à realização desse objetivo. Tais tarefas normalmente compreendem atividades produtivas básicas, atividades auxiliares, atividades de coordenação, atividades de supervisão etc. O problema consiste em agrupar essas atividades em funções individuais, agrupar essas funções em unidades administrativas, agrupar essas unidades em unidades maiores e, afinal, estabelecer departamentos de cúpula – promovendo todos esses agrupamentos de modo a minimizar o custo total das atividades desempenhadas. No processo de organização, cada departamento é considerado em conjunto definido de tarefas a serem distribuídas entre os empregados, que as devem executar... o complexo total de tarefas é considerado como dado a priori."

Pressupõe-se que pessoas que ocupam os cargos na alta gerência tenham uma capacidade inata de liderança, que garanta a coesão do grupo de pessoas em torno dos objetivos e tenha sempre no horizonte uma visão de futuro da empresa.

Mas as definições de estrutura organizacional e liderança que são utilizadas de maneira tão corriqueira hoje na literatura sobre organizações e na literatura sobre negócios, respectivamente, foram elaboradas pioneiramente por Henri Fayol e seus seguidores.

Henri Fayol

Henri Fayol foi um engenheiro de minas francês que ao longo de sua vida (1841-1925) desempenhou diversas funções (pesquisador, oficial chefe executivo e estrategista, gerente de mudanças, gerente de recursos humanos, educador e engenheiro de minas). A diversidade de ocupações profissionais de Henri Fayol forneceu-lhe os elementos necessários para a formulação dos princípios de uma administração industrial com caráter generalista.

Fayol desenvolveu pesquisa de campo na área de geologia. Formado pela Escola de Minas de Saint-Etienne, produziu experimentos sobre materiais combustíveis sob diferentes condições de temperatura e condições de combustão espontânea. Como CEO, desenvolveu estratégias para fechar manufaturas não lucrativas em mais de uma localidade, adquirir outras instalações industriais de valor e localizar novas fontes de suprimentos (relacionadas ao minério de ferro e carvão) (PARKER; RITSON, 2005).

As contingências do ambiente industrial e das mudanças políticas e sociais francesas induziram Fayol a fazer gestão de mudança em relação às inovações tecnológicas na indústria e a melhoria da eficiência no trabalho em Commentry-Fourchambault, uma empresa metalúrgica. Nessa mesma empresa, reconheceu que os movimentos de trabalhadores estavam crescendo e eram apoiados pela Terceira República. Fayol posicionou-se contra o paternalismo industrial autoritário e permitiu certo grau de autonomia para a força de trabalho, tanto no ambiente de trabalho quanto fora dele, reconhecendo o valor de formas de representação dos trabalhadores (PARKER; RITSON, 2005).

Fayol ministrou palestras e escreveu trabalhos no Centro de Estudos Administrativos, para disseminar a necessidade da existência de uma formação acadêmica em administração para as empresas (PARKER; RITSON, 2005).

A contemporaneidade de *Administração Geral e Industrial*

Em seu livro *Administração Geral e Industrial*, publicado originalmente em 1916, Fayol procurou sistematizar as suas contribuições com base em três grupos: atividades, funções e princípios da administração geral. O conteúdo desse item baseia-se no livro de Fayol, fazendo-se o paralelo com os seus desdobramentos contemporâneos.

Atividades administrativas

Toda empresa requer o desempenho de seis grupos de operações ou funções: contábeis, técnicas, comerciais, segurança, financeiras e administrativas.

A Figura 6.2 apresenta as atividades administrativas.

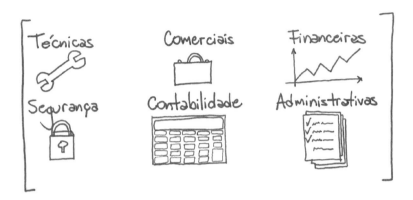

Figura 6.2: Atividades administrativas.

As atividades contábeis dizem respeito à elaboração de inventários, registros, balanços, custos e estatísticas e garantem as obrigações legais da empresa com as instituições governamentais e seus acionistas. Os balanços anuais devem ser publicados periodicamente para garantir a transparência das empresas.

As atividades técnicas estão relacionadas à produção de bens ou de serviços da empresa. Cabe notar que o foco da Administração Científica estava direcionado para as funções técnicas, ao direcionar o estudo de tempos e movimentos para o estabelecimento de padronização dos processos de produção, com a supervisão do trabalho para o aumento da eficiência.

As atividades comerciais estão relacionadas à compra, venda e permutação. Talvez essa função tenha sofrido as maiores mudanças no decorrer do tempo. As compras podem ser ordenadas eletronicamente, minimizando os custos de transação envolvidos.

As atividades financeiras estão relacionadas à procura e gerência de capitais. Com o avanço das tecnologias de informação e comunicação, a mobilidade de capitais adquiriu uma dinâmica de tempo real. Há diversos mecanismos para a procura, captação e gerência de capitais.

As atividades de segurança estão relacionadas à proteção e preservação de bens e pessoas. As companhias de seguro surgiram da necessidade das empresas de garantirem a preservação de bens em caso de incêndios ou outras ocorrências. A seguridade relacionada a pessoas é um fator determinante para a pessoa permanecer em um emprego. A regulamentação legal garante as condições relacionadas à seguridade social e plano de saúde nas empresas.

Na ação administrativa deve-se considerar o grau de centralização de poder adequado à natureza das atividades de cada empresa. As tarefas administrativas aumentam conforme aumentam os níveis gerenciais.

Funções das atividades administrativas

Para Fayol (2006), o processo administrativo e o ato de administrar estão baseados em prever, organizar, comandar, coordenar e controlar. Essas atividades do processo administrativo definem as funções que todo administrador deve desempenhar, caracterizando, dessa forma, o trabalho do administrador em planejar e controlar os eventos organizacionais.

A previsão deve definir um plano de ação que contemple os recursos da empresa, a natureza do trabalho presente no processo e futuras perspectivas. Para que se realize uma avaliação realista dos recursos e de perspectivas futuras, os departamentos da empresa devem fornecer informações.

Fayol (2006) identificou a necessidade de observar o plano na perspectiva temporal de longo, médio e curto prazo, desagregando informações para garantir a sua implementação e sugerindo que o desdobramento dessas previsões do plano geral em planos anuais, decenais, mensais, semanais e diários mantivesse a conformidade das informações com o plano geral. As previsões e o planejamento facilitam a determinação de meios e recursos para atingir o objetivo, eliminando-se *"hesitações, mudanças sem justificativa de orientação e contribuindo para a melhoria do pessoal"* (FAYOL, 2006).

A organização visa estruturar as atividades, o que será feito e quem será responsável. Fayol (2006) definiu essa atribuição à fase de funcionalização, na qual *"um grupo de homens, munidos de força, conhecimento e tempo que possam faltar ao administrador geral, de maneira a constituir complemento, reforço e uma espécie de projeção de personalidade do administrador".*

Essa seria a primeira definição de *staff* administrativo que seria complementada pela contribuição de James D. Mooney. Para Mooney (1934), as funções do *staff* são analisar os elementos do ambiente e comunicar à autoridade, ser uma instância consultiva composta por profissionais com a missão de discutir, sugerir e apoiar a autoridade

ELSEVIER   CAPÍTULO 6 – GERÊNCIA ADMINISTRATIVA: HIERARQUIA E ESTRUTURA ORGANIZACIONAL   119

em suas decisões e exercer o papel de supervisor, substituir o administrador sob a autoridade dele, delegando determinadas funções de controle especializadas.

Mooney (1934) isolou o fator estrutura da organização. "*A organização é a forma de toda associação humana para a realização de um fim comum. A técnica de correlacionar atividades específicas ou funções num todo coordenado.*" Os princípios da organização são (MOONEY, 1934): coordenação perpendicular e horizontal, liderança, delegação e autoridade.

O rendimento do funcionário é determinado pelo comando. A função de comandar deve ser exercida por profissionais que conheçam o negócio e os funcionários. Tais profissionais devem: estar dispostos a demitir pessoas incompetentes; servir de exemplo para os seus comandados; incentivar a unidade, lealdade e iniciativa; promover auditorias periódicas na Organização e comunicar-se adequadamente com os demais cargos de supervisão para que os esforços sejam direcionados para atingir os objetivos da Organização (FAYOL, 2006).

Essa definição tem um caráter bastante prescritivo, tendo sido alvo de várias críticas de pensadores subsequentes. Entretanto, a função de comando originou o conceito de liderança que seria formulado por Lyndall F. Urwick. Para Urwick o líder assume e representa a organização, estimula pensamentos, ações, rotinas, apresenta a seus subordinados o trabalho a ser realizado e faz planos para a sua unidade. O conceito de liderança seria um dos conceitos motivadores a propor a divisão entre a corrente da organização e de negócios.

A coordenação é a reunião, a unificação e a harmonização de toda atividade e esforço. Esse conceito foi desenvolvido posteriormente por Luther Gulick.

Gulick (apud Warlich, 1986) declara que a "coordenação é obrigatória", existindo duas maneiras complementares de coordenar uma empresa: pelo fluxo de ordens superiores ao subordinado, seguindo as linhas de autoridade; e pela criação, na mente e na vontade dos que trabalham em grupo, de uma unidade de propósito inteligente. O primeiro método constitui a coordenação por organização; o segundo, a coordenação pela dominância de ideia. Nos princípios de organização, o poder coordenador supremo é a autoridade, baseada na comunhão de interesses. A coordenação indica que há um alvo ou objetivo a ser perseguido pelo esforço coletivo.

A visão funcionalista de Fayol também foi criticada, pois deixava de fora outras abordagens, como a matricial, que já eram observadas no cotidiano das empresas.

Enquanto Taylor propunha atingir a máxima eficiência com a padronização de processos do chão de fábrica, Fayol procurou disseminar a visão de melhoria de processos em toda a Organização. A divisão do trabalho também não ficava restrita às micro-operações do chão de fábrica, mas estabelecia os níveis gerenciais.

A função de controlar garante que todas as atividades se desenvolvam de acordo com o plano adotado, as instruções e os princípios estabelecidos (FAYOL, 2006). A função de controlar adquire importância à medida que se caminha no sentido das ações de curto prazo, enquanto as atividades de planejamento se mostram mais presentes no sentido das ações de longo prazo. Nas ações de médio prazo haveria certo equilíbrio entre as atividades de planejamento e controle. O controle garante que, caso haja problemas que tenham alterado as condições iniciais do planejamento, sejam tomadas ações corretivas para garantir que os objetivos do planejamento sejam atingidos.

Pode-se notar como a definição de Mintzberg (2009) sobre estrutura organizacional parece sintetizar as ideias de Fayol e seus seguidores.

Princípios gerais da Administração

Enquanto as atividades gerenciais e as funções das atividades administrativas apresentavam um caráter prescritivo que determinava o que as empresas (atividades) e o administrador (funções) deveriam fazer, os princípios gerais da Administração apresentavam um caráter normativo, estabelecendo diretrizes que as Organizações deveriam seguir para maximizar a sua eficiência.

Os princípios gerais da Administração propostos por Fayol eram a divisão do trabalho, autoridade e responsabilidade, disciplina, unidade de comando, unidade de direção, subordinação de interesses individuais aos interesses gerais, remuneração de pessoal, centralização, cadeia escalar, ordem, equidade, estabilidade e duração (em um cargo) do pessoal, iniciativa e espírito de corpo.

A divisão do trabalho baseia-se na especialização de tarefas e das pessoas visando ao aumento da eficiência da Organização. A divisão das tarefas proposta por Fayol apresenta a dimensão vertical, que estabelece os níveis de autoridade, e a dimensão horizontal, que estabelece a departamentalização da Organização.

A Figura 6.3 apresenta as dimensões vertical e horizontal da Organização.

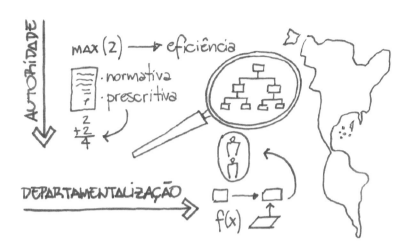

Figura 6.3: Dimensões vertical e horizontal da Organização.

Dimensão horizontal da estrutura

Na dimensão horizontal da estrutura, as vantagens da divisão do trabalho, conforme apresentada em 1776 por Adam Smith, baseavam-se no aumento da produtividade de cada trabalhador em virtude da realização de uma tarefa simples e repetitiva; tempo economizado por desempenhar somente uma tarefa; o projeto de máquinas e equipamentos que aumentam a produtividade com base na divisão do trabalho. Além disso, Braverman (1987) identifica na obra de Charles Babbage, em 1832, que a qualificação de executar um determinado processo pode ser adquirida de forma mais barata em função da sua especificidade do que da capacidade integrada em um único trabalhador. Isso leva a uma remuneração menor em função da qualificação do trabalhador.

Entretanto, o princípio da remuneração de pessoal para Fayol baseia-se na remuneração justa pelo trabalho realizado e ele sugere que a participação nos lucros pode ser uma ideia interessante. Algo que parece tão atual já era aventado por Fayol. Essa questão era uma das diferenças de abordagem entre Fayol e Taylor.

A divisão de tarefas também apresenta efeitos deletérios, pois pode causar fadiga, absenteísmo e rotatividade de mão de obra, que podem comprometer a eficiência. Em outras palavras, de um limite em diante, a especialização pode levar a uma deseconomia.

Gulick (apud Warlich, 1986) afirma que o trabalho deve ser dividido porque:

"Os homens diferem em natureza, capacidade e habilidade, e ganham, grandemente, em destreza, pela especialização... o mesmo homem não pode estar em dois lugares ao mesmo tempo; ... o campo do conhecimento e da técnica é tão grande que um homem, dentro do espaço de sua vida, não pode conhecer dele senão uma pequena fração. Noutras palavras, é uma questão de natureza humana, tempo e espaço".

A departamentalização por função baseia-se nas atividades comerciais, financeiras, recursos humanos, entre outras, para agrupar pessoas e funções. A departamentalização por processo agrupa pessoas por processos de negócio envolvidos na cadeia de valor de um produto. A departamentalização por clientes estratifica as gerências em torno de tipos de clientes. A departamentalização por localização, também conhecida como divisional geográfica, define as gerências conforme regiões geográficas.

Para Gulick a divisão do trabalho deve ser feita de acordo com os grupos com o mesmo propósito, processo, clientela e área. As vantagens da organização por propósito dizem respeito a tornar mais segura a realização de objetivo ou projeto determinado no qual a tarefa será subordinada a um único diretor, que controla diretamente técnicos e meios necessários para executar o trabalho. Deve haver uma coordenação dos departamentos por propósito para que não haja conflitos entre si. Nos departamentos por processo, a coordenação deve criar condições para ele cooperem entre si, além de evitar conflitos.

Essa foi uma primeira aproximação do conceito de departamentalização, que ficaria definitivamente associado à visão funcionalista da Gerência Administrativa.

A divisão do trabalho em tarefas pode levar à categorização das tarefas para que possam ser coordenadas. Essa categorização conduz a agrupamentos internos na Organização, criando unidades organizacionais departamentalizadas, com objetivos específicos, atividades afins, que facilitam a comunicação e são dotadas de autoridade.

A autoridade é o direito de dar ordens e o poder de esperar obediência; a responsabilidade é uma consequência natural da autoridade. Ambas devem estar equilibradas entre si (FAYOL, 2006). A autoridade de uma pessoa em uma organização burocrática está relacionada ao cargo que ela exerce e parte-se do princípio que o subordinado deve reconhecer e cumprir as suas determinações. O sentido no qual a autoridade é exercida é de cima para baixo.

Dimensão vertical da estrutura

Na dimensão vertical da estrutura, observam-se os reflexos da divisão do trabalho na capacidade de supervisão, da necessidade de definição de níveis para garantir a supervisão e a coordenação.

Para Urwick, a amplitude de controle deve evitar os dois extremos, pois ela afeta a estrutura.

A amplitude grande supera a capacidade dos superiores de coordenar os subordinados. As estruturas organizacionais resultantes dispõem de poucos níveis hierárquicos e diminuem o tempo de tomada de decisão. Motta (1981) sugere que a escolha de uma amplitude grande deve basear-se em um trabalho fácil e rotineiro; os funcionários desempenham tarefas similares, estão concentrados em um único local, são qualificados e não necessitam de orientação permanente. As regras e procedimentos para a realização do trabalho estão disponíveis e o gerente responsável exerce predominantemente a função de supervisão.

A amplitude pequena subutiliza os administradores e aumenta o número de níveis hierárquicos, dificultando o tempo de tomada de decisão.

A amplitude de controle condiciona a subordinação do trabalhador a um determinado nível hierárquico que está associado a uma cadeia de comando. Essa cadeia de comando é uma linha contínua de autoridade que se estende do mais alto nível gerencial até o nível mais baixo, e define quem se reporta a quem (ESCRIVÃO FILHO, 1996).

A amplitude também está relacionada ao princípio de centralização quanto à concentração de autoridade no topo da hierarquia da organização. Para Fayol, *"centralizar ou descentralizar é uma questão de proporção, é um problema de encontrar o grau ideal para cada caso".*

A questão de unidade de comando, no qual um empregado deve receber ordens de apenas um superior, foi uma divergência explícita da abordagem de Fayol em relação à Weber, na burocracia. Essa perspectiva de Fayol mostrou-se limitada, pois a estrutura matricial é difundida nas Organizações. A unidade de direção define que cada grupo de atividades deve dispor de um supervisor e um plano para seu objetivo seja o mesmo.

O papel do líder, identificado por Urwick, engloba alguns princípios de Fayol, tais como garantir a lealdade dos subordinados (equidade), a subordinação dos interesses individuais pelos interesses gerais; minimizar a rotatividade do pessoal, garantindo a estabilidade do trabalhador no cargo; ter iniciativa, relacionada à capacidade de visualizar um plano e assegurar o seu sucesso e espírito de corpo, para garantir a coesão das pessoas direcionada para atingir os objetivos da Organização (FAYOL, 2006).

Pequena empresa:

Geração de conhecimento na pequena empresa

Na pequena empresa a informalidade é grande e se sobrepõe à estrutura formal e ao trabalho do dirigente, assim como também o trabalho do administrador das corporações não segue exatamente as funções clássicas. Ainda que esses elementos estejam presentes em ambas rotinas de trabalho (dirigentes de pequena empresa e administradores de grandes corporações), eles não determinam todo o trabalho e realização das tarefas. Sendo assim, na pequena empresa o trabalho do dirigente e os aspectos gerenciais são mais informais e baseados em troca de informações do que propriamente nos princípios da teoria da gerência administrativa das corporações. Pode-se colocar como exemplo o processo de gestão do conhecimento.

Na empresa, o conhecimento é gerado por meio de quatro processos (Nonaka e Takeuchi, 1997): internalização, combinação, socialização e externalização de conhecimento. A internalização de conhecimento consiste em transformar o conhecimento explícito em conhecimento tácito, por meio, por exemplo, de treinamentos, estudos, exercícios e implementações do conhecimento adquirido. Na combinação, os conhecimentos explícitos distintos são relacionados e integrados. A socialização consiste em transmitir o conhecimento tácito, por meio do relacionamento pessoal e direto entre mestre e aprendiz. A internalização consiste em multiplicar as melhores práticas individuais, o que demanda transformar o conhecimento tácito em conhecimento explícito. Para isso, o conhecimento é articulado e expresso, com frequência, por meio da utilização de figuras de linguagem como metáforas e analogias que ajudam no processo criativo de se elaborarem conceitos novos com base na experiência dos indivíduos (NONAKA e TAKEUCHI, 1997).

Essas múltiplas habilidades relacionam-se com a forma como o conhecimento é gerado. Como o conhecimento formal é limitado, o conhecimento tácito acumula--se em função da necessidade de aprendizado, sem que ele seja em algum momento

CAPÍTULO 6 – GERÊNCIA ADMINISTRATIVA: HIERARQUIA E ESTRUTURA ORGANIZACIONAL

formalizado. Na pequena empresa está implícito o "aprender a fazer", o empresário aprende a ser empresário conforme as coisas vão acontecendo, com a experiência. Portanto, ele cumpre três dos quatro processos de geração de conhecimento em uma empresa: internaliza, combina e socializa o conhecimento. Esses três processos são inerentes à rotina de trabalho e ocorrem, muitas vezes, de forma espontânea.

Administração também é cultura:

Uma abordagem sociológica da lealdade no trabalho

A lealdade do funcionário, que era o elemento que garantia a sua permanência e compromisso, foi paulatinamente substituída pelos interesses do indivíduo, nos processos de reestruturação industrial iniciados na década de 1990. A lealdade era um elemento permanentemente cobrado pelas Organizações em relação ao trabalhador, mas a contrapartida deixou de existir.

O processo de divisão do trabalho chegou a um limite em que a pessoa não precisava ter qualquer formação ou conhecimento prévio sobre o processo. Sennett (2007) relata o caso de uma padaria tradicional de Nova York, conhecida por sua excelência na fabricação de pães. O padeiro que conseguia trabalho na padaria era tido pelos seus pares como um padeiro excelente. Quando a segunda geração da família assumiu a padaria, decidiu-se automatizar a fabricação de pães com a saída ou aposentadoria dos padeiros antigos. Novos funcionários foram contratados e o único requisito técnico solicitado a eles é que teriam de aprender a programar a máquina para fazer pão. Com o tempo, percebeu-se que as pessoas ficavam nesse emprego até arrumarem algo que pagasse melhor.

O que se nota nesse caso é o esvaziamento do conteúdo da função. As habilidades para desempenhar as tarefas de padeiro não eram mais necessárias, o que descaracterizou a competência do padeiro. Como os novos trabalhadores não tinham e não necessitavam dessas habilidades, sentiam que o trabalho era rotineiro e procuravam algo melhor.

Na definição contemporânea, competência é a interseção entre as tarefas a serem realizadas com as habilidades para realizá-la. Nesse caso eliminou-se a necessidade de habilidades, o que não permitiu que o trabalhador fosse valorizado pela sua competência.

Os Programas Seis Sigma, de certa forma, tornaram-se uma alternativa para manter o funcionário engajado. Há empresas baseadas em uma estrutura organizacional funcionalista que desenvolvem Programas Seis Sigma a fim de buscar a solução de problemas ou o desenvolvimento de inovações organizacionais, constituindo equipes que serão destacadas para projetos específicos e cujo desempenho será avaliado pelo sucesso no desenvolvimento do projeto.

Caso:

As empresas pontocom do Vale do Silício

Um mito que se difundiu ao longo da década de 1990 e permeia o imaginário popular até os dias atuais é que as empresas pontocom do Vale do Silício reinventaram as relações de trabalho. Como a natureza do trabalho é a criatividade, essas empresas procuraram criar um ambiente favorável para que a pessoa trabalhe orientada para projetos, cujo objetivo é orientado para gerar inovações de produtos.

A sede da Microsoft se assemelha a um campus universitário, com pequenos prédios cercados de vegetação, estimulando as pessoas a terem uma vida saudável. Apesar de não haver rigidez no horário de trabalho, as equipes eram tão dedicadas aos projetos que havia quartos no campus para que eles pudessem dormir um pouco quando passavam as madrugadas trabalhando.

Na Apple, a liderança de Steve Jobs orientava as equipes a buscarem o impossível. A sua frase mais usual quando algum funcionário dizia que não era possível realizar o que ele estava pedindo era: "Você não está aqui para dizer que não é possível. Você está aqui para tornar isso possível. Se você acha que é impossível, demita-se."

Na empresa Facebook, além de serem orientadas para projetos, as equipes fazem sessões de apresentação de seus projetos para que pessoas de outras equipes possam dar a sua opinião. Um exemplo de resultado dessa prática foi o "positivo" do curtir que surgiu durante uma dessas apresentações.

Essa tendência de projetar a estrutura organizacional na forma de equipes teve início na década de 1990, baseada em uma visão por processos de negócio. Entretanto, conforme Quinn, Anderson e Finkelstein (2001, p.157), as equipes não são formas organizacionais puras em toda a extensão da entidade e seu surgimento não ocorre em empreendimentos totalmente novos. Pelo contrário, são "formas de organizar"

ELSEVIER CAPÍTULO 6 – GERÊNCIA ADMINISTRATIVA: HIERARQUIA E ESTRUTURA ORGANIZACIONAL

e não "formas de Organização" e estão associadas a formas organizacionais maiores preexistentes baseadas em princípios burocráticos.

O efeito positivo dessa "forma de organizar" é propiciar a eliminação de níveis intermediários na hierarquia, pois eles cumpriam o papel de mediadores de comunicação entre a produção e a alta gerência. Isso se tornou possível em parte pela tecnologia da informação que empresas como essas criaram, para facilitar a permeabilidade de informação por toda a empresa.

Um efeito deletério da equipe como "forma de organizar" o trabalho é a sensação do funcionário de não ser reconhecido, pois ao final de um projeto há sempre outro, que imprime um ritmo de trabalho intenso, com longas jornadas de trabalho e cobranças por resultado que Taylor e Ford nem sequer imaginaram.

Leavitt (2005) defende que, no sentido de cima para baixo, a autoridade permite que se identifiquem os papéis da administração nos diferentes níveis hierárquicos. Mas é importante que seja valorizada a liderança no nível de média gerência, pois impele as pessoas a trabalharem para atingirem os objetivos pretendidos sem a necessidade do exercício da autoridade.

Na visão de Mintzberg (2010, p.12), não faz sentido separar o papel do gerente e do líder, pois "*a liderança não pode simplesmente delegar a gestão; em vez de diferenciar gerentes de líderes, deveríamos enxergar gerentes como líderes e a liderança como a gestão praticada corretamente*".

Considerações finais

Uma hierarquia organizacional define níveis de autoridade (Gerência Administrativa), para os quais serão definidos cargos a serem ocupados por profissionais (burocracia) com a qualificação necessária para exercê-los (Administração Científica) nos diferentes departamentos da Organização (Gerência Administrativa). Essas pessoas serão responsáveis por supervisionar a execução do trabalho (Administração Científica), garantindo a permeabilidade de comunicação entre os diversos níveis (Gerência Administrativa).

A Figura 6.4 apresenta as diferenças entre a abordagem da Administração Científica em relação à Gerência Administrativa.

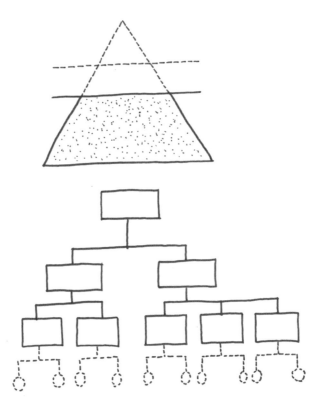

Figura 6.4: Diferenças entre a abordagem da Administração Científica em relação à Gerência Administrativa.

De certa forma, o Movimento da Racionalização do Trabalho fecha um ciclo de desenvolvimento da teoria administrativa e estabelece as bases do pensamento administrativo moderno. O conceito da divisão do trabalho proposto por Adam Smith foi o ponto de partida dos estudos da burocracia, da Administração Científica e da Gerência Administrativa. O objetivo dessas vertentes de pensamento administrativo foi maximizar a eficiência da Organização.

Na burocracia, parte-se da divisão do trabalho para definir os cargos, o que garante a impessoalidade e o formalismo que serão desempenhados por profissionais para maximizar a eficiência da Organização. Na Administração Científica parte-se da divisão do trabalho para buscar a padronização de processos e a escolha do trabalhador mais apto a executar o trabalho, utilizando o método científico; o trabalhador é supervisionado de forma intensiva e funcional para maximizar a eficiência da

Organização. Na Gerência Administrativa, parte-se da divisão do trabalho para definir uma hierarquia, baseada em níveis de autoridade, e promover a departamentalização, baseada em funções, clientes, processo e local para maximizar a eficiência da Organização. Se, por um lado, os pontos de partida e chegada são os mesmos para cada uma das vertentes do pensamento administrativo, percebe-se a complementaridade das proposições em duas especificidades.

A Figura 6.5 apresenta a dinâmica da Gerência Administrativa na Organização.

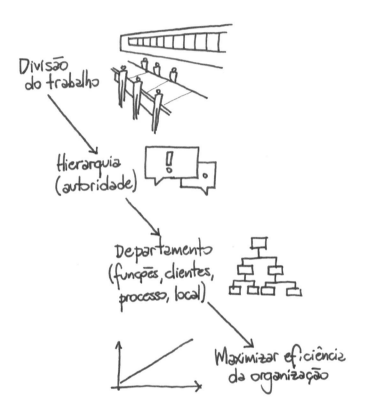

Figura 6.5: Dinâmica da Gerência Administrativa na Organização.

Roteiro de aprendizado

Questões

1. Quais são os princípios, funções e atividades da Gerência Administrativa?

2. Lyndall F. Urwick contribuiu para a divulgação do trabalho de Fayol, enfatizando os princípios de especialização, autoridade, amplitude administrativa e definição. Além disso, foi responsável por definir as características do líder: assume e representa a organização, estimula pensamentos, ações rotinas, mostra a seus subordinados o trabalho a ser feito e faz planos para a sua unidade. Como as características do líder se relacionam com os princípios de Urwick?

3. Luther Gulick introduziu o conceito de homogeneidade, para o qual a divisão do trabalho deve ser feita de acordo com os grupos com o mesmo propósito, processo, clientela, área. Como esse conceito se relaciona com a departamentalização?

4. James D. Mooney definiu as funções do *staff*, relativas a informação, consulta e supervisão. Dê um exemplo de um *staff* que cumpre essas funções.

Exercício

Fonte: Adaptado de March; Simon (1970)

O problema de alocação de tarefas para um contingente de funcionários pode ser formulado como um problema de otimização. Partindo-se do pressuposto de que a Organização visa atingir um determinado objetivo, podem-se identificar as tarefas unitárias que deverão ser executadas, tais como tarefas básicas, auxiliares, atividades de coordenação e de supervisão, entre outras. A questão que se coloca é como agrupar as atividades em funções individuais, agrupar essas funções em unidades administrativas, que, por sua vez, devem ser agrupadas em unidades maiores, a ponto de definir departamentos que minimizem o custo total das atividades desempenhadas. Cada departamento é considerado *"um conjunto definido de tarefas a serem distribuídas entre os empregados"*.

Pede-se: Segundo essa formulação, identifique na sua universidade como os departamentos são constituídos e como é feita a divisão de tarefas. Qual é o objetivo da instituição e como isso se materializa na departamentalização?

ELSEVIER CAPÍTULO 6 – GERÊNCIA ADMINISTRATIVA: HIERARQUIA E ESTRUTURA ORGANIZACIONAL

Pensamento administrativo *em ação*

Estamos no ano de 1918 e você é um consultor que acaba de ser contratado por uma empresa industrial situada nos Estados Unidos da América. O presidente da empresa inicia a conversa dizendo que:

Com a volta da prosperidade ao final do século XIX da economia dos EUA e a maior facilidade de obter capital, todas as indústrias foram sendo dominadas por um pequeno número de grandes empresas integradas. A promessa de bons lucros com a produção e comercialização em massa e a penosa lembrança de duas décadas de preços declinantes tornavam irresistível a perspectiva de consolidação das empresas. O resultado foi o primeiro grande movimento de fusões na história norte-americana.

No período imediatamente posterior a esse movimento de fusões, um dos grandes desafios enfrentados pelos administradores das empresas recém-integradas foi descobrir meios de garantir sua operação eficiente. A tarefa não era fácil, pois vários desses administradores tinham por muito tempo competido entre si, não raro de maneira acirrada, e com pontos de vista diferentes sobre negócios e sua administração. Os atacadistas, agora transformados em executivos de vendas, tinham antes interesses e atitudes que não coincidiam com os dos industriais, o mesmo acontecendo com os encarregados de compras. Além disso, esses homens há muito acostumados a agir de modo independente não se submetiam com facilidade a qualquer tipo de controle pessoal, contábil ou estatístico.

O presidente encerra a fala dizendo: juntar esses homens e setores numa organização capaz de funcionar de um modo uniforme tem implicado novos desafios administrativos que se apresentavam a essas empresas. Nós somos uma dessas empresas que passa por esse processo.

O presidente pergunta a você: **Qual é o problema da situação apresentada e que solução você proporia?**

Para responder a essa questão, veja alguns argumentos de alunos:

– *Da forma como está, não é possível uma padronização dentro da empresa.*

– *Quando ocorre fusão, acho que se deve unificar a cultura organizacional das empresas.*

– *Que tal a introdução de um sistema burocrático, adotando o uso de normas racionais legais escritas e de uma forma hierárquica com divisão de trabalho e definição de níveis de autoridade?*

– *Creio que neste momento a gente esteja falando de outra coisa.*

Para saber mais

FAYOL, H. *Administração industrial e geral.* São Paulo, Atlas, 2006.

Administração multimídia

SAMPSON, A. *O homem da companhia*: uma história dos executivos. São Paulo, Companhia das Letras, 2000.

Referências

BRAVERMAN, Harry. *Trabalho e capital monopolista.* Rio de Janeiro: LTC, 1987.

ESCRIVÃO FILHO, E. *A contribuição dos temas estratégia, estrutura e tecnologia ao pensamento administrativo.* São Carlos. Escola de Engenharia de São Carlos, Universidade de São Paulo, 1996.

FAYOL, H. *Administração industrial e geral.* São Paulo, Atlas, 2006.

LEAVITT, H.J. Hierarchies, authority, and leadership. *Executive Forum*, Summer, 37, 2005.

MARCH, J.D.; SIMON, H.A. *Teoria das organizações.* Rio de Janeiro, FGV, 1967.

MARCH, J.G.; SIMON, H. A. *Teoria das organizações.* Rio de Janeiro, Fundação Getulio Vargas, 1970.

MINTZBERG, H. *Safari de estratégia*: um roteiro pela selva do planejamento estratégico. Porto Alegre, Artmed, 2009.

MINTZBERG, H. *Managing: desvendando o dia a dia da gestão.* Porto Alegre: Bookman, 2010.

MITZBERG, H.; QUINN, J.B. *O processo da estratégia*, 3ª ed. Porto Alegre, Bookman, 2001.

MOONEY, J.D. *The new capitalism.* New York, Mcmillan, 1934.

MOTTA, F.C.P. *Teoria geral de administração.* São Paulo, Pioneira, 1981.

NONAKA, I. e TAKEUCHI, H. *Criação do conhecimento na empresa*: como as empresas geram a dinâmica da inovação. Rio de Janeiro, Campus, 1997.

QUINN, J.B.; ANDERSON, P.; FINKELSTEIN, S. Novas formas de organização. In: SENNETT, R. *A corrosão do caráter*: consequências pessoais do trabalho no novo capitalismo. Rio de Janeiro, Record, 2007.

URWICK, L. *The elements of administration*, 2d ed. New York : Pitman, 1974.

WARLICH, B.M. *Uma análise das teorias de organização.* Rio de Janeiro, FGV, 1986.

Capítulo 7

EXPERIMENTO DE HAWTHORNE: relações humanas no trabalho em grupo

Fábio Müller Guerrini
Edmundo Escrivão Filho
Daniela Rosim
Luiz Philippsen Jr. (ilustrações)

Resumo:

Como o indivíduo se comporta em grupo no ambiente de trabalho? O Experimento de Hawthorne foi a primeira incursão de pesquisa feita por acadêmicos na empresa, conduzida ao longo de oito anos. A principal contribuição desta pesquisa foi a constatação de que o ser humano apresenta comportamentos distintos enquanto indivíduo e como parte de um grupo social.

Palavras-chave: Experimento de Hawthorne, relações humanas, comportamento.

Objetivos instrucionais:

Apresentar a contribuição do Experimento de Hawthorne para a compreensão do comportamento do indivíduo como parte de um grupo de pessoas no ambiente de trabalho.

Objetivos de aprendizado:

Após a leitura deste capítulo, espera-se que o aluno seja capaz de:

- ❖ Compreender o contexto do Experimento de Hawthorne.
- ❖ Compreender os limites do poder formal nas empresas e o comportamento do indivíduo em um grupo social.

Introdução

O Movimento das Relações Humanas ocorreu de forma subsequente ao Movimento da Racionalização do Trabalho. Há quatro vertentes associadas a esse período histórico: Relações Humanas, de Mayo, Lewin, Homans, Roethlisberger, Brown, Zaleznick, vinculada à Psicologia; Sistema Cooperativo, de Barnard e Follet, vinculada à Psicologia Social; Processual, de Newman, Koontz, O´Donnel, Dale e Terry, vinculada à Administração; Gerência da Produção, de Kimball e Filipettti, vinculada à engenharia.

O Movimento das Relações Humanas é abordado por boa parte da literatura como uma contraposição ao Movimento da Racionalização do Trabalho, principalmente, em relação à Administração Científica, mas não foi bem isso. Houve uma abordagem complementar, que é mais evidente a partir do segundo estágio da pesquisa na Western Electric, mas no primeiro estágio a premissa era bem característica da Administração Científica – verificar se havia uma vinculação entre a produtividade do operário e a intensidade de luz no ambiente de trabalho. Essa premissa contém o mecanicismo e o reducionismo nos quais se baseou a Administração Científica.

O Movimento das Relações Humanas foi desenvolvido com o Experimento de Hawthorne, na fábrica Western Electric, no período de 1924 a 1932. A motivação da experiência partiu de pressupostos da Administração Científica e baseou-se nos aspectos físicos do ambiente, aspectos fisiológicos do trabalhador e na produtividade.

Quando a pesquisa iniciou, a produção em massa e os princípios da racionalização do trabalho já estavam sendo aplicados. Iniciou-se um processo de fortalecimento dos sindicatos e de conflitos sociais. A Gerência Administrativa ensaiava uma teorização do conflito social, apoiado no método de barganha, praticada em situações empresariais pré-tayloristas; método da força, praticada durante o taylorismo; e método da integração, que viria a ser empregado em um estágio pós-taylorista. A Gerência Administrativa já havia identificado que a divisão do trabalho e a especialização do trabalhador causavam disfunções na busca pela melhoria de eficiência da empresa: alto absenteísmo, alta rotatividade e consumo exagerado de bebida.

A Psicologia Industrial, uma vertente do Movimento da Racionalização do Trabalho, liderada por Münsterberg, Myers, Vitelles e Scott, procurava compreender os problemas industriais, formulando algumas questões. Como encontrar homens cujas qualidades mentais os tornem mais bem adaptados ao trabalho do que eles precisam? Sob que condições psicológicas podemos assegurar os maiores resultados de cada homem? Como podemos produzir completa influência nas mentes operárias com os interesses desejáveis das empresas?

Nesse contexto, o Comitê do Trabalho e da Indústria do Conselho Nacional de Pesquisas dos Estados Unidos apoiou o desenvolvimento das pesquisas na fábrica Western Electric, no bairro de Hawthorne, em Chicago. A equipe foi constituída por Elton Mayo, G. A. Pennock, H. A. Wrighy, M. L. Putnan e F. J. Roethlisberger (HOMANS, 1979).

A Figura 7.1 sintetiza os aspectos analisados no Experimento de Hawthorne.

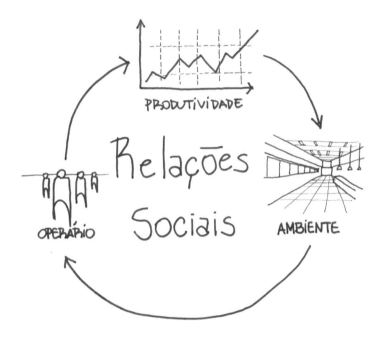

Figura 7.1: Aspectos analisados no Experimento de Hawthorne.

O experimento de Hawthorne – Western Electric

Esse item é uma síntese comentada de considerações feitas em Mayo (1933).

O experimento de Hawthorne foi conduzido na Western Electric Company, que fabricava máquinas de escrever, alarmes, dispositivos de iluminação, e teve uma relação estreita com a empresa telegráfica Western Union, a quem forneceu relés e outros equipamentos. O experimento foi dividido em quatro fases baseadas na relação entre a intensidade da iluminação e a produtividade, na sala de provas de montagem de relés, no programa de entrevistas e na dualidade dos comportamentos individual e em grupo. Esse relato baseia-se em Mayo (1933) em sua maioria.

Fase 1 – Relação entre intensidade de iluminação e produtividade

Na primeira fase, buscou-se verificar se havia uma relação direta entre a intensidade de luz no ambiente de trabalho e a produtividade do operário. Foram selecionados dois grupos de trabalho: o grupo de observação, para o qual se variava a intensidade da iluminação; e o grupo de controle, que trabalhava com intensidade de iluminação constante (HBS BAKER LIBRARY, 2014).

O primeiro período da primeira fase do experimento ocorreu entre novembro de 1924 e início de janeiro de 1925, utilizando o sistema de iluminação antigo; a iluminação artificial sozinha correspondia a 43 lux e com a influência da luz do dia correspondia a 107 lux. Observou-se um aumento de produtividade, que era por volta de 70 por operário por hora para 80 até o dia 28 de dezembro de 1925.

A segunda fase, desenvolvida de 29 de dezembro até o dia 10 de janeiro de 1925, substituiu a iluminação por lâmpadas de 100W, passando a iluminação artificial sozinha a corresponder a 92,5 lúmens/ m² e com a influência da luz do dia correspondia a 172 lúmens/m².

Dessa forma, continuaram realizando o experimento mudando a quantidade de lux ao longo de 1925.

Os observadores não encontraram uma relação direta entre a iluminação e a eficiência dos operários. Havia outras variáveis que escapavam do controle. As reações dos operários relativas às expectativas dos resultados da experiência faziam-lhes acreditar que eram obrigados a produzir mais quando a intensidade de luz aumentava.

Para comprovar, substituíram as lâmpadas de maior potência por lâmpadas de potência inferior, sem avisá-los. O rendimento dos operários era proporcional à intensidade de luz sob a qual os operários supunham trabalhar. Portanto, o fator psicológico se sobrepunha à necessidade fisiológica por maior intensidade de luz.

Na tentativa de eliminar o fator psicológico, os pesquisadores ampliaram a experiência procurando aferir a influência da fadiga no trabalho, da mudança de horários, da introdução de intervalos de descanso, que são aspectos basicamente fisiológicos.

Fase 2 – Sala de provas de montagem de relés

A segunda fase começou em abril de 1927, com um grupo de seis moças com certa experiência (cinco montavam os relés e uma fornecia as peças necessárias). Elas eram observadas por um supervisor comum e um observador que permanecia na sala e ordenava o trabalho, assegurando o espírito de cooperação entre elas. Foram dadas as mesmas condições de trabalho relativas ao equipamento e instalações do departamento, acrescentando um plano inclinado com o contador de peças individual para marcar produção de cada funcionária, em uma fita perfurada.

O grupo experimental e o grupo de controle foram separados por uma divisória de madeira. As conclusões ao término de doze períodos experimentais para observar as condições mais satisfatórias de rendimento identificaram um intenso espírito de equipe entre elas.

As funcionárias que trabalharam na sala de provas desenvolveram empatia entre si. A supervisão era mais branda, o que dava um grau de liberdade maior para criar um ambiente agradável de trabalho. Além disso, sentiam-se valorizadas por participar de um experimento da empresa, pois os resultados poderiam beneficiar as demais colegas. O relacionamento próximo no ambiente de trabalho desenvolveu a amizade entre elas, criando um senso de ajuda mútua.

Um dia típico de trabalho, 16 de outubro de 1929, registrado pelo supervisor Donald Chipman (HBS BAKER LIBRARY, 2014).

> *"– Fazer relés não é trabalho, mas reparação é. Meus braços doem agora – disse a operadora 1.*
>
> *– Eu estou cansada. Eu vou para o "aterro" essa noite. – disse a operadora nº 2.*
>
> *– Você vai ficar bêbada e fazer "iupi"? – disse a operadora nº 3.*
>
> *– Acho que sim – confirmou a operadora nº 2. – Você não é melhor.*
>
> *– Jennie, você costuma ficar bêbada? – perguntou Donald Chipman, o supervisor.*
>
> *– Não, eu não, mas me sinto bem. – disse a operadora nº 2.*
>
> *– Chipman, você não sabe o que está perdendo. Você esqueceu que é casado. – disse a operadora nº 2.*
>
> *– Que tipo de mergulho você dará esta noite, Jennnie? – perguntou a operadora nº 4."*

Neste contexto, elas trabalhavam felizes e como uma equipe coesa, baseada em objetivos comuns.

Uma das funcionárias sobressaiu-se como líder informal e colaborou para a equipe aumentar continuamente a produtividade, mesmo quando solicitavam que trabalhassem em ritmo normal. A produtividade aumentou em ritmo progressivo até atingir o limite, pois as funcionárias sabiam que os registros da produção eram rotineiramente examinados.

Nessa situação, conclui-se que o aumento de produção não pode ser relacionado com as mudanças nas condições físicas de trabalho. Esse aumento pode ser explicado como consequência direta do desenvolvimento de um grupo socialmente organizado, que produzia dentro de peculiar e eficaz sincronização com os supervisores (HOMANS, 1979).

Ao verificar-se que o comportamento do grupo experimental era diferente do grupo de controle, os pesquisadores deixaram de procurar determinar as melhores condições físicas de trabalho e passaram a estudar as relações humanas no trabalho e seu impacto na produção.

Mayo (1930) observa que o sentido do "trabalho" significa algo que foi "retirado" do trabalhador e o salário foi pago para ele como forma de compensação. Entretanto, as mensurações feitas comparando-se o grupo de controle e os trabalhadores da linha de produção mostraram que a alta produção ocorre quando o trabalhador está em um "estado de equilíbrio". A atitude mental das moças no grupo experimental era melhor em função da proximidade e empatia entre elas.

Fase 3 – Programa de entrevistas

Na terceira fase, como a empresa praticamente desconhecia os principais elementos da relação entre o operário e a supervisão, os equipamentos de trabalho e a própria empresa, em setembro de 1928 iniciou-se um Programa de Entrevistas, inicialmente no setor de inspeção, depois incluindo o setor de operações, e mais tarde outros setores da fábrica.

De 1928 a 1930, dos 40 mil empregados, 21.126 foram entrevistados. Em 1931 optou-se pela entrevista não diretiva, que permitia ao operário falar livremente, sem a interferência do entrevistador. O operário precisava sentir que a administração estava interessada em suas necessidades. Embora as modificações experimentais não tenham oferecido resultados significativos quanto ao aspecto físico, seu significado social foi indiscutível.

O Programa de Entrevistas não surtiu o efeito esperado. Mesmo com o caráter não diretivo da entrevista, o entrevistador só conseguia fazer o operário falar sobre assuntos específicos por alguns minutos, quando então o entrevistado saía do assunto. Os operários atribuíam importância a assuntos completamente diversos dos que a administração julgava importantes.

Os pesquisadores descobriram que havia uma organização informal, que protegia os funcionários da administração. Os sinais da existência dessa organização informal manifestaram-se em situações específicas. Os operários determinavam e mantinham os níveis normais de produção; o grupo adotava métodos próprios de punição para o operário que não seguia a orientação; expressões demonstravam o descontentamento relativo aos resultados do sistema de pagamentos por produção; liderança informal garantia a unidade do grupo em relação ao sistema informal de punições; preocupações fúteis relativas às promoções; exagero e diversidade de sentimentos dos operários relativos à maneira como eram tratados pela supervisão direta.

A organização informal mantinha os operários unidos pela lealdade entre si. Porém, muitas vezes os operários queriam ser leais à empresa e isso gerava conflitos.

Mayo (1930) aponta cinco conclusões com base nos experimentos:

1) A produção diária total aumenta em função dos períodos de descanso e não o contrário. Em função dessa constatação, os períodos de descanso são praticados em vários departamentos da empresa, com resultados parecidos;

2) As condições de trabalho durante o trabalho diário são mais importantes para a produção do que o número de dias de trabalho na semana;

3) As influências do ambiente externo à empresa afetam para o bem ou para o mal a produtividade;

4) A relação dos supervisores com os empregados pode se basear em "ouvir" os problemas particulares de cada funcionário que podem estar afetando a produção, no sentido de compensar as influências ruins;

5) O pagamento de incentivos não estimula a produção se outras condições de trabalho não forem adequadas.

Fase 4 – Dualidade: comportamento individual e em grupo

A quarta fase da experiência foi realizada entre novembro de 1931 e maio de 1932, com o objetivo estudar a dualidade do operário frente aos seus companheiros e à empresa, analisando a organização informal. O grupo experimental foi composto por nove operadores, nove soldadores e dois inspetores – todos da montagem de terminais para estações telefônicas, que passaram a trabalhar em uma sala especial com as mesmas condições de trabalho do departamento. Havia um observador na sala e um entrevistador do lado de fora, que entrevistava esporadicamente aqueles operários.

A produção do grupo determinava o pagamento, havendo um salário-hora com base em vários fatores e um salário mínimo horário, para o caso de interrupções na produção. Os salários só podiam ser elevados se a produção aumentasse. O grupo cuidava para evitar a indolência de qualquer um de seus membros.

Após conhecê-los, o observador notou que, ao montarem o que julgavam ser a sua produção normal, os operários reduziam o seu ritmo de trabalho. A produção em excesso de um dia só aparecia na contagem num dia deficitário. De um determinado momento em diante, os operários desenvolveram métodos informais para uniformizar as suas atitudes, não permitindo que a produção fosse aumentada por ninguém e estabelecendo punições.

Homans (1979) enfatiza que, embora não fosse considerada baixa pela administração, a produção do grupo poderia ser maior. O comportamento dos operários colocava o supervisor em má situação: para decidir se uma reclamação era justa, ele teria que fazer o estudo do trabalho do grupo durante o dia inteiro. Como ele não dispunha de tempo para isso, se duvidasse das reclamações dos empregados, teria que pôr em dúvida a sua sinceridade, provocando sua hostilidade e antipatia, dificultando o exercício de suas funções. Sendo assim, o supervisor aderiu à organização informal, registrando e transmitindo suas reclamações sem investigar seus fundamentos.

A Figura 7.2 a seguir sintetiza as fases do Experimento de Hawthorne.

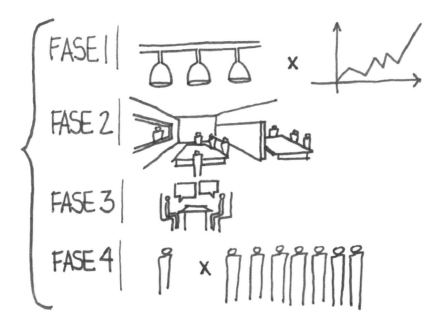

Figura 7.2: Fases do Experimento de Hawthorne.

Segundo Warlich (1986), os especialistas em relações humanas tentaram eliminar os conflitos, mas se esqueceram das contribuições sociais que os conflitos podem trazer para a empresa. É pelo conflito que se estabelecem as diferenças e contraposições com o sistema da organização, promovendo os ajustes necessários que permitem a empresa evoluir. Os conflitos não podem ser eliminados e disfarçá-los pode gerar outras formas de expressão prejudiciais tanto para o operário quanto para a organização.

Pequena empresa:

Desabilitar = substituir homens por máquinas

Baseado em: SENNETT (2012, p.19).

A conclusão do Experimento de Hawthorne de que a pessoa, enquanto membro de um grupo social e enquanto indivíduo, tem comportamentos distintos é um fator que foge à ideia de padronização e previsibilidade de comportamento.

A prática de cooperação é bastante comum na pequena empresa, pois tanto a proximidade social quanto a necessidade do outro em função dos recursos escassos limitam a outras alternativas. Entretanto, as formas de organização do trabalho, que surgiram após a Revolução Industrial e espraiaram-se com a produção em massa fordista, criaram estruturas organizacionais que inibiram a cooperação entre as pessoas no ambiente de trabalho. O "efeito silo" diz respeito à ideia de isolar as pessoas em seções e departamentos de outras unidades que utilizam a informação como reserva de poder e pouco compartilham, pois o tempo que as pessoas passam efetivamente trabalhando juntas diminui drasticamente.

O trabalho contemporâneo tem uma visão de curto prazo e estima-se que alguém que tenha começado a trabalhar no início do século XXI mudará doze vezes de emprego ao longo da vida. Nas empresas as relações sociais são de curto prazo e a gerência empresarial recomenda que as equipes sejam desfeitas em nove a doze meses, para que os funcionários não criem vínculos de amizade entre si. E isso contribui para o "efeito silo", para que ninguém se interesse por problemas alheios ao seu cotidiano.

A palavra "desabilitar" é uma consequência da substituição de homens por máquinas, tomando o lugar do trabalho manual. Isso ocorreu, por exemplo, na siderurgia, no século XIX, e é o que hoje a robótica vem fazendo na fabricação de objetos. Tanto no sentido técnico quanto no sentido social, as pessoas estão perdendo a habilidade de lidar com diferenças, em função do isolamento por diferenças no "Ter ou não Ter" e do trabalho de curto prazo que torna as relações mais superficiais, gerando ansiedades mútuas.

Nesse sentido, há muito a ser explorado na pequena empresa a fim de preservar os elos cooperativos entre as pessoas no trabalho. Já há mecanismos que permitem que as empresas cooperem entre si para combinar competências, compartilhar custos, riscos e ganhos. As redes colaborativas entre pequenas e médias empresas podem reinventar as habilidades de cooperação necessárias para garantir o funcionamento de uma sociedade complexa.

Administração também é cultura:

Resposta de Elton Mayo a Aldous Huxley

Em março de 1930, em seu artigo *"The human effect of mechanization"*, Elton Mayo relatou que eminentes escritores literários estavam preocupados com o processo de mecanização da sociedade, e referiu-se ao artigo de Aldous Huxley, *"Machinery, psychology and politics"*, publicado em 1929 na revista *Spectator*.

Em nossos dias, assimilamos tanto o modo de vida como uma sociedade industrial que os argumentos de Huxley, que por sua vez se baseou em um livro chamado "La ética de la máquina" de M. Seche, parecem exagerados. Mas é importante destacar que esse artigo motivou Elton Mayo a escrever *"The human effect of mechanization"* dois anos antes ao final do Experimento de Hawthorne e, ao mesmo tempo, antes da publicação de "Admirável Mundo Novo" do próprio Huxley.

Para Huxley (1929) a mecanização da indústria era um feito comparável à invenção da agricultura e do próprio dinheiro. A ética da máquina baseava-se na disciplina e os interesses da comunidade deveriam se sobrepor aos interesses individuais. O ritmo da máquina determinava o ritmo de vida dos indivíduos, e a eficiência era a única condição possível.

O Estado industrializado deveria ser organizado como uma fábrica eficiente. Huxley fez um paralelo do governante como alguém semelhante a Henry Ford. Mas para atingir o Estado industrializado, que utilizaria a eficiência para promover o bem-estar geral da população, era necessário abandonar a democracia como prática política.

A mecanização limitaria as opções estéticas ao impor artigos padronizados e a sociedade seria levada à estupidez coletiva por meio do que Huxley definiu como "opiáceos espirituais e substitutos do pensamento" como jornais, revistas, cinema e rádio. Huxley termina o artigo colocando a seguinte questão: até quando os seres humanos sobreviverão a esse estado de coisas que necessariamente os condena à invalidação parcial como indivíduos?

"*The human effect of mechanization*" de Elton Mayo é interessante sob vários aspectos. Ele relata com detalhes os testes clínicos relacionados à fadiga feitos com as moças do grupo experimental da sala de relés em comparação com os operários da linha de produção convencional e tira conclusões com base nas observações do supervisor do grupo.

Os testes clínicos relacionados à fadiga foram pouco reveladores em termos fisiológicos. Comparando a quantidade de ácido lático e a pressão sanguínea decorrente do esforço muscular, constataram, por exemplo, que o maior índice de fadiga era de um jovem de 18 anos e o que apresentava menor índice era um homem de 40 anos "*apto a vencer maratonas*". A conclusão foi que um indivíduo não pode manter o "equilíbrio orgânico" simultaneamente com o trabalho na produção.

Mayo (1930) conclui que a mecanização não pode tornar o indivíduo estúpido e alienado, mas insatisfeito, neurótico ou agitado. Mas é preciso dar atenção ao ser humano, utilizando pesquisadores sociais e psicólogos adequados. "A sociedade não tem nada a temer com a mecanização industrial."

Caso:

Aspectos técnicos e legais de iluminação (1924-5 e 2015)

Luiz Philippsen Jr.

Qual é a relação entre a iluminação do ambiente e a eficiência de operários de uma fábrica, utilizando como variável a produção medida? Buscando resposta para o questionamento foi aplicada uma pesquisa na Western Electric Company, iniciada em 1924 em sua fábrica de Hawthorne, na cidade de Chicago nos Estados Unidos (HOMANS, 1979).

Embora os resultados tenham apontado para a importância de fatores psicológicos, inclusive preponderantes aos fatores fisiológicos e que resultaram em uma nova fase do conhecimento na Administração, denominado Movimento das Relações Humanas (HOMANS, 1979), indiscutivelmente o organismo humano reage e interage por diferentes formas aos fatores do ambiente – tais como temperatura, umidade e iluminação (FROTA; SCHIFFER, 2000).

Durante a primeira fase do experimento de Hawthorne os operários trabalhavam com uma iluminância de aproximadamente 107 lúmens (lm/m^2). Já na segunda fase a iluminância no ambiente foi elevada para 172 lm/m^2, sem, contudo, influir na variável produção, justamente pelos fatores psicológicos percebidos e analisados durante a extensa pesquisa.

Contextualizando com os dias atuais, a Norma Regulamentadora nº 17 do Ministério do Trabalho e Emprego (NR-17/MTE) determina que "em todos os locais de trabalho deve haver iluminação adequada, natural ou artificial, geral ou suplementar, apropriada à natureza da atividade". Essa iluminação adequada é estabelecida pela NBR ISO/CIE 8995-1:2013 que determina a quantidade de lux (lx/m^2) necessário para a realização de determinada tarefa – denominado iluminância mantida (E_m).

Os setores industriais têm características próprias e, portanto, para cada atividade deve ser previsto em projeto o atendimento a determinada E_m, conforme estabelecido em norma. Tomando como base a indústria elétrica de bobinagem, por exemplo, o mínimo estabelecido é de 300 lx/m^2 para montagem de bobinas grandes, chegando a 750 lx/m^2 para montagem de bobinas pequenas.[1]

---

[1] 1 lúmen/m^2 = 1 lux/m^2

ELSEVIER   CAPÍTULO 7 – EXPERIMENTO DE HAWTHORNE: RELAÇÕES HUMANAS NO TRABALHO EM GRUPO   145

Portanto, entre 1924 e 1925 (período dos primeiros experimentos) os operários da Western Electric Company trabalhavam, na melhor condição relatada de lúmens/m^2, com uma iluminância equivalente a aproximadamente 57% do atual operário da mesa indústria elétrica de montagem de bobinas grandes. Considerando a pior hipótese possível de correlação entre o início da Era Industrial e a indústria contemporânea, o operário da Western Electric Company montava seus relés com uma iluminância equivalente a pouco mais de 14% do mínimo atualmente aceitável como seguro, eficiente e preciso.

Simbolicamente, a mesma Western Electric Company em 2015 não teria suas atividades aprovadas e validadas pelo MTE após vistoria técnica de um engenheiro de segurança do trabalho.

Considerações finais

Tanto a Administração Científica quanto a Gerência Administrativa caracterizaram-se pela iniciativa de engenheiros que trabalhavam em empresas. Ao procurar elaborar um pensamento administrativo no âmbito das empresas, eles conseguiram levá-lo para a academia, com auxílio dos livros que escreveram. O Experimento de Hawthorne foi a primeira iniciativa de pesquisa acadêmica realizada no âmbito das empresas. Elton Mayo conduziu a experiência sob os auspícios da Universidade de Harvard.

Mayo (1933) concluiu que o trabalho é baseado em interações sociais nas quais a natureza do trabalho e a forma como as pessoas se relacionam são fatores importantes de produtividade. O operário reage como membro de um grupo social que influencia as suas ações individuais. A Administração deve ser capaz de compreender as necessidades dos operários e informar adequadamente os objetivos da empresa. As necessidades psicológicas do operário precisam ser identificadas e satisfeitas para que seja possível aumentar a produtividade. O ambiente industrial torna-se uma extensão da vida social do operário como outro ambiente além das relações familiares e da sociedade.

Na conclusão de Homans (1979), as modificações e experiências foram realizadas de cima para baixo e com o intuito de melhorar as condições de trabalho. Os pesquisadores procuraram identificar os efeitos de uma ordem da administração no operador de máquina, pois, apesar de o operário pouco influir nas decisões técnicas, é sobre ele que recai o maior peso das atividades da organização. É difícil para a administração entender as verdadeiras necessidades da produção sob a ótica do operário. Há, portanto, falha de comunicação em ambos os sentidos – para cima e para baixo.

A Figura 7.3 representa a percepção de que há uma coexistência entre o sistema social e os aspectos técnicos da Organização.

Figura 7.3: Coexistência entre o sistema social e os aspectos técnicos da Organização.

O comportamento do operário poderia ser interpretado como uma tentativa de minimizar a possibilidade de interferência da administração na produção. As associações humanas e as rotinas que compõem o valor do trabalho tendem a ser quebradas quando há modificações contínuas. "Os sentimentos sociais e os costumes de trabalho dos operários não se acomodaram às rápidas inovações técnicas ali introduzidas."

Observou-se o contraste entre o grupo de moças e o grupo de homens. No desenvolvimento de uma organização social informal masculina houve oposição à administração, ao passo que as mulheres se uniram para cooperar com a administração. Em última análise, um foi fator de restrição de produção enquanto o outro foi fator de aumento constante de produção.

Segundo Strother (apud WARLICH, 1986), a escola das relações humanas resolveu o paradoxo da fábrica de Hawthorne, mas criou o seu próprio. Estudos posteriores não confirmaram as conclusões do final dos anos 1940 e início dos 1950 de que o trabalhador satisfeito era um trabalhador produtivo.

O trabalhador feliz e improdutivo e o trabalhador infeliz e produtivo foram descobertos; verificou-se que os supervisores liberais, concentrados no trabalhador,

ELSEVIER CAPÍTULO 7 – EXPERIMENTO DE HAWTHORNE: RELAÇÕES HUMANAS NO TRABALHO EM GRUPO

nem sempre eram responsáveis pelos grupos mais produtivos; e que a consulta aos empregados muitas vezes criava mais problemas do que resolvia. O Movimento das Relações Humanas foi a primeira tentativa sistemática de inserir o estudo das relações sociais na Organização, centrando-se na relação entre o homem e a Organização nas práticas administrativas. Os princípios das relações humanas orientados para ação fornecem pontos de partida para os comportamentalistas (HOMANS, 1979).

O trabalhador é integrado à sua empresa, influenciando de modo participativo nas decisões. O trabalho passa a ser realizado por equipes com autonomia para alterar o ritmo de produção em função do desempenho das tarefas (ABREU, 1982).

O enfoque da dinâmica de grupo, abordado por Lewin, que a princípio tinha a mesma visão romântica da escola das relações humanas, foi gradualmente abandonando suas ideias éticas preconcebidas e adotando uma atitude analítica experimental, incluindo a participação do trabalhador no processo decisório e de democratização do ambiente de trabalho.

Para Etzioni (1980), as conclusões das pesquisas de Hawthorne sinalizam que as normas sociais estabelecem os níveis de produção em detrimento da visão da capacidade fisiológica. O comportamento dos trabalhadores é influenciado pelas recompensas e contingências que não estão relacionadas somente com o aspecto econômico e apresenta-se diverso individualmente e em grupo. A liderança é um fator determinante para definir as normas de conduta social do grupo e ela existe tanto de maneira formal quanto informal. A experiência de Hawthorne evidenciou a necessidade de tornar mais participativas as decisões e melhorar os mecanismos de comunicação em todos os níveis da empresa.

Barnard (1968) afirma que a Organização é formada pela relação entre os indivíduos. A Organização é um sistema racional baseado em relacionamentos cooperativos para atingir objetivos pessoais. A função do executivo é garantir o comprometimento dos indivíduos com os objetivos da Organização. A autoridade não deve ser imposta de cima para baixo, mas construída com base no reconhecimento dos subordinados.

A teoria comportamentalista, subsequente, atualizou a teoria das relações humanas, tornando-se o elemento de transição entre o Movimento das Relações Humanas (relações humanas para o comportamento humano) e o Movimento do Estruturalismo-Sistêmico (comportamento humano para o comportamento organizacional).

Roteiro de aprendizado

Questões

1. Qual era a intenção inicial do Experimento de Hawthorne?

2. Qual foi a conclusão da fase inicial?

3. Quais foram os desdobramentos posteriores?

4. Comente as seguintes frases de funcionários e supervisores da Western Electric:

   a. *"Acho o Programa de Entrevistas uma boa ideia. Isso ajuda as pessoas a colocar para fora muitas coisas."*

   b. *"Eles dizem que as figuras não mentem (gráficos de desempenho), mas nós temos mostrado que podemos gerar um conjunto de figuras e provar qualquer coisa que desejarmos."*

5. Comente as frases de Homans (1979):

   a. *"O trabalhador feliz e improdutivo e o trabalhador infeliz e produtivo foram descobertos."*

   b. *"A consulta aos empregados muitas vezes criava mais problemas do que aqueles que resolvia."*

   c. *"Os princípios das relações humanas orientados para ação fornecem pontos de partida para os comportamentalistas."*

Exercício

Meu nome é Paulo Santos e sou gerente da fábrica de cadeiras de um grupo empresarial de grande porte em artigos de madeira. A fábrica é composta de três grandes setores: o corte da madeira utilizada nas partes da cadeira, a montagem dessas partes e o acabamento.

Eu estava com problemas de altas taxas de absenteísmo e rotatividade de pessoal no setor de montagem; consequentemente, a eficiência do setor estava muito baixa. O setor funcionava em linha de montagem com esteiras para os dois tipos mais vendidos e uma terceira linha com mix dos demais tipos de cadeiras.

Foi então há quatro meses, sem ouvir meus três supervisores, que resolvi fazer uma mudança radical na fábrica. Aboli as três linhas de montagens de cadeiras e dei aos trabalhadores uma autonomia relativa ao modo dos grupos semiautônomos.

Os resultados foram espantosos já no primeiro mês: a produtividade do setor subiu 30%, o absenteísmo caiu para menos de 2% e a rotatividade, para zero.

No entanto, eu acho o ser humano descontente por natureza. Meu supervisor do setor de corte começou a reclamar que precisava de mais funcionários porque o aumento da produtividade do setor de montagem estava exigindo mais rapidez do corte e o seu pessoal estava ameaçando chamar o sindicato se o ritmo de trabalho não voltasse ao normal.

Meu outro supervisor, do setor de acabamento, falou que precisava de mais funcionários porque, com o aumento da produtividade do setor de montagem, estava acumulando cadeiras prontas na entrada de seu setor e ele e seu pessoal não estavam dando conta da produção. Ambos reclamaram que seus funcionários estavam descontentes com as regalias de liberdade do setor de montagem como trabalhar em grupo, compensar horas de trabalho e outras mais. Os supervisores já tinham detectado nesses quatro meses um aumento das taxas de absenteísmo e rotatividade em seus setores, bem como uma queda na produtividade. Estou atordoado e não entendo o que está havendo. Os problemas parecem nunca terminar; quando se mexe em um lugar aparece problema em outro. Eu fiz o melhor para aumentar a eficiência da montagem.

Pede-se: Identifique os problemas de Paulo utilizando o referencial teórico da Teoria da Relações Humanas.

Pensamento administrativo *em ação*

Situação 1:

Estamos no ano de 1938 e você é um consultor que acaba de ser contratado por uma empresa industrial situada nos Estados Unidos da América. O presidente da empresa inicia a conversa dizendo que: "Nossa empresa emprega as melhores técnicas de administração atualmente conhecidas no mundo, como o planejamento das tarefas, o estudo de tempos e métodos de trabalho, a seleção científica dos trabalhadores e o incentivo financeiro.

Empregamos dezenas de engenheiros para racionalizar a produção e nos preocupamos com a fadiga do operário, com as boas condições físicas de ventilação e iluminação. O setor de fiação foi o mais estudado pelos nossos engenheiros, com o propósito de aumentar a produtividade. E o inexplicável é que enquanto todos os demais setores têm uma taxa de rotatividade de pessoal entre 5 e 10%, o setor de fiação apresenta uma taxa de 250%, além de problemas de absenteísmo, alcoolismo e agressividade com os supervisores.

Eu não entendo o porquê disso! Esse setor tinha, antes da racionalização, o histórico de realizar a taxa de 85% de produtividade. Então, os engenheiros propuseram um plano de incentivo monetário em que o operário que realiza 70% recebe o salário do dia; aquele que faz menos tem uma multa de 20%; e quem atinge 100% recebe um abono de 15%. Hoje, todos os operários, sem exceção, realizam a taxa de 70%, menor que os 85% anteriores."

Pede-se: Por que eles não trabalham o bastante para ganhar o abono? Não é de dinheiro que eles gostam?

"Para aumentar ainda mais a produtividade, os engenheiros isolaram os operários de forma que eles já não podem ficar conversando e, portanto, fazendo cera. Mas nada melhora no setor de fiação. Parece uma maldição!"

Para responder a essa questão, veja alguns argumentos de alunos:

– *Proponho a mudança no sistema de motivação. E que seja por premiações e bonificações que tenham uma relação com o tempo que eles permanecem no cargo em que atuam, diminuindo assim a alta rotatividade.*

– *Eu já penso na remoção do isolamento dos trabalhadores, incentivando a interação entre eles.*

– *Seria como a mudança das metas, que deixariam de ser individuais e passariam a ser do grupo?*

– *Pode-se pensar então na divisão de grupos de trabalhadores. Que tal também a contratação de um psicólogo para atender os funcionários?*

Situação 2:

Estamos em 1938 nos EUA, você é um consultor e ouve o presidente da empresa: "esses meus dois principais auxiliares não conseguem se entender, eu preciso de uma explicação mais clara. Você pode me ajudar?"

O gerente industrial afirma que "nossa empresa emprega as melhores técnicas de administração hoje conhecidas no mundo. Com relação ao trabalho operário, seguimos os ensinamentos de Taylor, em que todo trabalhador é cientificamente selecionado, treinado no método estabelecido, recebe um ótimo incentivo salarial. Nossos administradores seguem a cartilha de Fayol, a autoridade é cegamente obedecida. Não há como ter comportamento diferente do desejado pela direção. Ainda assim

ELSEVIER CAPÍTULO 7 – EXPERIMENTO DE HAWTHORNE: RELAÇÕES HUMANAS NO TRABALHO EM GRUPO

damos boa recompensa financeira pela meta alcançada. O único papel possível do gerente é especificar as tarefas do operário e os cargos da hierarquia".

O gerente de pessoal diz que "se uma pessoa vai ou não se dedicar ao grupo, ao seu trabalho, isso depende, em grande parte, de como ela se sente a respeito do seu trabalho, dos seus colegas e dos supervisores. A pessoa quer a sensação de segurança que advém não só do dinheiro, mas, principalmente, do fato de ser um membro aceito no grupo. O isolamento que a engenharia faz do operário impede que ele realize suas necessidades sociais e ele acaba formando grupos fora do olhar da gerência e dividindo sua lealdade. O único papel possível do gerente é ouvir e aconselhar o operário".

O presidente complementa que "os trabalhadores faltam muito, deixam nossa empresa como se não nos preocupássemos com eles e ainda andam indo aos sindicatos e fazendo greves. Onde está a lealdade para com a empresa?"

Você intervém: "a organização formal não existe sem as pessoas e a ação das pessoas não tem eficácia sem a influência da direção. Os indivíduos decidem conscientemente entrar ou não em um sistema de cooperação. A autoridade do cargo ou das pessoas é uma ilusão, pois a autoridade, na realidade, se fundamenta na aceitação do subordinado. A função do executivo é comunicar e influenciar o comportamento das pessoas na construção de um sistema cooperativo".

Pede-se: O presidente pede mais clareza da situação, quer o diagnóstico, os fundamentos dos conceitos e exposição da solução.

Para responder a essa questão, veja alguns argumentos de alunos:

– *Acho que chegou o momento de levar em consideração os aspectos humanos do chão de fábrica. É necessário que a direção da empresa seja capaz de satisfazer as necessidades sociais dos trabalhadores, para que, assim, os empregados se tornem mais motivados.*

– *É importante, assim, que a gerência tente construir dentro da empresa um sistema cooperativo, que permita ao trabalhador realizar suas necessidades sociais e melhorar as condições de trabalho.*

– *Seria a troca da liderança autocrática pela liderança democrática, na qual os funcionários têm maior voz nas decisões e, portanto, torna-se mais claro para os próprios funcionários o reconhecimento de seu trabalho e seu papel na empresa.*

– *É fazer com que a relação entre operários e departamento seja equilibrada no que diz respeito a autoridade e responsabilidade, sendo a segunda consequência natural da primeira?*

Administração multimídia

Na Web:

Visite o site com os documentos históricos do Experimento de Hawthorne na Biblioteca Baker da Harvard Business Review:

http://www.library.hbs.edu/hc/hawthorne

Filme:

A onda (*The wave* – 1981). Direção: Alexander Grasshoff. Motivo: filme relata a experiência real que o professor fez com uma classe de alunos sobre o comportamento em grupo. *Disponível no YouTube.*

Referências

ABREU, A.B. (1982). Novas reflexões sobre a evolução da teoria administrativa: os quatro momentos cruciais no desenvolvimento da teoria organizacional. *Revista de Administração Pública*, v. 16, n. 4, pp. 96-108.

ASSOCIAÇÃO BRASILEIRA DE NORMAS TÉCNICA. NBR ISO/CIE 8995-1: Iluminação de ambientes de trabalho. Parte 1: interior. Rio de Janeiro, 2013. 46p.

BARNARD, C. *The Functions of the Executive*. Harvard University Press; 30th Anniv edition, June, 1968.

BRASIL. Ministério do Trabalho e Emprego. Norma Regulamentadora nº 17: Ergonomia. Disponível em: < http://portal.mte.gov.br/legislacao/normas-regulamentadoras-1.htm>. Acesso em: 18 abr. 2015.

ETZIONE, A. *Organizações modernas*. São Paulo, Pioneira, 1980.

FROTA, A. B.; SCHIFFER, S. R. *Manual de conforto térmico*. São Paulo: Nobel, 2000. 243p.

HBS BAKER LIBRARY. *Historical collections*: Hawthorne. http://www.library.hbs.edu/hc/hawthorne, 2014.

HOMANS, G.C. As pesquisas na Western Electric. In: BALCÃO, Y. F.; CORDEIRO, L.L, eds. *O comportamento humano na empresa*. 4. ed.. Rio de Janeiro, FVG, 1979.

HUXLEY, A. Machinery, psycology and politics. *Spectator*, 23 November, 1929, pp.749-751.

LAMBERTS, R.; DUTRA, L.; PEREIRA, F. O. R. Eficiência energética na arquitetura. São Paulo: PW, 1997. 192p.

MAYO, E. The human effect of mechanization. *American Economic Review*, v.20, nº 1, Supplement, Papers And Proceedings of the Forty-Second Annual Meeting of the American Economic Association, mar, 1930, pp.156-176.

MAYO, E. *The human problems of an industrial civilization*. New York, Macmillan, 1933.

SENNETT, R. *Juntos*: os rituais, os prazeres e a política da cooperação. Rio de Janeiro, Record, 2012.

TAYLOR, F.W. *Princípios da administração científica*. São Paulo, Atlas, 2006.

WARLICH, B.M. *Uma análise das teorias de organização*. Rio de Janeiro, Fundação Getulio Vargas, 1986.

Capítulo 8

PRINCÍPIO DA RACIONALIDADE LIMITADA:

o homem administrativo

Fábio Müller Guerrini
Edmundo Escrivão Filho
Daniela Rosim
Luiz Philippsen Jr. (ilustrações)

Resumo:

Quais são os limites do processo de tomada de decisão? O princípio da racionalidade limitada mudou completamente a direção do desenvolvimento da teoria administrativa, pois reconhecia que o administrador possui um conjunto limitado de informações, direcionamento por interesses pessoais no momento e expectativas por parte de terceiros, que limitam a racionalidade para tomada de decisão sobre questões administrativas.

Palavras-chave: racionalidade limitada, comportamento administrativo, homem administrador.

Objetivos instrucionais:

Apresentar a contribuição do princípio da racionalidade limitada para a compreensão do processo decisório do administrador.

Objetivos de aprendizado:

Após a leitura deste capítulo, espera-se que o aluno seja capaz de:

❖ Compreender o princípio da racionalidade limitada.
❖ Compreender os limites do processo de tomada de decisão.
❖ Reconhecer e aplicar o princípio da racionalidade limitada em qualquer tipo de Organização.

Introdução

A vertente da Teoria Comportamental pode ser identificada transversalmente em diferentes movimentos do pensamento administrativo. Inicia-se no Movimento das Relações Humanas, está relacionada à Escola de Cooperação (Barnard, Follet e Simon), atualiza-se no movimento estruturalista-sistêmico, na Escola da racionalidade limitada (Simon, March e Cyert). No Movimento da Contingência, manifesta-se na Escola do processo decisório (Simon, March). Em termos contemporâneos, na Escola de aprendizagem organizacional (Mintzberg, Argyris e Schon, Senge).

O nome de Simon está presente em três dos quatro momentos. Herbert A. Simon é o único acadêmico relacionado ao pensamento administrativo que foi laureado com o Prêmio Nobel de Economia, em 1978, pela sua contribuição referente ao processo decisório nas Organizações, cuja pedra fundamental foi o Princípio da Racionalidade Limitada.

O caráter eclético de sua formação e temas de pesquisa permitiu-lhe compreender o problema administrativo de forma diferenciada de seus antecessores. Como professor de Ciência da Computação do Carnegie Mellon Institute, com formação em Economia, sua pesquisa permeou as áreas de psicologia cognitiva, inteligência artificial e racionalidade limitada.

Em sua publicação mais famosa *"Administrative Behavior"*, de 1945, Simon identificou que a preocupação dos teóricos da administração, até aquele momento, estava centrada em definir como realizar as tarefas por um grupo de pessoas. Entretanto, a questão que o incomodava era compreender que elementos o administrador havia considerado para tomar a decisão de agir. Portanto, o foco deixava de ser prescritivo para assumir um caráter normativo.

Simon incorporou a dimensão da administração pública como objeto de estudo, além da administração de empresas. A Teoria Administrativa, direcionada para grupos de pessoas, passava a considerar uma Teoria das Organizações, direcionada para a compreensão das necessidades das organizações burocráticas em diferentes setores da sociedade.

Princípio da racionalidade limitada

A questão fundamental proposta por Simon era: como o processo decisório poderia ser descrito?

Simon abordou a questão sob a ótica do economista, ao procurar explicar o conceito que ele denominou de "Princípio da Racionalidade Limitada". A racionalidade limitada pressupõe que as decisões tomadas diferem das escolhas economicamente "ideais" em função de alternativas que se apresentam, das consequências envolvidas, do conhecimento prévio que o tomador de decisão tem sobre o assunto.

O formalismo da Economia baseia-se nas preferências das pessoas para formular um sistema consistente que conduza a uma função utilidade. Com as opções disponíveis, o decisor escolhe uma que maximize a sua utilidade. O critério utilizado para a tomada de decisão que define uma opção é duvidoso, pois o conhecimento sobre as opções por parte de quem está formulando a função diz respeito aos seus valores e as suas próprias limitações.

No processo decisório do administrador, não é possível saber no que consiste a função utilidade. As preferências do administrador dependem dos seus interesses naquele determinado momento. Por mais informado que esteja sobre o assunto, ele nunca possui a informação completa sobre coisa alguma. Isso inviabiliza saber antecipadamente as consequências desta ou daquela decisão. Quando se considera as consequências de uma decisão, perde-se a perspectiva de outras consequências possíveis. E, quando há várias pessoas envolvidas no processo decisório, há vários interesses e expectativas, e a Economia não dispõe de mecanismos para avaliar as suas habilidades.

A Figura 8.1 apresenta como exemplo um processo decisório para a contratação de pessoas. No caso em questão, o desconhecimento das competências de todos os candidatos por parte da pessoa que está realizando a contratação seleciona o profissional que satisfaz os requisitos, em detrimento de outro candidato que apresenta competências adicionais.

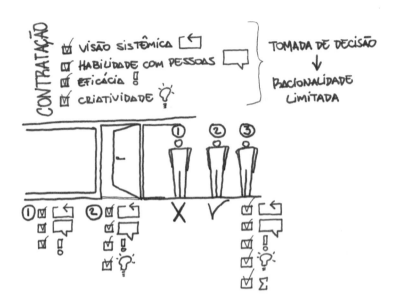

Figura 8.1: Exemplo de racionalidade limitada. Adaptado de: DON MOYER (2007).

Para Simon, a racionalidade limitada é uma advertência aos economistas que não podem predizer o comportamento humano simplesmente utilizando modelos abstratos – do que é racional e da estrutura comportamental –, pois não há como saber todas as informações que as pessoas conhecem e até que ponto os interesses pessoais das pessoas influenciam o processo decisório. Simon afirma que a racionalidade limitada não é uma teoria, embora faça sugestões para algumas teorias, estabelecendo a conexão entre elas. Antes disso, é uma advertência de que, como em qualquer outra ciência empírica que se propõe a explicar o mundo, é necessário observar o mundo.

Racionalidade plena

A teoria econômica clássica busca compreender o comportamento dos responsáveis pela tomada de decisão com base em previsões específicas passíveis de teste.

Entretanto, pressupõe uma racionalidade onisciente para prever o comportamento humano. O poder preditivo vem da caracterização do contorno do ambiente no qual ocorre o comportamento. O ambiente, combinado com as suposições da racionalidade perfeita, determina completamente o comportamento. As teorias comportamentais da escolha racional (racionalidade limitada) não são tão simples assim. Mas, em compensação, as suas suposições sobre as capacidades humanas são piores do que as suposições da teoria clássica, pois falham em predizer que determinados comportamentos equipararão os custos e retornos marginais (SIMON, 1979).

Durante a 2ª Guerra Mundial houve o desenvolvimento da Pesquisa Operacional, que se caracterizou como um campo da engenharia, enquanto uma derivação denominada *Management Science* se caracterizou como um campo da Economia. Os esforços conjuntos dessas duas áreas durante a guerra tiveram desdobramentos na indústria manufatureira, principalmente no tocante a métodos otimizantes, como a programação linear proposta por George Dantzig. Esse foi um desenvolvimento da aplicação da racionalidade plena (SIMON, 1979).

Entretanto, a ideia de racionalidade plena era uma função da capacidade de processamento dos computadores que, na década de 1950, era bastante restrita. As variáveis da função objetivo eram simplificadas para que a solução ótima pudesse ser encontrada. Na corrente da Pesquisa Operacional, procuravam-se heurísticas que pudessem fornecer soluções satisfatórias suficientemente boas e com custos computacionais razoáveis, o que também tinha um alto grau de empirismo e simplificação. Nesse caso, a heurística não fornecia uma solução ótima, mas uma solução possível (SIMON, 1979).

Na vertente do Management Science a questão central era "como decidir" em vez de "o que decidir" (SIMON, 1979). Nesse sentido, também parte de um conjunto de informações para definir soluções ótimas ou quase ótimas para auxiliar o processo de tomada de decisão.

A Figura 8.2 apresenta os elementos para a tomada de decisão considerados pelo administrador.

Figura 8.2: Elementos para a tomada de decisão considerados pelo administrador.

Apesar de sua origem ter sido na economia, constitui-se, atualmente, como uma área interdisciplinar de economia, administração e engenharia.

A longa jornada até o princípio da racionalidade limitada

Herbert Simon é pouco abordado nas disciplinas de pensamento administrativo no Brasil, provavelmente porque ele não cabe em caixinha de conhecimento alguma. Isso causa desconforto em muita gente da comunidade científica, pois o pesquisador é treinado a delimitar e compartimentar o conhecimento em áreas específicas. Um acadêmico normal pode entender de economia ou psicologia cognitiva, ou inteligência artificial, ou ciência política, mas dificilmente compreenderá tudo isso de forma integrada como Simon. E Simon não só compreendia como escreveu livros em cada uma dessas áreas.

A trajetória de Simon, nesse sentido, foi bastante diversificada, com a intenção de encontrar as respostas para descrever o processo decisório. As decisões que Simon tomou para a condução de sua pesquisa foram corajosas ao se contrapor ao senso comum, ao abandonar a Econometria quando percebeu as suas limitações, para procurar respostas na Teoria Comportamental. E é notável o impacto que Simon teve em todas essas áreas. No Google Scholar há um perfil de Simon, cujo número de citações em cada uma das áreas mencionadas ultrapassa as 10 mil citações em cada artigo. Ao todo, as citações dos seus trabalhos superam 248 mil.

Ideias precursoras

Escrivão Filho (2009) abordou as ideias precursoras da racionalidade limitada. Herbert A. Simon foi o primeiro pensador a caracterizar os processos gerenciais como processos decisórios. Sua formulação partiu de uma crítica na década de 1940 às três abordagens tradicionais. Em *Administrative Behavior*, originalmente publicado em 1945, Simon fez as seguintes críticas:

a) A Administração Científica apresentava um caráter fisiológico de suas proposições; pelo empirismo e ausência de teoria explícita em suas explicações; pela irrealidade do propósito maximizador de sua perspectiva;

b) A Gerência Administrativa baseava-se em descrições superficiais, supersimplificação e falta de realismo; pela ênfase exagerada nos mecanismos de autoridade, sem incluir outros modos de influência do comportamento organizacional;

c) As Relações Humanas pela ênfase exagerada na personalidade, esquecendo o sistema social; pela crença leviana apenas nas relações informais como aglutinadoras das relações sociais; pela manipulação dos grupos informais a serviço da gerência.

A visão decisória de Simon apoia-se na concepção de sistema social cooperativo de Barnard. Enquanto Barnard utiliza-se da analogia do equilíbrio, Parsons trabalha com a analogia organicista. O termo "equilíbrio" é interpretado como um estado de balanceamento de fatores que servem para manter a organização em alguma espécie de estado estático.

Na noção de sistema social cooperativo de Barnard, a ameaça de tirar a organização do equilíbrio é externa. Cabe aos agrupamentos e indivíduos da Organização resistirem cooperativamente a tais forças de mudança. O processo de sincronizar esforços fundamenta-se na autoridade hierárquica de Fayol e na aceitação da autoridade de Barnard. A Teoria Decisória da Gerência questiona a validade da autoridade como única forma de influência dos comportamentos.

No conceito de influência em Barnard e Simon, o funcionário deve decidir com as premissas do superior. Nesse sentido, então, administrar é influenciar a decisão (escolha) do administrador (subordinado) por meio da influência de suas premissas de decisão.

Para Simon, na vida real, o comportamento do homem não apresenta essa racionalidade objetiva. Uma formulação mais realista apresenta o homem administrativo, o qual contemporiza a escolha. Em outras palavras, busca um curso de ação satisfatório ou razoavelmente bom. Ainda, reconhece que o mundo por ele percebido é apenas um modelo bastante simplificado e confuso do mundo real. Simon quer dizer que a racionalidade tem limites. À medida que essas limitações são removidas, a Organização aproxima-se do seu objetivo de elevada eficiência. A teoria administrativa tem que se interessar pelos fatores que determinarão com que capacidade, valores e conhecimento o membro da Organização realizará o seu trabalho.

Há estímulos externos à pessoa que exercem considerável influência na Organização: autoridade, aconselhamento e informação, treinamento, lealdade, critério da eficiência. Uma das principais funções dessas influências consiste em assegurar a coordenação das atividades dos membros da Organização.

O conceito diferencial de Barnard da autoridade para funcionários é que o empregado precisa crer na legitimidade do superior, enquanto na Teoria Clássica a autoridade é um direito do superior. A comunicação é essencial nas formas mais complexas de comportamento cooperativo. Pode ser formalmente definida como o processo mediante o qual as premissas decisórias são transmitidas de um membro da Organização para outro.

Teoria da Decisão como área de Economia

No seu discurso ao receber o Prêmio Nobel de Economia em 1978, Simon apresentou uma narrativa de sua jornada pessoal. O texto que segue comenta os principais pontos abordados por Simon (1979).

Inicialmente, Simon caracteriza a Teoria de Decisão como uma área de Economia que aborda aspectos normativos e descritivos relacionados à Teoria da Empresa. Há um erro na noção de que a investigação científica não pode se aproximar de problemas cotidianos. O mundo real apresenta problemas que podem ser abordados pela pesquisa científica básica.

A literatura relacionada à Teoria de Decisão encontra-se dispersa em diversas áreas de conhecimento – teoria da empresa, sociologia, psicologia e ciência política –, o que lhe confere diferentes perspectivas de análise.

Mas a noção de maximização de ganhos obtidos com uma função utilidade não é correta, pois, ao elaborar-se uma função utilidade, considera-se um conjunto de informações disponíveis que não correspondem a todas as informações existentes e opta-se por incluir determinadas variáveis em detrimento de outras.

Simon propôs o conceito de "satisfação", que se contrapõe à decisão ótima, como uma decisão que "satisfaz" ou "é suficiente" para resolver o problema. Esse conceito é uma estratégia da Teoria de Decisão ou heurística cognitiva que envolve a pesquisa por meio das alternativas disponíveis até que um limite de aceitabilidade seja atingido. É uma abordagem pragmática e muitas vezes necessária em situações em que há muitas alternativas ou quando as alternativas são apresentadas individualmente, inviabilizando a otimização.

A conjunção das limitações da racionalidade humana com as limitações da capacidade computacional, que levaria a processar informações incompletas, demonstra uma relação próxima entre a Teoria de Decisão normativa e descritiva, pois ambas estão preocupadas com a realidade procedural e não com a realidade substantiva. Com o avanço da computação, as recomendações da Teoria de Decisão normativa mudarão e afetarão a prática de tomada de decisão, o que terá consequências macroeconômicas (SIMON, 1979).

Esse fato pode ser comprovado pelo impacto que os modelos matemáticos relacionados ao ponto de reencomenda, lote econômico de compra e kanban tiveram na redução de estoques nas empresas como um todo (SIMON, 1979).

Caracterização da racionalidade limitada

De acordo com Simon (1979), o institucionalismo foi o principal precursor de uma teoria comportamental. Commons denominou a unidade básica de comportamento como "transação". Chester Barnard foi influenciado pelo conceito de transação e analisou o mecanismo de autoridade das organizações e as bases motivacionais para a aceitação de objetivos organizacionais, caracterizando como "oportunística" a tomada de decisão racional.

Nos anos de 1934-35, em Milwaukee, sua cidade natal, Simon deparou-se com um problema na administração pública sobre um parque infantil. A administração precisava decidir se utilizava o recurso disponível para fazer a manutenção dos equipamentos do parque ou se contratava monitores para as crianças.

Simon observou que esse caso não era passível de ser avaliado por meio de uma função produção ou pelos custos marginais. Era necessário considerar outros aspectos intangíveis. A decisão de realizar a manutenção dos equipamentos era válida, pois implicava garantir a segurança das crianças, mas, ao mesmo tempo, contratar os monitores poderia ser interessante para desenvolver brincadeiras com as crianças, além de auxiliar as mães. Mesmo que as duas opções pudessem ter boas justificativas, a decisão dependia de valores, preferências e informações sobre o assunto que o administrador público tinha sobre o caso. Portanto, qualquer decisão que o administrador tomasse seria limitada pelo seu conhecimento particular da situação.

Provavelmente, essa situação passaria despercebida para pesquisadores comuns. Mas esse foi o gatilho para Simon mudar por completo a sua compreensão sobre o processo decisório.

Esse caso em Milwaukee é o que caracteriza a onisciência no processo de tomada de decisão. Uma vez que os objetivos não podem ser formalizados em termos concretos, por ações, as decisões serão julgadas baseadas em subobjetivos, que podem ser correlacionados. Ao substituir objetivos globais por subobjetivos tangíveis, pode-se avaliar e medir o grau de sucesso. Mas não há uma única formulação possível desses objetivos subordinados, pois isso depende de conhecimento, experiência e do ambiente organizacional no qual se encontra o responsável por tomar a decisão. A formulação acaba sendo direcionada de uma maneira ou de outra pelo interesse próprio do gestor. O papel da psicologia cognitiva está na "representação do problema", no que diz respeito a determinar como as informações são armazenadas e acessadas na memória de indivíduos e como elas são gravadas e expressas (GLASS; HOLYOAK, 1986).

No livro *Administrative Behavior* de 1945, Simon procurou desenvolver um constructo teórico que pudesse auxiliá-lo a definir "o que decidir", considerando-se que a pessoa possui um referencial de conhecimento próprio, em uma situação em um contexto específico.

Em função das limitações de um único agente decisor, pode-se dividir a tarefa de tomada de decisão entre vários especialistas, coordenando o trabalho por meio de relações de autoridade e comunicação.

Simon notou que, em função da formulação inicial do princípio da racionalidade limitada, era necessário formalizá-lo teoricamente e promover uma verificação empírica das principais questões, o que foi feito ao longo dos anos após a publicação de *Administrative Behavior* por ele mesmo e outros teóricos.

CAPÍTULO 8 – PRINCÍPIO DA RACIONALIDADE LIMITADA: O HOMEM ADMINISTRATIVO

Conforme Simon (1979), a percepção de uma situação problema descrita por Dewitt Dearborn demonstrou empiricamente as bases cognitivas da identificação com subobjetivos. As percepções dos administradores sobre os problemas que afetam as empresas, em sua maioria, são determinadas por suas próprias experiências de negócio – executivos de vendas e contabilidade identificavam problemas relacionados às suas respectivas áreas de atuação.

A principal diferença metodológica das pesquisas conduzidas para comprovar a racionalidade limitada em relação às pesquisas da economia neoclássica era a necessidade de as evidências empíricas serem coletadas diretamente de estudos de caso, cujo processo era gradual ao extremo e exigia recursos financeiros.

Para formalizar o princípio da racionalidade limitada, Simon (1979) identificou três questões que precisavam ser esclarecidas:

a) Quais são as circunstâncias sob as quais uma relação de emprego será preferida em detrimento de outra forma contratual para assegurar o desempenho no trabalho?

b) Qual a relação entre a teoria clássica da empresa e as teorias de equilíbrio organizacional proposta por Barnard?

c) Quais são as principais características da escolha racional humana em situações nas quais a complexidade se opõe à onisciência?

As relações de emprego são baseadas na aceitação da autoridade do empregador pelo empregado. A autoridade determina o comportamento do empregado, que oscila entre a indiferença e a aceitação. Esse tipo de relação diminui a incerteza de comportamento do empregado perante o empregador. Ao contratar um determinado empregado, o empregador aceita a incerteza inicial sobre as competências e habilidades do empregado, que vai sendo reduzida conforme o empregado se engaja no trabalho.

O equilíbrio organizacional identificado primeiramente por Barnard descreve a sobrevivência das organizações relativa às motivações que fazem os seus participantes permanecerem no sistema. Simon (1957) desenvolveu essa noção buscando identificar o equilíbrio entre os incentivos fornecidos pela Organização aos seus participantes e as contribuições dos participantes para os recursos da organização. Mas a diferença básica da proposta de equilíbrio organizacional proposta por Simon (1979) era que, enquanto na teoria clássica buscava-se maximizar lucros, no equilíbrio organizacional buscavam-se lucros positivos como condição de sobrevivência da Organização. Em condições de monopólio e competição imperfeita, havia espaço para a negociação entre empregados e empregador para garantir o superávit.

A Figura 8.3 apresenta o contexto do equilíbrio organizacional no processo de tomada de decisão.

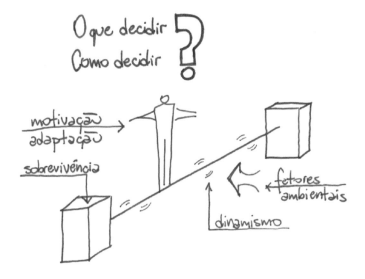

Figura 8.3: Equilíbrio organizacional no processo de tomada de decisão.

Os mecanismos da racionalidade limitada estão relacionados à pesquisa e satisfação. Quando as alternativas de escolha não são fornecidas de antemão, o administrador deve procurá-las. Uma vez identificadas, opta-se por uma determinada alternativa em função do nível de aspiração. Os níveis de aspiração são dinâmicos, pois dependem de uma série de circunstâncias ambientais. Simon (1979) chamou de *satisfação* esse tipo de escolha, conforme abordado anteriormente. Mas acrescenta que, em longo prazo, a adaptação dos níveis dinâmicos de aspiração seria equivalente à escolha ótima. A pesquisa e a teoria da satisfação mostraram como as escolhas poderiam ser feitas com valores razoáveis de cálculo, utilizando informação incompleta, sem a necessidade de buscar uma solução ótima.

Esse foi um grande passo na compreensão dos mecanismos cognitivos do indivíduo para a tomada de decisão no sentido de "o que decidir" e "como decidir".

Pequena empresa:

A empresa de um homem só

O empresário que possui a sua pequena empresa por vinte anos fez e faz alguma coisa certa, uma vez que conseguiu manter-se apesar de todas as situações adversas. Se os empresários não conduzem a empresa com todo aporte da teoria geral da Administração, há vários mecanismos, como a avaliação de custo e benefício. Por esse motivo ele chega até um determinado ponto da formalização, pois, daí em diante, há um custo que não compensa.

Administrar tem um custo psicológico grande. O empresário esconde esse aspecto quando administra sozinho. E quando se inicia um processo de formalização, a própria família do empresário passa a conhecer determinadas decisões que ele precisou tomar; daí em diante ele tem que dar satisfações sobre decisões que levaram a prejuízos e o conflito pode aumentar consideravelmente. Isso é um custo psicológico. Peter Drucker já falava que a pequena empresa é a empresa de um homem só, que fica isolado e dificilmente tem a possibilidade de discutir com alguém sobre a decisão de comprar um novo equipamento, por exemplo. Normalmente, se ele decide pela compra, só comunica quando o equipamento já está no pátio. Se ele fosse consultar a esposa, por exemplo, talvez a pintura da casa fosse uma prioridade e ele deixasse de comprar a máquina.

Para formalizar é necessário externalizar esse tipo de decisão, e o empresário muitas vezes prefere não o fazer pelas pressões psicológicas que podem advir. Ao não externalizar esse tipo de decisão, ele sofre críticas sobre a falta de planejamento e é acusado de não refletir sobre as decisões que toma. Mas, ao contrário, ele planeja e pensa sobre as decisões, mas possui um processo decisório particular. Esse tipo de atitude vai até certo ponto, quando ele consegue constituir uma equipe com mais uma ou duas pessoas de confiança, com as quais ele pode, mesmo que informalmente, conversar sobre o que está pensando em fazer.

Pode-se considerar o processo de tomada de decisão do dirigente da pequena empresa baseando-se no conceito de racionalidade limitada de Simon. Há uma pergunta principal que o dirigente da pequena empresa, ainda que de maneira informal, se apega ao tomar uma decisão: se der errado, a empresa fecha? Há uma grande quantidade de pequenas empresas que sobrevive como fornecedora de um único cliente; caso tome alguma decisão que seja no mínimo precipitada, ela pode vir a encerrar suas atividades. Dessa forma, uma decisão na grande corporação é compartilhada com vários departamentos, mas na pequena empresa, concentra-se na pessoa do dirigente.

Administração também é cultura:

Administração pública e privada

Uma das contribuições de Herbert Simon para o pensamento administrativo foi a incorporação da administração pública como dimensão a ser considerada, o que provocou a mudança de foco da Teoria Administrativa para a Teoria das Organizações.

Administrar pode ser definido como fazer as coisas com e pelas pessoas. O que seria então a administração pública? E qual seria a diferença entre administração pública e privada – mais conhecida esta como administração de empresas?

A administração pública é uma forma de defender e administrar o Estado enquanto "coisa pública". É o processo ou atividade da administração de negócios públicos (WALDO, 1964). É a gestão propriamente dita de uma prática social tão antiga quanto o manuseio de bens coletivos.

A administração pública mobiliza pessoas, de acordo com o previsto em lei, para realizar objetivos também expressos em lei. E a administração privada mobiliza pessoas, de forma permitida ou não proibida em lei, para que sejam realizados objetivos com permissão legal e também os que não são proibidos na lei (MEIRELLES, 2005).

Por exemplo, na administração pública, ao final de ano é aprovada uma lei orçamentária anual, que define como o governante deve agir. Por outro lado, na administração não há uma lei específica para execução de orçamento. O administrador privado pode executar o orçamento a seu juízo, ou baseado na decisão de um Conselho de Acionistas, desde que não incida em práticas ilegais e criminosas como, por exemplo, atentar contra o sistema financeiro.

Além do aparato legal, os princípios que orientam a conduta da administração pública baseiam-se na legalidade, moralidade, publicidade, impessoalidade e finalidade pública. A finalidade pública é o marco diferenciador da administração privada, uma vez que se espera que no âmbito privado as decisões também sejam tomadas com base nos demais princípios, ainda que não obrigatórios.

ELSEVIER CAPÍTULO 8 – PRINCÍPIO DA RACIONALIDADE LIMITADA: O HOMEM ADMINISTRATIVO 169

Mesmo que uma determinada atitude esteja prevista em lei, a administração pública deve avaliar o princípio moral. Os gastos com cartões corporativos, por exemplo, foram criados para aprimorar o controle e a fiscalização dos gastos do poder executivo federal, para garantir maior transparência aos gastos públicos. Entretanto, alguns gastos foram considerados abusivos, ferindo o princípio da moralidade, o que motivou em fevereiro de 2008 o Decreto 6.370/08 (BRASIL, 2008), coibindo o uso dos cartões com gastos pessoais (KOSHIMIZU, [201/2007]).

A administração pública, no intuito de aproximar-se da racionalidade plena, procura antecipar nas leis as ações dos governantes. A tomada de decisão na administração pública, no entanto, deve ocorrer dentro do que é possível ser feito em função das opções legais disponíveis.

Por outro lado, tendo em vista que o decisor não pode compreender as consequências de uma decisão na sua totalidade (SIMON, 1979) e considerando-se as opções de decisões que poderiam ser tomadas e que estão fora do aparato legal, a tomada de decisão na administração pública é permeada pela racionalidade limitada.

Caso:

Cidades alemãs encolhem

Adaptado de: COSTA (2014).

A Alemanha sempre figura na mídia como um dos poucos países cujo modelo de desenvolvimento econômico tem sido bem-sucedido, mesmo em período de crises financeiras mundiais. Mas essa noção de pujança não está disseminada pelas cidades alemãs das comunidades rurais que orbitam em torno de cidades maiores.

Os fatores que têm contribuído para essa situação estão diluídos em vários dilemas.

Os empregos que essas cidades oferecem não são muito promissores para a população e a população mais jovem tem migrado para os grandes centros, o que faz com que as cidades percam investimentos, a economia encolha e a arrecadação de impostos caia. Outro fator determinante nesse processo é que os alemães das pequenas comunidades estão procurando os grandes centros urbanos em busca de maiores e melhores opções de educação dos filhos para que no futuro tenham chance de ter empregos de maior qualificação. Portanto, educação e empresas são as causas mais diretas dessa migração.

Como consequência, as cidades têm imposto um sério programa de reestruturação econômica, como é o caso da cidade Bad Freienwalde. Em 2001 a cidade quase quebrou, pois, com uma dívida de $2,5 milhões de euros, era impossível conseguir novos empréstimos. A prefeitura vendeu prédios, creches foram parcialmente privatizadas, salários de funcionários públicos foram renegociados e alguns foram até demitidos.

No caso de outra cidadezinha, Altena, o fechamento da piscina municipal talvez tenha causado a maior comoção. O caso foi parar na justiça, após um grupo de pessoas conseguir três mil assinaturas com o pedido de direito da população em decidir sobre o futuro da piscina municipal. O pedido da população foi negado pela justiça, mas, mesmo assim, o prefeito desde então tem sido reeleito para o cargo. De acordo com o prefeito, promover cortes é sempre difícil, e há uma diferença entre *"o pensamento lógico e o emocional. Racionalmente as pessoas sabem que foi a decisão acertada"*.

Considerações finais

Após a publicação de *Administrative Behavior* surgiram na década de 1950 outras abordagens da teoria da decisão (teoria das expectativas racionais, teoria estatística da decisão, teoria dos jogos, busca e transferência de informações). Apesar de apresentarem uma formulação matemática mais sofisticada, negligenciavam os problemas para os quais foram desenvolvidas, pois baseiam-se no pressuposto da racionalidade perfeita (SIMON, 1979).

Vários pesquisadores deram continuidade a essa noção de racionalidade limitada.

Checkland (1981) baseou o desenvolvimento da metodologia de sistemas *soft*, na premissa de que o problema de natureza administrativa precisa ser inserido em contexto maior para que possa ser compreendido. Essa noção se contrapõe ao método científico cartesiano, que procura delimitar o problema até identificar o seu elemento fundamental para conduzir a análise.

Daniel Kahneman foi agraciado com o prêmio Nobel de Economia em 2002 pela sua contribuição na compreensão de como o processo cognitivo que leva à tomada de decisão ocorre nas pessoas. Kahneman (2011) diferenciou o processo cognitivo em dois sistemas: Sistema 1, que são as decisões rápidas tomadas utilizando a intuição, e Sistema 2, que são as decisões lentas tomadas utilizando a racionalidade. Interessante notar que ele foi um dos autores citados por Simon (1979).

A psicologia cognitiva consolidou-se como uma vertente de pesquisas distinta da área de administração. Há pesquisas nessa área a respeito de autoconhecimento, que avalia por que o indivíduo faz o que faz e o que é importante para ele; intuição e racionalidade, que avalia em que grau o indivíduo toma decisão com base em informações (que são limitadas) e em sua própria intuição; teoria de aprendizagem, no sentido de melhorar a maneira como o indivíduo adquire e retém conhecimento.

Nos dias atuais a promessa da racionalidade plena se renovou com o fenômeno do *Big Data*. Se na década de 1950 havia limitações no processamento computacional de informações, hoje elas praticamente não existem. E há um componente novo, que é o que vem sendo chamado de "rastro tecnológico", deixado por todos nós em nossas atividades cotidianas, seja atendendo um telefone, participando de uma rede social, fazendo compras com cartão, dirigindo um automóvel, assistindo TV ou respondendo um e-mail, entre outros. Todas essas ações geram dados que podem ser utilizados para identificar as preferências do indivíduo e, ao mesmo tempo, observar o padrão de comportamento de uma população inteira.

A interação das áreas de computação, sociologia, economia e engenharia será cada vez mais estreita. A capacidade de processamento desses dados promete ser um grande aliado na definição de políticas públicas referentes à disponibilização e utilização de equipamentos públicos (escolas, postos de saúde, praças e parques) e fluxo de veículos em ruas e estradas. Isso já é feito para as contingências diárias, mas não é comparável ao que poderá ser feito em um futuro próximo.

Roteiro de aprendizado

Questões

1. Explique o conceito de racionalidade plena.

2. Explique o princípio da racionalidade limitada.

3. Qual é a principal característica do Homem Administrativo?

4. Por que a contribuição de Chester Barnard foi importante para Herbert Simon formular o princípio da racionalidade limitada?

5. Quais são os tipos de Teoria de Decisão que Simon define?

6. Quais são as diferenças entre a Pesquisa Operacional e a *Management Science*?

7. Explique o conceito de "satisfação".

8. Explique a importância do caso de Milwaukee para a formulação do princípio da racionalidade limitada.

Exercícios

1. De acordo com a Figura 8.1 explique o princípio da racionalidade limitada.

2. Procure na Wikipedia o termo "satisficing" e faça uma descrição das possibilidades de aplicação e das áreas de conhecimento que ele abrange.

3. De acordo com a Figura 8.2, explique o conceito de "satisfação" e a sua relação com a racionalidade limitada.

Pensamento administrativo *em ação*

Estamos no início dos anos 1950 nos EUA, você é um consultor e ouve o presidente da empresa: "meus engenheiros e meus psicólogos não se entendem, uns me aconselham a fazer uma coisa e os outros me aconselham a fazer o inverso.

Para os engenheiros, a organização parece uma máquina, eles têm uma tendência a esperar que a organização opere de maneira rotinizada, eficiente, confiável e previsível. Basta especificar o método de trabalho que a engrenagem dos cargos e tarefas, impulsionada pelo planejamento, gira sozinha.

Os psicólogos têm a tendência a esperar que a organização opere de maneira a regular as necessidades pessoais, em buscar a estabilidade. Eles parecem se preocupar

ELSEVIER   CAPÍTULO 8 – PRINCÍPIO DA RACIONALIDADE LIMITADA: O HOMEM ADMINISTRATIVO   **173**

somente com a importância das necessidades sociais no local de trabalho e a forma pela qual os grupos de trabalho podem satisfazer a essas necessidades. Os gerentes não precisam planejar, basta ouvir e aconselhar as pessoas".

Você intervém e diz: 'Nem ao Céu da psicologia e nem à Terra da engenharia.'

A organização é uma entidade deliberadamente construída e em constante relação de intercâmbio com seu ambiente. As relações entre as partes da organização são de grande importância, com destaque para as relações entre organização formal e organização informal. Engenheiros e psicólogos não podem fazer uma análise fragmentada da organização, precisam entender o que a análise interna de uma totalidade revela, ou seja, elementos, suas inter-relações, disposição dos elementos. É de especial importância o relacionamento das partes na constituição do todo, ou seja, as noções de totalidade e de interdependência.

O conflito é o grande elemento propulsor do desenvolvimento, embora os engenheiros neguem sua existência e os psicólogos o considerem destrutivo. Essas tensões situam-se entre necessidades organizacionais e individuais, racionalidade e irracionalidade, disciplina e liberdade, relações formais e informais. Os engenheiros pregam a eficácia das recompensas materiais e os psicólogos, das recompensas psicossociais; ambos são importantes, bem como as suas influências mútuas.

O presidente diz que a conversa parece interessante, mas ele quer por escrito o diagnóstico da situação, a fundamentação conceitual e a proposição da solução.

Para responder a essa questão, veja alguns argumentos de alunos:

– *Nessa situação os engenheiros e psicólogos não estão se entendendo, pois não estão analisando a Organização de forma sistêmica, ou seja, olhando o todo. O engenheiro não se atenta às relações sociais e o psicólogo não se atenta ao planejamento.*

– *É importante analisar a organização como um todo, realizando uma análise conjunta de todas as partes que a compõem para a máxima eficiência.*

– *É preciso saber o que deve ser feito em conjunto e o que cada um pode fazer separadamente. Saber dividir tarefas é essencial, não partindo do princípio de que é o único que sabe realizar uma determinada tarefa.*

– *Bom seria uma otimização da comunicação entre os psicólogos e os engenheiros para conciliar as estruturas formais e informais.*

Para saber mais

SIMON, H.M. *Administrative Behavior*. New York, The Macmillan Company, 1957.

Administração multimídia

BRADBURY, R. *Fahrenheit 451*. Rio de Janeiro, Globo Livros, 2013.

Filme: *Fahrenheit 451*. *Direção*: François Truffaut, 1966.

Referências

BRASIL. Constituição (1988). Constituição da República Federativa do Brasil. Disponível em: http://www.planalto.gov.br/ccivil_03/constituicao/constituicaocompilado.htm. Acesso em 12 de maio de 2015.

BRASIL. Decreto nº 6.370, de 1º de fevereiro de 2008. *Diário Oficial [da] República Federativa do Brasil*, Poder Executivo, Brasília, DF, 6 fev. 2008. Seção 1, p. 1. Disponível em: < http://pesquisa.in.gov.br/imprensa/jsp/visualiza/index.jsp?jornal=1&pagina=1&data=06/02/2008>. Acesso em: 6 de maio de 2015.

CHECKLAND, P. *Systems thinking, systems practice*. Nova York, Wiley&Sons, 1981.

COSTA, M. Cidades encolhem na Alemanha. *O Estado de São Paulo*, Economia, B11, 12 de janeiro de 2014.

ESCRIVÃO FILHO, E. Fundamentos da administração, capítulo 1. In: ESCRIVÃO FILHO, E. Gerenciamento na construção civil. São Carlos, Reenge, 2009.

GLASS, A. L.; HOLYOAK, K. J. *Cognition* (2nd ed.). Reading, MA: Addison-Wesley, 1986.

KAHNEMAN, D. *Thinking fast and slow*. Farrar Straus & Giro, 2011.

KOSHIMIZU, R. K. *Cartões corporativos*. [201-?]. Disponível em: < http://www12.senado.leg.br/noticias/entenda-o-assunto/cartoes-corporativos>. Acesso em: 6 maio 2015.

MIRELLES, H. L. *Direito Administrativo Brasileiro*. 30. Ed. São Paulo: Malheiros, 2005.

MOYER, D. Harvard Business Review Panel Discussion column, Copyright April 2007 Don Moyer. Disponível em: https://www.flickr.com/photos/36106576@N05/3375216963/. Acesso em: 30 de junho de 2015.

SIMON, H. A. *Comportamento Administrativo*: estudo dos processos decisórios nas organizações administrativas. Tradução de Aluizio Loureiro Pinto. 2. ed. Rio de Janeiro: FGV, 1970.

SIMON, H.M. *Administrative Behavior*. New York, The Macmillan Company, 1957.

SIMON, H.M. Rational decision making in business organizations. *The American Economic Review*, v. 69, 4, Sept, pp. 493-513, 1979.

WALDO, D. O. *Estudo da administração pública*. Rio de Janeiro: Centro de Publicações Técnicas da Aliança Missão Norte-Americana de Cooperação Econômica e Técnica do Brasil (USAID), 1964.

WURMAN, S.R. *Ansiedade de informação*: como transformar informação em compreensão. Cultura editores associados, 1991.

Capítulo 9

SISTEMAS SOCIOTÉCNICOS:
Intersecção de sistemas sociais e técnicos

Fábio Müller Guerrini
Edmundo Escrivão Fliho
Daniela Rosim
Luiz Philippsen Jr. (ilustrações)

Resumo:

Como alinhar sistemas sociais e técnicos para atingir uma otimização conjunta que permita aumentar a eficiência da Organização? Os sistemas sociotécnicos reconheceram que a Organização era formada por sistemas sociais que, para viabilizar as suas ações, utilizam sistemas técnicos. Neste capítulo, você compreenderá como a abordagem de sistemas sociotécnicos mudou o cenário industrial com implicações no projeto de fábrica.

Palavras-chave: Sistemas sociotécnicos, redundância de funções, fábrica de Kalmar.

Objetivos instrucionais:

Apresentar a contribuição dos sistemas sociotécnicos para a compreensão da necessidade de articular sistemas sociais para a utilização de sistemas técnicos.

Objetivos de aprendizado:

Após a leitura deste capítulo, espera-se que o aluno seja capaz de:

❖ Compreender o contexto do desenvolvimento dos sistemas sociotécnicos e seus desdobramentos no projeto de ambientes de trabalho.

Introdução

Durante a 2ª Guerra Mundial, um grupo de cientistas de psicologia social foi formado a fim de desenvolver inovações sociais para problemas operacionais militares. Esse grupo colaborou com a introdução de uma nova percepção do comportamento, com novas ações em temas sensíveis para o desenvolvimento e manutenção do exército durante a guerra, uma vez que os métodos convencionais não estavam sendo bem-sucedidos.

O Instituto Tavistock, que existia desde a Primeira Guerra Mundial como um centro de pesquisa sobre neurose, foi reestruturado em 1941, com a fusão de duas iniciativas do esforço de guerra: o War Office Selection Boards, do qual Eric Trist fazia parte; e o Laboratório Nacional de Treinamentos, conduzido por Kurt Lewin.

O objetivo do War Office Selection Boards era selecionar oficiais com perfil para liderar pequenos grupos coesos em condições de responder às mudanças rápidas e flexíveis para a tomada de decisão. Essa iniciativa introduziu a terapia de grupo na clínica Tavistock (TRIST, 1981).

No Laboratório Nacional de Treinamentos, Kurt Lewin experimentava grupos de clima organizacional[1] e grupos de tomada de decisão, com compromisso para a ação consequente na participação e no desempenho superior do modo democrático. Wilfred Ruprecht Bion, psicanalista inglês que chegou a presidir a Sociedade Britânica de Psicanálise entre 1962 e 1965, pesquisou os fatores inconscientes que impediam os grupos de atingirem seus propósitos e influenciavam a sua capacidade. A questão visada tanto por W. R. Bion quanto por Lewin era a capacidade de grupos pequenos para a autorregulação (TRIST, 1981).

A questão fundamental com que Eric Trist lidava era compreender até que ponto os aspectos sociais eram influenciados por aspectos técnicos na organização do trabalho. A utilização de ferramentas para realizar um determinado trabalho sempre existiu na perspectiva de evolução do homem, mas acentuou-se com a divisão do trabalho e o avanço das medidas de produtividade.

---

[1] De acordo com Schneider (1975), clima organizacional é um acordo interno mútuo de caracterização ambiental das práticas e procedimentos de uma organização.

Origem do conceito e experimentos

Com o final da 2ª Guerra Mundial a economia britânica estava em crise e o governo solicitou ao Instituto Tavistock que definisse um Painel de Fatores Humanos, com o intuito de avaliar e buscar alternativas para a produtividade industrial. O Painel de Fatores Humanos foi dividido em três projetos:

1) Relações interpessoais na empresa, envolvendo a gerência e os trabalhadores, para melhorar a cooperação entre os diferentes níveis hierárquicos;

2) Inovações em práticas de Recursos Humanos, visando a melhoria de produtividade;

3) Educação de Pós-Graduação para formar pesquisadores de campo em Ciências Sociais.

As pesquisas procuravam identificar as condições necessárias para obter o comprometimento do indivíduo no trabalho. A abordagem sociotécnica visa identificar e propor novas formas de organização do trabalho para estimular o compromisso dos indivíduos com a melhoria do desempenho organizacional. Os experimentos do Instituto Tavistock basearam-se em projetos de pesquisa-ação realizados na Glacier Metal Company e minas de carvão (ambos na Grã-Bretanha) e Democracia Industrial na Noruega.

Glacier Metal Company

O experimento na Glacier Metal Company foi conduzido por Elliot Jacques no período de 1948 a 1970 e contou com a participação de 1.300 trabalhadores. Buscou analisar as relações entre os indivíduos e a organização, a fim de tentar estabelecer relações de trabalho construtivas, com base na proposição de intervenções para a solução de problemas causados pela demissão de 250 trabalhadores, ocorrida entre 1948 e 1951 (MARTINS, 2006).

A intervenção baseou-se em três níveis: na estrutura social da empresa, na cultura organizacional e na personalidade dos indivíduos. Jacques acreditava que os três níveis eram interdependentes e precisam ser analisados sistemicamente. Constatou-se que as contradições na personalidade dos indivíduos causavam ansiedade em relação aos diferentes e vários papéis que desempenhavam na empresa. A indefinição de comportamento prejudicava a interação entre os indivíduos e, ao mesmo tempo, atrapalhava a comunicação entre eles e gerava situações de estresse, conflito e ansiedade (MARTINS, 2006).

Essa situação foi superada no momento em que se passou a atribuir maior responsabilidade e autonomia à organização de trabalho dos grupos. O sistema de remuneração foi alterado e incorporou aspectos relacionados à personalidade, atribuições e o período de trabalho, valorizando a iniciativa dos grupos (MARTINS, 2006).

Minas de carvão na Grã-Bretanha

O conceito de sistemas sociotécnicos surgiu do primeiro projeto de pesquisa realizado pelo Instituto Tavistock no setor de mineração de carvão britânico, recém--nacionalizado.

A indústria britânica de minério de carvão apresentava baixos índices de produtividade. O National Coal Board solicitou ao Instituto Tavistock a avaliação da relação entre a baixa produtividade e o baixo moral, e a alta produtividade e o alto moral dos trabalhadores. A ideia inicial era que tanto o sindicato quanto a gerência das minas precisavam estar envolvidos no projeto e colaborar entre si. Mas essa primeira tentativa fracassou, pois nenhuma das duas minas selecionadas para o projeto queria ser identificada como uma mina ruim, e, ao mesmo tempo, o próprio sindicato ficaria em uma situação desconfortável ao admitir que os seus trabalhadores trabalhavam em empregos ruins.

Em uma segunda tentativa, tomando por base o Painel de Fatores Humanos que propunha três projetos, o projeto de Eric Trist estudou a inovação social na indústria. O objetivo era definir projetos baseados em casos reais, com envolvimento de pessoas do sindicato e da gerência da empresa.

Foram selecionados seis pós-graduandos no Instituto Tavistock, dois pertencentes ao sindicato e um pós-graduando que já havia trabalhado em minas de carvão por dezoito anos, Ken Bamforth. Ele conhecia os trabalhadores e o pessoal do sindicato. Em função da sua experiência prévia, conhecia os problemas da organização e determinados experimentos a serem realizados dependiam de uma certa mutualidade entre os pesquisadores e os trabalhadores. O projeto foi aceito e tanto o sindicato quanto a gerência ofereceram cooperação irrestrita. Bamforth era o perfeito complemento ao perfil de Eric Trist, que, por sua vez tinha experiência com os conceitos emergentes das Ciências Sociais.

Após um ano, ao voltar para verificar as condições de trabalho dos mineradores, Bamforth relatou as inovações encontradas na organização do trabalho.

Havia grupos relativamente autônomos cujos membros desempenhavam papéis rotativos, com supervisão mínima. Os grupos cooperavam entre si, havia comprometimento pessoal, baixo absenteísmo, acidentes esporádicos e produtividade alta. Para atingir essas melhorias, a organização do trabalho evoluiu em práticas comuns nos dias não mecanizados. Nesses dias, grupos pequenos autônomos eram responsáveis por todo o ciclo de produção. Conforme a mecanização avançou, essas práticas desapareceram, o que levou ao aumento da divisão do trabalho. O trabalho passou a ser supervisionado externamente de forma coercitiva.

Mas a situação havia mudado consideravelmente no ano que passou. Apesar do alto grau de mecanização, os trabalhadores recuperaram a coesão e a autorregulação do grupo, e participavam das decisões relativas à organização do trabalho.

Os princípios envolvidos nesse novo paradigma de organização do trabalho eram (TRIST, 1981):

1. O sistema de trabalho, que compreende um conjunto de atividades que cumpre um papel funcional, passou a ter um caráter principal;

2. O grupo de trabalho adquiriu uma dimensão importante na manutenção do emprego individual;

3. A regulação interna do sistema pelo grupo tornou-se possível no lugar da regulação externa feita por supervisores;

4. A redundância de funções, que dotava de funções extras cada parte operacional e implicava ociosidade de capacidades em dados momentos. O grau de redundância depende da complexidade do meio ambiente (WOOD JR, 1992). A redundância de partes, por outro lado, caracterizada pela filosofia organizacional subjacente, na qual ocorria a divisão do trabalho em tarefas específicas. O princípio de redundância de funções valorizou a liberdade de escolha dos papéis em vez de prescrever partes dos papéis de trabalho;

5. A relação do indivíduo com a máquina era de complementaridade e não de extensão da máquina;

6. Houve um aumento de variedade de funções tanto para o indivíduo quanto para a organização. Essa seria a semente do conceito de multifuncionalidade no trabalho.

A síntese das constatações de Trist e Bamforth foi que o sistema social não age por si só, ele depende das condições sistema técnico, baseadas em recursos materiais, físicos e tecnológicos, para conseguir atingir a sua finalidade.

Até a identificação desse novo paradigma de organização do trabalho, a abordagem de sistemas sociais, conforme o Movimento das Relações Humanas, e sistemas técnicos, conforme o Movimento da Racionalização do Trabalho, era feita separadamente. As organizações de trabalho existem para realizar o trabalho, o que envolve a utilização de artefatos tecnológicos para realizar um conjunto de tarefas com propósitos gerais especificados.

A reformulação conceitual foi proposta com o objetivo de abordar as organizações como sistemas sociotécnicos, baseados nas pessoas e nos equipamentos. Essas ideias fundamentaram e deram forças para originar um novo movimento de ideias do pensamento administrativo, o Movimento Sistêmico da Administração.

Nesse sentido, as organizações que são primariamente sociotécnicas dependem de maneira direta de seus meios materiais e sociais. Basicamente, há a interface entre um sistema humano que se serve de um sistema não humano. A ideia de sistema é relacionada às interdependências abordadas na Teoria de Sistemas Abertos, proposta por Ludwig von Bertalanffy.

Para levar adiante essas ideias, era necessário conduzir um programa a desenvolver uma teoria conceitual, desenvolver métodos para o estudo analítico das relações entre as tecnologias e formas organizacionais em diferentes configurações, pesquisar critérios para obter a melhor correspondência entre os componentes sociais e tecnológicos; realizar pesquisa-ação para melhorar a correspondência entre os sistemas sociais e tecnológicos; identificar indicadores para medir e avaliar os resultados e maneiras para difundir as melhorias sociotécnicas.

Democracia Industrial Norueguesa

De acordo com Trist (1981), Emery (1959) reformulou a compreensão da relação entre os sistemas sociais e os sistemas técnicos com o foco em conseguir "qualidade de ajuste". Fred Emery foi responsável pelo segundo princípio de projeto do trabalho. O primeiro era baseado na divisão do trabalho, proposta por Adam Smith, na qual o trabalho era decomposto em suas partes fundamentais, a ponto de designar uma única tarefa para um trabalhador desempenhar. Emery chamou esse conceito de "redundância das partes". Emery desenvolveu o conceito de "redundância das funções", segundo o qual um grupo de trabalho com habilidades individuais polivalentes pode organizar o trabalho em torno das tarefas de forma mais eficiente e econômica, com maior satisfação no trabalho, o que ficou conhecido como *otimização conjunta de sistemas sociais e técnicos* (FOX, 1990).

Os sistemas social e técnico são independentes, mas um requer o outro para a transformação de entradas em saídas; isso compreende tarefas funcionais. O relacionamento técnico-social representa um acoplamento de "dissimilares" que podem somente ser otimizados conjuntamente, com risco de provocar a subotimização caso ocorram separados.

Um sistema de trabalho depende de componentes sociais e técnicos como coprodutores para atingir uma meta. As características distintas dos componentes sociais e técnicos devem ser respeitadas, mas há contradições intrínsecas e suas complementaridades permanecerão não realizadas (TRIST, 1981).

Na Figura 9.1 os sistemas sociotécnicos emergem da interdependência entre os sistemas social e técnico.

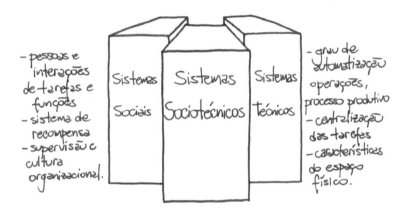

Figura 9.1: Interdependência entre os sistemas social e técnico.

O projeto Norwegian Industrial Democracy foi desenvolvido para a marinha mercante norueguesa, a fim de promover a democratização do ambiente de trabalho, um dos mais autoritários até então. Foi necessário criar espaços sociais comuns, uma vez que os tripulantes de um navio convivem 24 horas por dia em situações diversas, como trabalho, lazer e como residência de cada tripulante. Esse convívio próximo constante causava problemas pessoais entre eles, que ensejavam acidentes de trabalho intencionais (FOX, 1990).

As pesquisas foram conduzidas em um navio experimental, no qual havia a possibilidade de mexer nas diferentes atribuições de trabalho dos tripulantes com vistas à maior interação e intercâmbio de funções entre os diferentes setores e tripulantes do navio, com base no conceito de redundância de funções. Os resultados do projeto refletiram-se em todo ecossistema em torno do navio, alterando, inclusive, o currículo da academia da marinha mercante, o que ficou conhecido como "sistema ecológico-organizacional". Como resultado, Herbst propôs o conceito de *especificação crítica mínima*, o que redefiniu a procedimento de elaboração de projetos de novos navios (FOX, 1990).

Os avanços conceituais envolveram a equipe de pesquisa de Tavistock nas oportunidades de pesquisa-ação que ocorreram durante a década de 1960 (TRIST, 1981).

Em 1976 uma lei norueguesa deu aos trabalhadores o direito de demandar empregos conforme seis princípios psicológicos, que foram originalmente experimentos sociotécnicos no projeto Norwegian Industrial Democracy, propostos por Emery (1964, 1976), para obter o compromisso do trabalhador (MORIN, 2006):

1) O trabalho deve dispor de um conteúdo baseado em variedade e em um nível adequado de exigência, em termos de desafio, não de esforço físico, que articule as competências para a solução de problemas;

2) O trabalho deve propiciar mecanismos de aprendizado contínuo para o trabalhador, pois o trabalhador adquire o senso de crescimento pessoal;

3) O trabalhador deve possuir certo grau de autonomia para a tomada de decisão na área à qual está diretamente vinculado, pois permite a autoavaliação do trabalho, bem como o desenvolvimento do senso crítico;

4) O trabalhador deve ser apoiado em suas atividades e reconhecido pelo grupo pelo seu trabalho, o que valoriza a noção de autoestima e autorrealização;

5) O trabalho deve conduzir a uma contribuição social, para que o trabalhador construa a sua narrativa pessoal e dignidade;

6) O trabalho deve propiciar uma perspectiva de futuro para o trabalhador, em termos de aperfeiçoamento técnico, na esperança de um futuro promissor, o que não significa necessariamente promoção.

Além dos fatores intrínsecos, relacionados com o compromisso do conteúdo do trabalho com a motivação, também foram identificados fatores extrínsecos ligados a conteúdos mais tangíveis como salário, condicionantes físicos e materiais e regras organizacionais (MORIN, 2001).

Deve-se considerar que o modelo sociotécnico de organização do trabalho da Noruega está intimamente associado a (e dependente de) sua estrutura social e política da social democracia.

Modelo de análise do trabalho

Trist (1981) afirma que o reprojeto do trabalho deve considerar, além do trabalho individual, a organização de grupos de indivíduos e a organização dos serviços de apoio.

Pelos resultados do projeto Norwegian Industrial Democracy, conclui-se que, para o ambiente de trabalho favorecer a redundância de funções, era necessário considerar esse princípio no projeto de novos navios. Nesse sentido, o conceito norteador foi o de "especificações críticas mínimas" aplicado por Herbst no projeto de novos navios. Existia a percepção de que havia limites na especificação dos espaços e quesitos físicos de um navio nessa perspectiva democrática. Era necessário fazer especificações mínimas para o início do projeto; conforme o projeto fosse evoluindo e problemas fossem surgindo, eles deveriam ser discutidos e novas especificações mínimas seriam estabelecidas interativamente (FOX, 1990).

Um modelo de análise do trabalho foi derivado do projeto Norwegian Industrial Democracy, baseado em um grupo de ação composto por operários, técnicos e supervisores, selecionado para diagnosticar as causas de disfunções na organização do trabalho.

O modelo de análise do trabalho pode ser sintetizado da seguinte forma (TRIST (1981); GARCIA (1980)):

1) Inicialmente, realiza-se um levantamento dos principais aspectos do sistema em questão, relacionado a planta industrial ou o departamento a ser analisado.

2) Identificam-se as operações que implicam a transformação de insumos em produtos (manutenção, transferência de lugar, transformação, inspeção e estocagem).

3) Identificam-se as possíveis variâncias-chave e suas inter-relações, relacionadas à quantidade ou qualidade da produção, operação ou os custos sociais de produção.

4) Elabora-se um painel de controle de variância em relação ao sistema social.

5) Uma investigação separada é feita na percepção dos membros do sistema social dos seus papéis e das possibilidades de papéis em função de fatores restritivos.

6) Identifica-se a percepção dos sistemas vizinhos, como os participantes percebem e desempenham os seus papéis.

7) Identificam-se os sistemas de apoio pela definição da natureza e do tipo de variações fundamentais relacionadas com as tarefas de apoio, da avaliação da inserção de novas tarefas de apoio para cargos de produção existentes e novos.

8) Especificam-se os sistemas fornecedores e usuários, caracterizando-se as variações importantes, que provêm do sistema fornecedor de insumos; e exportadas, que são produzidas pelo sistema.

9) Avaliam-se os impactos provocados por iniciativas especiais de desenvolvimento.

10) Sugerem-se mudanças, com a consolidação das informações em um modelo analítico como base para um novo programa de mudanças.

Trist (1981) afirma que os grupos autônomos são sistemas de aprendizado. Como as suas capacidades aumentam, eles ampliam o seu espaço de decisão. Nas unidades de produção eles tendem a absorver as funções de controle e manutenção, a tal ponto que se tornam aptos a configurar as suas próprias máquinas.

Pequena empresa:

Projetando pequenas empresas de alto desempenho

Baseado em: HANNA (1988, p.92– 101).

A abordagem dos sistemas sociotécnicos forneceu elementos teóricos que permitiram compreender diversos aspectos da Organização. A aplicação das recomendações de projeto propostas pelos pensadores sociotécnicos na pequena empresa tem um lado pragmático que o empresário da pequena empresa reconhece, pois visa aumentar a produtividade no ambiente de trabalho e a sua eficácia. Um dos preceitos da abordagem sociotécnica é que os resultados nos negócios são fortemente influenciados por fatores sociais, relativos a interações, apoio e supervisão; e por fatores técnicos, relativos a equipamentos, materiais, entre outros.

Na pequena empresa, o dirigente pode se basear em especificações críticas mínimas de projeto para adequar o ambiente de trabalho de forma a promover a integração entre os operários. O controle de variância de processo pode ser implementado para identificar a origem dos problemas. Cada indivíduo pode ser a primeira linha de defesa das suas tarefas e o gerente dos limites relacionados às tarefas.

CAPÍTULO 9 – SISTEMAS SOCIOTÉCNICOS: INTERSECÇÃO DE SISTEMAS SOCIAIS E TÉCNICOS

Um aspecto importante inerente à pequena empresa é que o conceito de operário polivalente pode ser potencializado sistemicamente para toda a força de trabalho, no sentido de dotá-la de maior flexibilidade e adaptabilidade. Como há poucos níveis gerenciais, a pequena empresa pode beneficiar-se promovendo um ambiente que facilite a comunicação entre a gerência e os funcionários, baseado em um fluxo de informação perene, sem barreiras organizacionais. A interdependência de papéis, desempenhados pelas pessoas na empresa, pode se dar em função do conhecimento e da expertise. Os papéis com características interdependentes formam, inerentemente, elos cooperativos. Nesse sentido, deve-se procurar identificá-los e facilitar a sua interação. Os sistemas sociais podem ser projetados para reforçar as intenções de comportamento direcionadas para uma nova estrutura, a fim de atingir resultados que se baseiem na qualidade de vida no trabalho. Em outras palavras, procurar a otimização conjunta entre as necessidades individuais e da Organização.

Administração também é cultura:

Blitzkrieg

A motivação inicial para formar essas equipes baseou-se na eficiência das Unidades Panzer do exército alemão. As Unidades Panzer utilizavam o conceito de "Guerras Relâmpago" (em alemão, *Blitzkrieg*), desenvolvido pelo general Erich von Manstein. O *Blitzkrieg* utilizava tanques de guerra para ataques-surpresa, rápidos e com uma força desproporcional para desmoralizar e desorganizar as forças inimigas. Segundo Trist (1981), as divisões Panzer demonstraram como pequenos grupos, com objetivos bem definidos e baseados na interação homem-máquina, podiam ser eficazes.

Em função do uso intensivo de tanques para movimentação da infantaria, o caráter necessário de liderança militar era diferente na Segunda guerra Mundial. As unidades de reconhecimento na artilharia eram formadas por pequenos grupos que precisavam mudar de funções com grande flexibilidade, para aproveitar as oportunidades. As comunicações entre os oficiais e os soldados eram próximas, o que demandava boas relações pessoais e confiança mútua (FOX, 1990). Havia muitas decisões a ser tomadas e era importante que as pessoas recrutadas para o serviço militar tivessem iniciativa, flexibilidade, inteligência e habilidades sociais. Esses eram os aspectos considerados pelo War Office Selection Boards.

Os soldados que retornavam do front relatavam admirados a capacidade de liderança dos alemães. Os soldados ingleses, cientes de sua capacidade inferior, relataram que o momento mais expressivo desse sentimento foi quando os oficiais ingleses, ineptos diante da ofensiva das unidades Panzer, mandaram os soldados atacarem os tanques com baionetas (FOX, 1990). Essas experiências do front de guerra foram trazidas para o ambiente industrial quando se iniciaram as pesquisas sobre as interações entre os grupos.

Caso:

Volvo Company como materialização do modelo sociotécnico

A Volvo Company foi fundada em 1926 por Assar Gabrielsson e Gustaf Larson, com o objetivo de produzir veículos automotores para as condições climáticas da Suécia e as péssimas condições das estradas da época. As fábricas da Volvo de Kalmar, Torslanda e Uddevalla foram as maiores experiências intencionais de aplicação do modelo sociotécnico proposto por Eric Trist. As inovações sociotécnicas foram paulatinamente aprimoradas desde a fase de projeto das plantas de Kalmar em 1974, Torslanda em 1980-81 até atingir o seu ápice conceitual em Uddevalla em 1989. Na organização do trabalho as fábricas passaram a incorporar os seis princípios psicológicos propostos por Emery para definir o perfil de emprego nas fábricas, no conceito de autorregulação e grupos autônomos de trabalho. As fábricas suecas nesse período já apresentavam um conteúdo de automatização elevado para os padrões mundiais.

A fábrica de Kalmar

Luiz Philippsen Jr.

Em 1974 é inaugurada a fábrica da Volvo na Suécia localizada na cidade de Kalmar, buscando romper com a concepção da linha de produção tradicional – paradigma da indústria automobilística desde o apogeu da River Rouge Plant, de Henry Ford, no começo do século XX.

Diferente da concepção fordista, na qual milhares de operários executam sua atividade em um grande ambiente, de forma repetida, fragmentada e sistematizada, enquanto a linha de montagem carrega o automóvel ou os componentes em uma velocidade determinada, Kalmar buscou, por meio da inovação de seu espaço, a aplicação do modelo sociotécnico proposto por Trist (GRANATH, 1992).

Camarotto (1998) destaca que, ao mesmo tempo em que engenheiros e arquitetos buscavam a potencialidade de novos materiais e elementos estruturais, pouca atenção foi dada aos aspectos funcionais e estéticos das indústrias que surgiam no século XX.

Em Kalmar, a linha de produção tradicional é substituída por um sistema flexível de produção buscando um arranjo espacial do layout da fábrica (CAMAROTTO, 1998). Com a introdução dos princípios de Trist e a concepção sociotécnica, a Volvo por meio da edificação de Kalmar consolida um posicionamento divergente do padrão fabril vigente (GRANATH, 1992, 1998) baseado no Movimento da Racionalização do Trabalho. Assim como nas experiências posteriores em fábricas da Volvo na Suécia (Torslanda e Uddevalla), Kalmar apresenta aspectos de humanização do trabalho refletidos em seu layout e ligados à produção; pela primeira vez verificados em edificações industriais – entre esses aspectos destacam-se (CAMAROTTO, 1998; GRANATH, 1992, 1998): *design* funcional buscado pelo projeto arquitetônico da fábrica; flexibilidade da planta para diferentes arranjos da produção; materiais adequados, específicos e pensados conforme o ambiente, como pavimentação e teto; áreas de serviços (refeitório, vestiários, sanitários e estoque, por exemplo) convenientemente situadas; boa luminância interna, inclusive com aproveitamento da iluminação natural; ventilação e temperatura adequadas; análise acústica e estudo de geração de ruídos; área de descanso dotada de mobiliário para descanso, telefone, entre outros equipamentos de lazer.

Por meio de um projeto arquitetônico especialmente desenvolvido em conformidade com as premissas sociotécnicas, a Volvo procurava resolver um problema observado de alto absenteísmo, alta rotatividade de trabalhadores – uma das maiores em relação aos países desenvolvidos –, além da pouca atração de jovens interessados em trabalhar na empresa, em particular na produção. Importante contextualizar que tais aspectos estavam diretamente relacionados à baixa taxa de desemprego observada na Suécia no período (NEW YORK TIMES, 1991).

A Figura 9.2 apresenta o croqui da planta da fábrica de Kalmar.

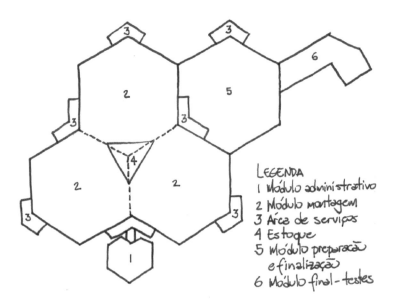

Figura 9.2: Croqui da planta da fábrica de Kalmar. Adaptado de: CAMAROTO (1998).

O partido arquitetônico de Kalmar foi desenvolvido pela junção de diversos blocos hexagonais interligados, porém independentes, com acesso e áreas de serviços próprias. Em toda a fachada lateral do hexágono grandes superfícies envidraçadas foram projetads, com vista para o ambiente externo – a própria produção localizava--se próxima a essas superfícies, com auxílio de carros de montagem eletronicamente guiados (AGVS).

As longas linhas de produção *fordista* foram substituídas na concepção projetual por espaços menores, nos quais a fila de operários deu lugar para equipes ou times de produção. O próprio mobiliário e as estações de trabalho no ambiente foram adequados à nova concepção de produção (GRANATH, 1992).

Granath (1992) destaca que, durante o desenvolvimento dos projetos de Uddevalla e adequação da fábrica de Torslanda, posteriores à Kalmar, a visão compartilhada pela administração da Volvo, em conjunto com os sindicatos da Suécia, podia ser definida como "uma abordagem holística para um ambiente de trabalho eficiente, com qualidades humanas para a fabricação de produtos de qualidade", assim como "a tecnologia, informação do processo e aspectos ambientais devem ser integrados em toda a fábrica" (GRANATH, 1992).

CAPÍTULO 9 – SISTEMAS SOCIOTÉCNICOS: INTERSECÇÃO DE SISTEMAS SOCIAIS E TÉCNICOS

Dessa forma, Camarotto (1998) destaca que a edificação industrial, na medida em que tem a função de acondicionar um sistema de produção específico, também está diretamente ligada ao conjunto de condicionantes que envolvem o processo de trabalho industrial, sejam o próprio espaço de trabalho e de movimentação do operário e até mesmo seu conforto e produtividade (CAMAROTTO, 1998). As fábricas suecas da Volvo introduziram no contexto industrial a relação entre produção e espaço físico.

A fábrica de Uddewalla

No projeto da planta de Uddewalla, houve a participação dos sindicatos de trabalhadores, por solicitação do governo sueco, para definir como seria a organização do trabalho de forma a garantir empregos e qualidade nas condições de trabalho. O projeto era centrado nas necessidades humanas e o sindicato impôs quatro premissas de projeto: o ciclo de trabalho deveria ter uma duração máxima de 20 minutos, o ritmo de trabalho não seria fixado pela máquina, a montagem seria estacionária, dispensando esteiras rolantes ou móveis, o tempo da operação de montagem do veículo limitava-se a 60% do tempo de trabalho. Essa última premissa não foi atendida (BONDARIK e PILLATI, 2007).

O layout da edificação continha um armazém central, responsável pela distribuição de matéria-prima e componentes de forma automatizada para seis centros de produção independentes, para a fabricação de quarenta mil carros por ano. Em 1989, a planta incluía mil empregados. Em cada centro de produção havia por volta de oito a dez grupos (com uma média de oito a dez pessoas por grupo) (BUENO e OLIVEIRA, 2009).

As equipes de trabalho eram autogeridas, o líder era eleito pelos seus pares e os membros da equipe participavam do processo de contratação de novos funcionários. As equipes ocupavam uma área preestabelecida para a montagem dos veículos, que permitia a participação e interação de todas as equipes. Cada grupo pode montar três veículos simultaneamente. O controle de qualidade, custos e manutenção era realizado pelas equipes, sem qualquer supervisão externa. Dessa forma, cada funcionário era capacitado a executar diversas funções (BONDARIK e PILATTI, 2007).

As inovações em termos de ergonomia e condições de trabalho permitiram que a planta de Uddevalla atingisse o maior nível de qualidade entre as plantas da Volvo. Os custos de capacitação técnica eram menores do que nas outras fábricas da Volvo e a flexibilidade permitia uma adequação mais rápida da produção. Mas a produtividade ainda era menor do que nas fábricas de Kalmar e Torslanda (BUENO e OLIVEIRA, 2009).

A planta de Uddevalla da Volvo promoveu a combinação da produção manual com o alto grau de automação, o que aumentou a flexibilidade tanto em termos de produto quanto em termos de processo (WOOD JR., 1992).

A Figura 9.3 apresenta o croqui da planta de Uddevalla.

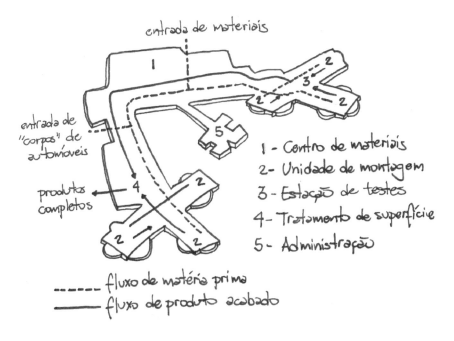

Figura 9.3: Croqui da planta de Uddevalla. Adaptado de: HANCKE (1993).

Esse princípio teria a sua denominação própria "autonomação" no Sistema Toyota de Produção, que conforme Ohno significava, "automação com um toque humano". Assim como conceito de operário polivalente desenvolvido pela Volvo, seria denominado como operário multifuncional no Sistema Toyota de Produção.

Considerações finais

Trist (1981) afirma que a diferença básica da abordagem sociotécnica em relação às organizações burocráticas tradicionais está relacionada ao princípio de projeto, em como o conceito de redundância é utilizado. Nas organizações burocráticas a redundância é das partes e tem um caráter mecanístico, visa sua eliminação, pois é um desperdício e contra a racionalização. A divisão do trabalho quebra as tarefas em partes tão simples que não há necessidade de o trabalhador compreender o que está fazendo, o que o torna passível de ser substituído por outro a qualquer momento. Nos sistemas sociotécnicos, a redundância de funções é orgânica, e cada componente apresenta um repertório multifuncional, o que garante uma flexibilidade adaptativa maior. Em ambientes baseados em padrões rápidos de mudança em função do aumento de complexidade e da incerteza, o potencial inovativo depende da flexibilidade adaptativa. E a redundância é fonte de aquisição de conhecimento.

Os sistemas sociotécnicos partem da premissa de que o processo de trabalho é composto por partes interdependentes, baseado em mecanismos de autorregulação interna do trabalho em grupo, que interage com o ambiente externo e adota metodologias participativas e de aprendizagem contínua com base no diagnóstico do sistema social. A interação entre o sistema social e o sistema técnico permite que os objetivos sejam atingidos. Observa-se a valorização das funções, bem como a atribuição de responsabilidades, o que garante a atuação de grupos semiautônomos com flexibilidade adaptativa para explorar o potencial de inovação.

A operacionalização da abordagem dos sistemas sociotécnicos baseou-se em algumas premissas com foco no sistema de trabalho, em detrimento ao trabalho individual; no grupo de trabalho, em detrimento ao indivíduo que realizava uma tarefa; na regulação interna do trabalho, em contraposição à regulação externa; na definição de critérios para o trabalho, em contraposição ao caráter prescritivo; e na redundância da funções em contraposição à redundância das partes (FOX, 1990). A contribuição dos cientistas sociais que desenvolveram a abordagem sociotécnica foi a concepção da combinação mais eficaz entre a tecnologia, a Organização e as pessoas.

Roteiro de aprendizado

Questões

1. Por que a abordagem dos sistemas sociotécnicos pode ser classificada como um novo paradigma de trabalho?

2. Explique em linhas gerais a contribuição dos resultados obtidos na pesquisa da Glacier Metal Company.

3. Explique em linhas gerais a contribuição dos resultados obtidos na pesquisa nas minas de carvão.

4. Explique em linhas gerais a contribuição dos resultados obtidos na pesquisa no projeto "Democracia Industrial Norueguesa".

5. Qual é a diferença entre a redundância de funções e a divisão do trabalho em tarefas?

6. Explique o modelo sintetizado por Eric Trist da abordagem dos sistemas socio-técnicos.

Exercício

1. Explique a abordagem dos sistemas sócio-técnicos na Figura 9.1.

2. Comente as principais inovações propostas na planta de Kalmar na Figura 9.3.

3. Comente as principais inovações da planta de Udewalla na Figura 9.4.

Pensamento administrativo *em ação*

Estamos no início dos anos 1960 nos EUA, você é um consultor e ouve o presidente da empresa: "meus engenheiros e meus psicólogos não se entendem, uns me aconselham a fazer uma coisa e os outros me aconselham a fazer o inverso.

Para os engenheiros, a organização parece uma máquina, eles têm uma tendência em esperar que a organização opere de maneira rotinizada, eficiente, confiável e previsível. Basta especificar o método de trabalho que a engrenagem dos cargos e tarefas, impulsionada pelo planejamento, gira sozinha.

Os psicólogos têm a tendência em esperar que a organização opere de maneira a regular as necessidades pessoais, em buscar a estabilidade. Eles parecem se preocupar

ELSEVIER   CAPÍTULO 9 – SISTEMAS SOCIOTÉCNICOS: INTERSECÇÃO DE SISTEMAS SOCIAIS E TÉCNICOS   **195**

somente com a importância das necessidades sociais no local de trabalho e a forma pela qual os grupos de trabalho podem satisfazer a essas necessidades. Os gerentes não precisam planejar, basta ouvir e aconselhar as pessoas".

Você intervém e diz: "As teorias clássicas de engenheiros e psicólogos na administração definem a organização com uma entidade autocontida, concentrando-se apenas nas operações internas (tarefas, hierarquia, relações informais) sem referência ao ambiente externo.

Eu penso que a organização mantém um relacionamento dinâmico com seu ambiente e recebe várias entradas, transforma essas entradas em saídas. Entendida com uma entidade social, as interações entre seus componentes afetam a organização como um todo; além de ajustar-se ao seu ambiente mudando a estrutura e os processos dos seus componentes internos.

Os engenheiros dão ênfase aos aspectos técnico-econômicos e os psicólogos, aos aspectos psicossociais.

Na visão que estou descrevendo, o administrador lida com incertezas e ambiguidades, vive a preocupar-se com o ajuste da organização a novos requisitos, sempre em mudança. Ele precisa unificar e equilibrar os vários componentes da organização e suas atividades com as demandas do ambiente."

O presidente pede a você, consultor contratado pela empresa, o diagnóstico, os fundamentos dos conceitos que comentou anteriormente e a apresentação da solução.

Para responder a essa questão, veja alguns argumentos de alunos:

– *Com base em uma comunicação eficiente entre os engenheiros e os psicólogos, seria possível propor mudanças e melhorias diante da situação observada.*

– *Tal comunicação deve ser sustentada por uma liderança que coordenaria tal diálogo.*

– *Seriam implantados indicadores de modo a analisar a conduta e o sentimento em relação ao trabalho da empresa (compreensão das relações sociais no ambiente de trabalho), além de acompanhar funcionários, ouvir seus anseios e desejos.*

– *Os dois setores e a direção da fábrica devem se familiarizar com os experimentos feitos na administração de fábricas e grupos, pois isso conclui o equilíbrio entre o cuidado individual e a preocupação com maiores resultados como o melhor para a empresa.*

Administração multimídia

Vídeos

A Conversation with Eric Trist. YouTube: https://www.youtube.com/watch?v=OEM aSTOrqBA

Kalmar Volvo. Acessível no YouTube: https://www.youtube.com/watch?v=aI7ornr CKnM

50 Years of production: Volvo Torslanda Plant in Gothenburg. Acessível no YouTube: https://www.youtube.com/watch?v=hw5RXZuPqdg

Referências

BERGGREN, Christian, "The Volvo Experience – Alternatives to Lean Production in the Swedish Auto Industry", Wiltshire (RU), Antony Rowe, Ltd., 1994.

BONDARIK, R.; PILATTI, L. A. *Implantação da fábrica de Uddevalla*: o modelo Volvo de produção industrial. In: IV Encontro Paranaense de Empreendedorismo e Gestão Empresarial, 2007, Ponta Grossa. Anais do IV EPEGE, 2007. pp. 1-8.

BUENO, A.F.; OLIVEIRA, R.A. *Sistema Volvo de produção*: uma evolução na manufatura automobilística ou uma tentativa fracassada de produção sociotécnica. XXXIX Encontro Nacional de Engenharia de Produção: a Engenharia de Produção e o desenvolvimento sustentável (anais eletrônico). Salvador, BA, Brasil, out., 2009.

CAMAROTTO, J. A. *Estudo das relações entre o projeto de edifícios industriais e a gestão da produção*. 1998. 264 f. Tese (Doutorado em Arquitetura e Urbanismo) – Faculdade de Arquitetura e Urbanismo, Universidade de São Paulo, FAU/USP, 1998.

FOX, W.M. Na interview with Eric Trist, father of the sociotecnical systems approach. *The journal of applied behavioral science*, v. 6, n. 2, pp.259-279, 1990.

GARCIA, R.M. Abordagem sociotécnica: uma rápida avaliação. *Revista de Administração de Empresas*, 20 (3), p.71- 77, jul.set., 1990.

GRANATH, J. A. Design process: combining social and lean principles. In: International seminar on industrial buildings: unrevealed potentials, 1992, Vienna. *Anais...* Viena: Report, 1992, pp. 1-8.

GRANATH, J. Torslanda to Uddevalla via Kalmar: a journey in production practice in Volvo. In: *Reestruturação produtiva, flexibilidade do trabalho e novas competências profissionais*, 1998, Rio de Janeiro. Anais... Rio de Janeiro: COPPE/UFRJ, 1998, pp. 1-15.

HANCKE, Bob, "The Volvo Plant in Uddevalla", Doc. Polic. da Harvard University e Department of Political Science MIT, Appril 1993.

HANNA, D. P. *Designing organizations for high performance*. Massachusetts, Addison-Wesley, 1988.

MARTINS, D.C. *Abordagem sociotécnica*: revisão da literatura. Slideshare, 2006.

MORIN, E. Os sentidos do trabalho. *RAE- Revista de Administração de Empresas*, v. 41, n.3, p. 8- 19, jul-set, 2001.

SCHNEIDER, B. *Organizational climate*: An essay. Personnel Psychology, 28, 1974, p. 447-479.

THE NEW YORK TIMES. Edges Fray on Volvo's Brave New Humanistic World. Disponível em: < http://www.nytimes.com/1991/07/07/business/edges-fray-on-volvo-s--brave-new-humanistic-world.html>. Acesso em: 28 de abr de 2015.

TRIST, E. The evolution of socio-technical systems. *Occasional paper*, no 2, 1981.

WOOD JR., T. Fordismo, toyotismo e volvismo: os caminhos da indústria em busca do tempo perdido. *RAE- Revista de Administração de Empresas*, v. 32, n.4, pp. 6- 18, set-out, 1992.

Capítulo 10

TECNOLOGIA E ESTRUTURA:
A influência da tecnologia na estrutura organizacional

Fábio Müller Guerrini
Edmundo Escrivão Filho
Daniela Rosim
Luiz Philippsen Jr. (ilustrações)

Resumo:

Como a tecnologia influencia a estrutura organizacional? A contingência baseou-se na premissa de que diferentes empresas demandavam diferentes soluções gerenciais. Joan Woodward foi pioneira na identificação do efeito da complexidade técnica na estrutura. Conforme esta constatação, outros pensadores propuseram abordagens baseadas em disposição das atividades no processo produtivo e padrões técnicos.

Palavras-chave: contingência, tecnologia, estrutura.

Objetivos instrucionais:

Apresentar a contribuição da abordagem contingencial referente à influência da tecnologia na estrutura organizacional.

Objetivos de aprendizado:

Após a leitura deste capítulo, espera-se que o aluno seja capaz de:

❖ Compreender a abordagem contingencial no tocante à importância da tecnologia como fator determinante na estrutura organizacional.
❖ Compreender que diferentes Organizações demandam diferentes soluções gerenciais

Introdução

A contribuição britânica para a Teoria das Organizações teve forte impulso com as pesquisas do Instituto Tavistock, na abordagem sociotécnica e, com Burns e Stalker, no tocante à gerência da inovação. Joan Woodward, do South Essex College of Technology, liderou um grupo de pesquisas de Relações Humanas. Em 1953, esse grupo chegou ao consenso de que a velocidade de grande parte dos avanços tecnológicos estava relacionada com a extensão da solução de problemas sociais e econômicos resultantes de tais avanços.

Em termos contemporâneos, é possível perceber as mudanças causadas pela tecnologia em qualquer setor da sociedade. Neil Postman já afirmara em seu livro *Tecnopólio* que a tecnologia nunca é neutra, as novas tecnologias causam mudanças irreversíveis na sociedade.

Entretanto, em 1953, a Comissão de Relações Humanas conduziu um projeto por quatro anos para o levantamento em cem empresas da região do Essex College, na Inglaterra.

A pesquisa considerou o número de níveis hierárquicos, a amplitude de controle dos supervisores e o volume de comunicações com o intuito de verificar os pressupostos relacionados à Estrutura da Gerência Administrativa (os ensinamentos de Fayol). A premissa era de que as empresas com desempenho financeiro melhor deveriam ter a mesma forma estrutural.

Entretanto, os resultados demonstraram que as empresas tinham diferentes estruturas organizacionais em situações administrativas semelhantes, o que gerava variações nos resultados empresariais. Este projeto era parte de um programa cujo objetivo era "acelerar o desenvolvimento das Ciências Sociais na indústria e no comércio".

Segundo Joan Woodward, a principal conclusão do projeto comprovava empiricamente uma descoberta de Thorstein e Veblen, de 1904, na qual a tecnologia e a estrutura estavam relacionadas. A tecnologia condicionava o comportamento no trabalho e a estrutura organizacional.

A relação entre Tecnologia e Estrutura

A pesquisa envolveu cem empresas diversificadas em tamanho (cem a oito mil empregados) e em negócios. O escopo de informações coletadas também variou em função do tamanho das fábricas. Havia empresas que tinham diversas plantas fabris, enquanto outras só tinham uma.

Inicialmente o levantamento das informações foi baseado na história, experiência e objetivos, descrição dos métodos e processos de fabricação, formas e rotinas pelos quais a empresa era organizada e operada, além de fatos e números que poderiam ser usados para avaliar o sucesso comercial das empresas. Todas as informações foram detalhadas e as empresas foram categorizadas, fazendo-se uma análise detalhada da estrutura do trabalho. Nos departamentos de produção os níveis hierárquicos variavam bastante.

Na comparação com fábricas de diferentes tamanhos, os fatores históricos foram analisados e não houve conclusão a respeito. Ao relacionar as diferenças tecnológicas e as estruturas organizacionais, apesar de a tecnologia não ser a única variável relevante, a influência da tecnologia sobre a estrutura organizacional era grande. A diversidade de tamanho e as circunstâncias de desenvolvimento histórico das empresas não foram determinantes para que se chegasse a alguma conclusão.

A quantidade de níveis hierárquicos variava bastante (2 a 8), em função do tamanho das empresas. A amplitude de controle baseada nos supervisores demonstrava uma variação inversamente proporcional ao tamanho da empresa. Quanto maior o número de níveis hierárquicos, menor era a amplitude de controle dos supervisores. O volume de comunicações escritas aumentava proporcionalmente ao tamanho da empresa. Quanto maior a empresa, maior a quantidade de níveis hierárquicos, o que demandava um maior volume de comunicações por escrito. A formalização das relações aumentava em função do porte da empresa, bem como a extensão da divisão de funções entre especialistas.

O grupo de pesquisa de Woodward identificou que os diferentes estágios tecnológicos entre as empresas tinham relação com as estruturas organizacionais, o que pode ser determinante na definição de objetivos empresariais, em função do produto a ser produzido e do mercado. A grande contribuição da pesquisa foi compreender que os diferentes sistemas de produção (unitária e de pequenos lotes; grandes lotes e em massa; e por processo) apresentam graus diferentes de complexidade técnica.

Em termos de engenharia, esse tipo de classificação de sistemas de produção permite caracterizar as necessidades organizacionais em função das necessidades técnicas do chão de fábrica. A evolução da produção discreta (intermitente) para a produção contínua está relacionada com o aumento da complexidade tecnológica do equipamento, aumento da repetitividade das operações, aumento do volume de produtos de produzidos e uma diminuição da variedade.

A Figura 10.1 apresenta a classificação dos sistemas de produção.

Figura 10.1: Classificação dos sistemas de produção.

Os critérios que definem os sistemas de produção podem ser: quantidades fabricadas, grau de continuidade do processo, arranjo físico do processo produtivo, tipologia da estrutura de produtos e a relação com os clientes. O arranjo físico do processo produtivo estabelece a disposição e o agrupamento dos recursos de produção. Há três arranjos organizacionais básicos a serem considerados: o arranjo funcional ou

ELSEVIER CAPÍTULO 10 – TECNOLOGIA E ESTRUTURA 203

orientado por processo, arranjo em linha ou orientado por produto e arranjo celular para pequenos lotes de produção. O tipo de arranjo físico determina o grau de proximidade entre as pessoas no ambiente de trabalho. O fluxo de trabalho determina se há a necessidade de as pessoas conversarem entre si. O projeto das atividades de trabalho define a dinâmica de relacionamento interpessoal e, consequentemente, o sentimento dos indivíduos. Woodward constatou também que a sequência das funções de desenvolvimento do produto, de produção e de marketing variava de acordo com a complexidade técnica dos sistemas de produção.

Sistema de produção unitária e de pequenos lotes

O sistema de produção unitária e de pequenos lotes foi subdividido por Woodward (1967) em: produção de unidades de acordo com a especificação do cliente; produção de protótipos; produção por etapas de grandes equipamentos; produção de pequenos lotes sob encomenda do cliente. O sistema de produção unitária apresenta uma estrutura hierárquica e a linha de autoridade bastante restrita. Os administradores estão próximos das operações de chão de fábrica e o controle das atividades tem um caráter direto. Há grupos de trabalhadores qualificados cujo contato com o supervisor é mais pessoal e frequente.

A produção em lotes gera uma quantidade limitada (lote de produção) de um produto a cada vez, limitando a capacidade de produção de bens/serviços genéricos de diferentes características. Em cada lote de produção, as ferramentas devem ser modificadas e arranjadas para atender aos diferentes produtos/serviços. Esse tipo de sistema é utilizado por uma grande variedade de indústrias: têxtil, cerâmica, de motores elétricos. O projeto do trabalho deve especificar profissionais qualificados em habilidades específicas.

Conforme constatou Woodward (1967), a interação entre as funções de desenvolvimento, produção e marketing é dirigida para o relacionamento mais próximo com o cliente, a fim de adequar o projeto do produto às suas necessidades. O planejamento e controle estão em um mesmo departamento e havia a sensação generalizada de estabilidade no trabalho. Os administradores e supervisores responsáveis pelo desenvolvimento e marketing precisam cooperar intensamente e as atividades departamentais dependem de uma integração diária baseada em contatos pessoais e na permeabilidade de comunicação entre todos os níveis hierárquicos da empresa. A administração é responsável por criar um mecanismo de coordenação de trabalho.

Sistema de produção de grandes lotes e em massa

O sistema de produção de grandes lotes e em massa foi subdividido por Woodward (1967) em: produção de grandes lotes, produção de grandes lotes em linhas de montagem e produção em massa.

Na produção de grandes lotes e em massa há um número menor de níveis hierárquicos e o número de trabalhadores do chão de fábrica é proporcionalmente maior do que as pessoas ligadas à administração. Entretanto, a complexidade da hierarquia reflete-se nas áreas de apoio e controle. Em função da baixa qualificação profissional dos trabalhadores, é necessária uma amplitude de controle grande. As comunicações são feitas de maneira mais formal, por escrito, e as funções desempenhadas na empresa têm um maior grau de especialização e descrição. O projeto do trabalho deve considerar funcionários especializados em desempenhar uma ou poucas tarefas.

A produção em massa com a fabricação em grande escala e com pequeno grau de diferenciação é dita pura quando existe uma linha ou conjunto de equipamentos específicos para um produto final, e denominada "em massa com diferenciação" quando permite a diferenciação dos produtos. Essa tendência tem se verificado na instalação de plantas industriais dedicadas a produtos específicos, tais como a produção de motores de um determinado modelo de automóvel, a montagem de um modelo específico. No caso das grandes corporações multinacionais, as unidades espalhadas pelo mundo têm disputado a excelência de produção de um determinado produto para tornar-se a única unidade a fabricá-lo em escala mundial.

Conforme Woodward (1967) constatou, mesmo recebendo pedidos de clientes, a maioria dos pedidos baseia-se em previsões de venda, de horizonte anual. A sequência de operações é desenvolvimento de produtos, produção e marketing. Apesar de ser necessário que essas diferentes áreas da empresa colaborem entre si, as barreiras organizacionais e os interesses específicos dificultam a comunicação entre os níveis da hierarquia. A área funcional de pesquisa e desenvolvimento mantém o foco nas pesquisas em detrimento dos problemas cotidianos, com os quais a produção tem que lidar, pois os produtos estabelecidos são responsáveis mais diretamente pelo desempenho financeiro. Essa integração entre as áreas de pesquisa e desenvolvimento e produção só ocorre de fato quando há o desenvolvimento de um produto novo, que deve atender a requisitos técnicos e financeiros.

Sistema de produção por processo

O sistema de produção por processo é subdividido por Woodward (1967) em: produção intermitente de produtos químicos em fábricas multifuncionais; produção de fluxo contínuo de líquidos, gases e substâncias cristalinas.

Nesse tipo de sistema de produção predomina a administração baseada em conselhos e comitês, cuja hierarquia apresenta um perfil mais longitudinal, em detrimento da autoridade de linha. Como as operações são padronizadas ao extremo, a quantidade de pessoas dedicadas à administração é proporcionalmente maior do que a de trabalhadores na linha de produção se comparada com outros sistemas de produção.

A pesquisa de Woodward (1967) constatou que, no sistema de produção por processo, o desenvolvimento tem três estágios distintos e autônomos. Os laboratórios de P&D apresentam controles separados e há uma área tecnológica para os estágios finais de desenvolvimento do produto. Os laboratórios de pesquisa são direcionados para a pesquisa pura, sem vínculo direto com o cotidiano. Há poucas atividades de coordenação, mesmo na comunicação entre o desenvolvimento do produto e outras atividades da empresa, no sentido de manter sigilo industrial. Os laboratórios de desenvolvimento são responsáveis pela aplicação do conhecimento, e nesse caso há permeabilidade de informações com as outras atividades de fabricação. A área tecnológica é responsável, entre outras atribuições, por garantir a comunicação entre a produção e as outras áreas. As diferentes etapas são mais interdependentes do que em qualquer outro sistema de produção.

Produção intermitente

O sistema de produção intermitente ocorre quando um grande número de produtos deve ser produzido, de maneira que os centros de processamento devem sempre mudar conforme o produto (flexibilidade). Esse sistema é dividido em dois tipos, conforme o fluxo das atividades: *flow shop*, quando os produtos fabricados em uma célula de manufatura têm a mesma sequência de operações nas máquinas: *job shop*, quando os produtos têm diferentes sequências de operações nas máquinas.

A mão de obra e os equipamentos são organizados em centros de trabalho de acordo com habilidades, equipamento ou operação, por um arranjo físico por processo ou funcional. Os equipamentos permitem adaptações para se adequarem às características inerentes à fabricação de um produto específico. A mão de obra deve estar apta a operar, ajustar e fazer a manutenção do equipamento, para minimizar as perdas referentes a troca de ferramentas, movimentação de equipamentos, e manutenção.

As tarefas do planejamento e controle de produção (carregamento, sequenciamento e programação) são importantes para minimizar os custos de estoques, tempo de ciclo de produção.

As características da produção intermitente são: a maioria dos produtos é fabricada em pequenas quantidades; as máquinas são agrupadas por funções; as ordens de produção e as instruções são detalhadas; o estoque de matérias-primas e de produtos em vias de fabricação são elevados.

Produção de fluxo contínuo

A produção de fluxo contínuo, ou mais comumente chamada de produção contínua, ocorre sem alterações por um longo período. As operações são executadas sem interrupção ou mudança e o ritmo de produção é acelerado. A produção apresenta um fluxo linear, os produtos são padronizados e seguem uma sequência predeterminada de uma estação de trabalho para outra. O balanceamento da linha de produção é fundamental para que as operações mais lentas não atrasem o processo como um todo. Os processos tendem a ser automatizados e as diferenciações, pequenas ou inexistentes.

As linhas de produção são eficientes como resultado da substituição em massa da mão de obra por máquinas e da padronização de procedimentos de trabalho para as atividades repetitivas restantes. Em função do investimento necessário na compra de máquinas e nos processos de automação da linha de produção, os volumes de produção devem ser bem elevados para amortizá-lo. As alterações na linha de produtos e no volume de produção envolvem custos elevados. A implantação de sistema de produção contínuo deve considerar o ciclo de vida do produto, analisando os riscos de obsolescência, a repetitividade das operações e a tolerância dos funcionários para executá-las e as mudanças relativas à inovação tecnológica.

As características da produção contínua são: trata quantidades em grande escala, de produtos pouco ou não diferenciados; utiliza linhas de produção; as máquinas têm finalidades específicas; os operadores são pouco especializados; o estoque de matérias-primas e produtos em vias de fabricação é pequeno; a manutenção preventiva é obrigatória; a circulação dos produtos é rápida; e o grau de automação é alto.

Desdobramento da relação Tecnologia e Estrutura

A influência da tecnologia sobre a estrutura organizacional pesquisada por Woodward (1967) tem como ponto de partida a escala de "complexidade tecnológica" que, em certa medida, limita-se a identificar diferentes sistemas produção (unitária, em massa e lotes e contínua) como elementos que caracterizam tal "complexidade tecnológica". Em todos os casos, estamos falando de organizações baseadas no princípio fordista de produção em massa, no qual a escala de produção permite minimizar os custos de produção do produto e, com isso, obter uma economia de escala. Em uma sistematização bastante simplista, essa caracterização de complexidade tecnológica ocorre em função do sistema de produção.

Além da classificação de Woodward (1967) por complexidade tecnológica, em referência aos sistemas de produção, outras classificações tornaram-se bastante difundidas para evidenciar a relação entre Tecnologia e Estrutura.

Disposição de atividades no processo produtivo

James D. Thompson partiu da definição de uma proposição geral para o qual a tecnologia disponível em relação a determinados objetivos organizacionais enseja estruturas apropriadas para as organizações (LOBOS, 1976). Com base nessa proposição, Thompson classificou a tecnologia com base na disposição de atividades do processo produtivo como sequencial, mediadora e intensiva.

A tecnologia sequencial baseia-se na interdependência de atividades processadas em sequência. Uma determinada atividade C só pode ser executada após a execução da atividade B, que por sua vez depende da execução da atividade A. O exemplo clássico é a linha de montagem. A tecnologia sequencial tem a sua efetividade ideal quando processa um único tipo de produto padronizado de modo repetitivo. A repetitividade permite acumular experiência sobre o processo produtivo de modo a eliminar as imperfeições e, também, permite elaborar um estudo de tempos e movimentos.

A Figura 10.2 apresenta as características da tecnologia sequencial.

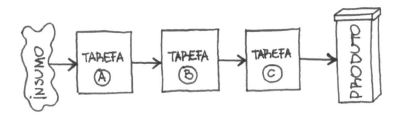

Figura 10.2: Características da tecnologia sequencial.

A tecnologia mediadora baseia-se na interdependência de atividades processadas em espaço e tempo diversos. É utilizada por empresas cuja função básica reside na ligação de clientes que desejam ser conectados. Como exemplos, um banco comercial que conecta clientes depositantes com clientes que tomam emprestado; a companhia telefônica que conecta ligações entre duas pessoas; uma empresa imobiliária que faz a mediação entre locadores e locatários de imóveis. É importante ressaltar que, embora as atividades ocorram em espaço (agências diferentes, no caso de bancos) e tempo diferentes, os processamentos devem obedecer a procedimentos padronizados (como garantir que a taxa de captação seja menor que a taxa de empréstimo). É a padronização por meio de normas que garante que cada unidade de processamento funcione de maneira compatível com as outras unidades.

A Figura 10.3 apresenta as características da tecnologia mediadora.

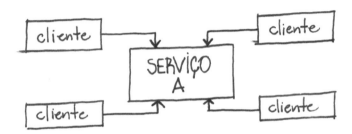

Figura 10.3: Características da tecnologia mediadora.

A tecnologia intensiva baseia-se na interdependência das atividades processadas em combinação contingente a cada caso. Suponha que as atividades A, B e C são especialidades de disponibilidade intensiva, mas de aplicação contingente, isto é, A, B e C precisam estar permanentemente disponíveis, porém em um caso será necessário apenas A e B, em outro caso apenas A e C. O hospital é um exemplo típico de tecnologia intensiva. As unidades de cirurgia, raio X e banco de sangue precisam estar sempre disponíveis para funcionamento. No entanto, um paciente pode utilizar o raio X apenas, enquanto outro pode utilizar o raio X, a cirurgia e o banco de sangue.

A Figura 10.4 apresenta as características da tecnologia mediadora.

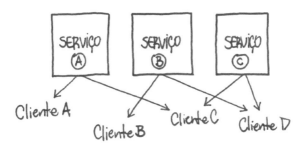

Figura 10.4: Características da tecnologia mediadora.

Padrões técnicos

Charles Perrow elaborou uma classificação baseada na natureza das atividades do processo. A diferença essencial em relação à classificação de Woodward (1967) é que ele considera padrões técnicos num sentido genérico, isto é, tanto na aplicação industrial quanto de serviços.

A natureza das atividades do processo depende do grau de variação que a matéria-prima impõe ao sistema de trabalho e ao grau de julgamento para a realização do trabalho. Como se refere à produção ou serviço, a matéria-prima pode ser tanto uma peça a ser usinada quanto um paciente pronto para a cirurgia. O padrão técnico pode ser rotineiro, artesanato, engenharia e não rotineiro. Perrow (1976) formula como hipótese o relacionamento entre a tecnologia e as características da estrutura, em termos de tarefas individuais e como ocorrem as inter-relações entre os grupos.

A Figura 10.5 apresenta a classificação por padrões técnicos.

Figura 10.5: Características da tecnologia mediadora. Adaptado de: PERROW (1976).

O padrão técnico rotineiro pode ser exemplificado pelo posto de trabalho em uma empresa de produção em massa, em que uma pequena variedade de peças passa pelo posto para o processamento e não há grande exigência de julgamento por parte do operador em relação à tarefa a ser executada.

O padrão técnico de artesanato encontra paralelo no trabalho do arquiteto que se especializa no projeto e construção de residências de padrão médio. As entradas têm um grau de variação baixo, pois as necessidades dos clientes são semelhantes, embora o grau de julgamento do arquiteto seja alto em função das especificidades do projeto relativas ao terreno, necessidades específicas do cliente que determinarão a configuração funcional e estética da residência.

O padrão técnico de engenharia baseia-se no atendimento de demandas diversas, porém o grau de julgamento é baixo visto que há procedimentos padronizados a serem seguidos para cada tipo de situação. Esse é o caso típico de repartições públicas que atendem a solicitações diversas, como delegacias e prefeituras.

O padrão técnico não rotineiro demanda um grau de julgamento elevado em função da especificidade da matéria-prima. É o caso de escolas que recebem alunos com necessidades especiais, por exemplo.

Pequena empresa:

VBE e as oportunidades de negócio para a pequena empresa

Na última década do século XX, observou-se o surgimento de novas formas de organização industrial, apoiadas em tecnologia de informação e comunicação (TIC) que possibilitam a pequenas empresas reunir, coordenar e direcionar capacidades e competências para o desenvolvimento de projetos colaborativos. As empresas que colaboram entre si, por um período determinado, combinando competências complementares são denominadas empresas virtuais. Essas empresas coexistem em uma organização virtual, na qual há um agenciador (*broker*) que identifica uma oportunidade de negócio e reúne as empresas que demonstram as competências necessárias em uma empresa virtual.

O Ambiente de Criação de Organizações Virtuais (Virtual Breeding Environment – VBE) corresponde a um conjunto de organizações e instituições de apoio, que congrega recursos financeiros, sociais, estruturais e organizacionais para a criação de organizações virtuais (MSANJILA e AFSARMANESH, 2010). Um VBE pode auxiliar

ELSEVIER   CAPÍTULO 10 – TECNOLOGIA E ESTRUTURA

o processo de criação de organizações virtuais, uma vez que reúne as condições necessárias (histórico sobre possíveis parceiros, infraestrutura, papéis e regras de condutas) para tornar esse processo ágil, no sentido de atender a uma oportunidade emergente de negócio. Entre os resultados que podem ser gerados por um VBE, destacam-se (CAMARINHA-MATOS; AFSARMANESH, 2008):

- ❖ Cluster: grupo de empresas geograficamente localizado que direciona esforços para a competitividade em uma área de maior abrangência;
- ❖ Distrito Industrial: visa representar um conceito similar ao cluster, com foco em determinados setores em uma determinada região;
- ❖ Incubadora: direcionada para auxiliar o processo criação das empresas na fase inicial, disponibilizando recursos, sem a intenção de gerar colaboração entre as empresas;
- ❖ Ecossistema Empresarial: direcionada para identificar especificidades locais e articular os agentes institucionais;
- ❖ Laboratório Virtual: direcionado para criar organizações virtuais de pesquisa com seus próprios recursos (equipamentos, pessoas e lições aprendidas);
- ❖ Organização Virtual: conjunto de empresas independentes que compartilham recursos e habilidades visando o alcance de uma meta comum, mas que não é limitada às organizações com fins lucrativos.

Caso:

Empresa fabricante de máquinas agrícolas

Baseado em: MARQUES e GUERRINI (2012).

Uma empresa fabricante de máquinas agrícolas do interior do Estado de São Paulo dispõe de condicionantes em termos da sazonalidade de mercado e diversidade de produtos que tornam necessária a coexistência de diferentes sistemas de produção.

A sazonalidade do mercado agrícola, que depende de ciclos das culturas, faz com que a empresa produza tanto contra pedido quanto para estoque. O estoque acumulado nos períodos de baixa demanda é utilizado nos períodos de alta demanda para nivelar a produção da fábrica, evitar picos ou depressões muito grandes, o que acarreta atrasos de entrega ou demissão de funcionários e aumento da agilidade na resposta aos clientes.

O setor de vendas informa ao setor de planejamento, programação e controle de produção (PPCP) as previsões de vendas no horizonte de um ano. As previsões passam por revisões mensais, tendo-se o horizonte de três meses e o mês subsequente como uma previsão firme. As previsões são necessárias para o pedido de materiais e a produção interna de itens com tempos de ressuprimento longos análogos aos processos de vendas e operações (S&OP) e plano mestre de produção (MPS). Os itens com tempos de ressuprimento menores são atendidos conforme o *takt time*. O setor de vendas aciona a fábrica diariamente com pedidos dos clientes (ou itens para estoque). Conforme chegam, o setor de vendas empenha os pedidos para serem produzidos em um horizonte de oito dias. Caso o oitavo dia já esteja com a capacidade tomada, esses pedidos são alocados no nono dia. Os pedidos são organizados para a otimização da capacidade da linha. O PPCP determina o mix de produção e passa a informação ao setor de vendas que fornece aos planejadores de produção para determinar a sequência de produção.

Os materiais cujo tempo de ressuprimento é maior que oito dias ficam em supermercados com estoques regulados, para que o processo posterior possa fazer a retirada destes materiais do supermercado com um kanban. Esses supermercados podem existir para fornecedores diretos e secundários da linha de montagem. O sistema de abastecimento da linha de montagem foi desenvolvido pela equipe de TI com auxílio, supervisão, direcionamento e acompanhamento do pessoal de fábrica e PPCP.

Com o sequenciamento da montagem, os produtos são explodidos por linhas de produção na montagem e nos setores de fabricação, gerando relatórios (Lista de Abastecimento) sobre os produtos, a sequência e a quantidade a ser produzida. A Lista de Abastecimento informa o estágio da linha de montagem para o qual os kits deverão ser entregues. Cada kit contém materiais para dois produtos acabados, conforme o mix de produção elaborado pelo PPCP. Os kits são disponibilizados em cada estágio da linha de montagem conforme o *takt time*.

Na linha de montagem, a informação sobre os pedidos que as revendas passam para o setor de vendas da empresa é enviada ao PPCP. O PPCP faz o sequenciamento da linha de montagem para um horizonte de oito dias, processa essas informações, abre as ordens de fabricação, gera as Listas de Abastecimento e as envia para os setores da fábrica. Os materiais com tempo de ressuprimento inferior a oito dias são processados. Os materiais com tempo de ressuprimento superior a oito dias encontram-se em supermercados aguardando a "puxada" do processo posterior.

Os materiais têm prazos de fabricação conhecidos e o processamento pode começar na data mais propícia. Os materiais são processados e disponibilizados em forma de kits que ficam prontos sempre com um dia de antecedência ao dia que o produto acabado vai entrar na linha. Dessa forma, se um setor é fornecedor em mais de um estágio da linha de montagem, ele envia um kit para cada estágio que será colocado na linha de fabricação conforme a saída de produto acabado.

Considerações finais

A pesquisa de Woodward (1967) baseou-se em três hipóteses. A primeira hipótese pressupõe que a tecnologia se sobrepõe como variável determinante na estrutura, o que significa que a estrutura tende a se adequar ao padrão tecnológico da empresa. Uma segunda hipótese prevê que os sistemas de produção localizados nos extremos de uma escala de complexidade tecnológica podem apresentar características mais orgânicas do que os sistemas localizados no meio da escala tecnológica. E uma terceira hipótese baseia-se no relacionamento entre tecnologia, estrutura e desempenho econômico financeiro (LOBOS, 1976).

O desenho organizacional é afetado pela tecnologia utilizada pela Organização. Há correlação entre a estrutura organizacional e a previsibilidade das técnicas de produção. A tecnologia varia com o grau de mecanização ou automação e a previsibilidade das operações: unitária, baseada em operadores mecânicos e no uso variado de ferramentas; em massa, baseada em operadores em linha de montagem e operações mecânicas ou de montagem restritas; e por processo, baseada em técnicos e processo de monitorização.

A estrutura também varia com o grau de impessoalidade de controle. O controle tem um caráter pessoal na produção unitária, caráter impessoal e normativo para a produção em massa e caráter pessoal e mecânico para a produção por processo. A produção unitária apresenta maior grau de satisfação no trabalho e o processo apresenta um grau de satisfação no trabalho intermediário. Na produção em massa, em função de operações repetitivas o grau de satisfação no trabalho era menor.

Woodward (1967) concluiu que o sucesso das empresas, em relação aos diferentes sistemas de produção identificados, apresentava similaridade nas estruturas hierárquicas. As empresas com tecnologia de produção por pequenos lotes ou processo apresentam, em suas características estruturais, menor preocupação com a descrição do trabalho; há maior delegação de autoridade; as empresas são mais abertas na forma de gerenciar pessoas; os grupos de trabalho não são necessariamente organizados; as empresas são mais flexíveis para ajustar-se às demandas de mudanças tecnológicas ou a necessidade de clientes. As empresas com tecnologia de produção baseada em grandes lotes ou em massa apresentam em suas características estruturais a tendência a utilizar o tipo linha-assessoria de hierarquia; a supervisão de pessoal é ostensiva; utilizam técnicas mais sofisticadas; baseiam-se mais na comunicação formal e por escrito; e, em função do formalismo, apresentam dificuldade de se adaptar a novas situações.

A Figura 10.6 apresenta a relação entre os sistemas de produção e a estrutura organizacional.

Figura 10.6: Relação entre os sistemas de produção e a estrutura organizacional.

Woodward (1967) reconheceu que, em função de haver variáveis tecnológicas independentes umas das outras, a opção para a continuidade da pesquisa era verificar as características da tecnologia que efetivamente influenciam a estrutura organizacional.

A síntese da pesquisa de Woodward (1967) é que não há uma única solução gerencial ou modo correto de se administrar uma empresa. Em cada situação é necessário avaliar as circunstâncias externas e internas à empresa. As empresas bem--sucedidas conseguem adaptar a sua estrutura organizacional à sua tecnologia.

ELSEVIER   CAPÍTULO 10 – TECNOLOGIA E ESTRUTURA   215

Roteiro de aprendizado

Questões

1. Comente a relação encontrada entre tecnologia e estrutura.

2. Defina o sistema de produção em massa e grandes lotes. Qual a estrutura pertinente para sistema de produção em massa e grandes lotes? Dê exemplo.

3. Defina o sistema de produção por processo. Qual a estrutura pertinente para sistema de produção por processo? Dê exemplo.

4. Defina o sistema de produção intermitente. Qual a estrutura pertinente para sistema de produção intermitente? Dê exemplo.

5. Defina o sistema de produção por fluxo contínuo. Qual a estrutura pertinente para sistema de produção por fluxo contínuo? Dê exemplo.

6. Comente a afirmação: "Não existe uma única solução gerencial que atenda a todas as empresas."

7. Defina os sistemas de produção identificados por Joan Woodward e dê um exemplo para cada um dos sistemas, pela Figura 10.1.

Exercício

Você é o gerente de fabricação de uma empresa de bicicletas fundada por um engenheiro mecânico formado pela EESC-USP. O fundador sempre foi um apaixonado por bicicletas, pela boa amizade, pelos prazeres de curtir a natureza em cima de duas rodas. Quando entrou na universidade teve a possibilidade de aliar seus conhecimentos de muitos anos de esportista com a engenharia. Recém-formado, foi trabalhar em uma empresa com mais de quatro mil funcionários, mas aquela organização desumana afastou-o dos amigos e da natureza; isso o empurrou a abrir seu próprio negócio. Um pequeno barracão e meia dúzia de apaixonados por bicicletas tornaram a vida agradável e o produto artesanal, bastante conhecido dos esportistas. O barracão ficou pequeno e a produção continuava a crescer. Como as vendas estavam bastante altas e o resultado financeiro baixo, o presidente contratou uma consultoria. Após estudos detalhados, os consultores propuseram dividir o trabalho do pessoal da produção, especializando cada um em uma tarefa simples e repetitiva com vistas a uma maior produtividade; indicaram a necessidade de departamentos formalmente constituídos com gerentes profissionais. Lembrando-se de sua experiência de recém--formado, o fundador visualizou a empresa como aquela desumana que trabalhara;

abatido e sentindo o sonho desaparecer, pediu a você, gerente de produção, conselho sobre as vantagens e desvantagens da proposta da consultoria.

Pede-se: Discuta as implicações de mudar o sistema de produção para produção em massa. Como a tecnologia influenciaria a estrutura da empresa?

Pensamento administrativo *em ação*

O presidente de uma empresa do setor de informática com cinco mil funcionários contrata você para uma consultoria. Ele começa dizendo que a empresa tem departamentos e a estrutura formal muito bem-definida, as normas são impessoais de modo a não privilegiar ninguém, os cargos são preenchidos com processo seletivo sério na busca de administradores profissionais. No entanto, a empresa apresenta sintomas de superconformidade dos funcionários às regras e, como resultado, a perda de criatividade que é essencial na informática.

Após alguns dias e muitas entrevistas formais e informais com gerentes e funcionários, você constata que as margens de liberdade são pequenas e cuidadosamente especificadas na descrição formal dos cargos. Os dirigentes não controlam os resultados, mas os procedimentos e as tarefas. Na empresa a hierarquia é formal e permanente, sendo que a autoridade deriva das normas escritas, não havendo reconhecimento da direção de lideranças de competências técnicas ou capacidade de articulação de pessoas. Estruturas de controle, autoridade e comunicação se configuram na estrutura organizacional. Fluxos de comunicação e autoridade se alinham principalmente no fluxo vertical. Observa-se uma forte concentração do conhecimento e do acesso à informação que tende a se compartimentar em departamentos isolados. Acima de tudo a autoridade deriva de posições formais na hierarquia e não de relações grupais e pessoais que passam pela capacidade pessoal de liderança de cada empregado.

Pede-se:

Como você, um consultor contratado pela empresa, faria o diagnóstico, fundamentaria os conceitos e apresentaria a solução?

Para saber mais

MOTTA, F.C. P. Estrutura e tecnologia: a contribuição britânica. *Revista de Administração de Empresas*, 16 (1), jan/fev, 1976, pp. 7- 16.

Referências

CAMARINHA-MATOS, L.M.; AFSARMANESH, H. On Reference Models for Collaborative Networked Organizations. *International Journal of Production Research*, v. 46, n. 9, May, 2008, pp.2453-2469.

LOBOS, J. Tecnologia e estrutura organizacional: formulação de hipóteses para pesquisa comparativa. *Revista de Administração de Empresas*, 16 (2), mar/abr, pp. 7-16, 1976.

MARQUES, D. M. N.; GUERRINI, F. M. Reference model for implementing an MRP system in a highly diverse component and seasonal lean production environment. *Production Planning & Control*, v. 23, pp. 609-623, 2012.

MSANJILA, S.S.; AFSARMANESH, H. Trust Analysis and Assessment in Virtual Organization Breeding Environments. *International Journal of Production Research*, Taylor & Francis. V. 46, N. 5, March, 2008.

PERROW, C.B. *Análise organizacional*. São Paulo, Atlas, 1976.

THOMPSON, J.D.; BATES, F.L. Technology, organization and administration. *Administrative Science Quarterly*, v.3, dec., 1957, pp. 325-343.

WOODWARD, J. *Organização industrial*: teoria e prática. São Paulo Atlas, 1979 (primeira edição em 1965).

Capítulo 11

SISTEMAS MECANÍSTICO E ORGÂNICO:
mecanismos para gerência da inovação

Fábio Müller Guerrini
Edmundo Escrivão Filho
Daniela Rosim
Luiz Philippsen Jr. (ilustrações)

Resumo:

Como gerenciar o processo de inovação? A gerência da inovação em ambientes com tecnologia estável baseia-se em sistemas mecanísticos, caracterizados por estruturas mais tradicionais e funcionais, enquanto ambientes turbulentos, nos quais os processos de mudança de tecnologia são frequentes, adotam sistemas orgânicos, com estruturas mais flexíveis e *ad-hoc*.

Palavras-chave: sistemas mecanísticos, sistemas orgânicos, gestão da inovação.

Objetivos instrucionais:

Apresentar os diferentes sistemas de gerenciamento de inovações, com base em mercados estáveis e turbulentos.

Objetivos de aprendizado:

Após a leitura deste capítulo, espera-se que o aluno seja capaz de:

❖ Compreender as situações em que se aplicam os sistemas de gerenciamento mecanístico e orgânico.

❖ Identificar diferentes estruturas organizacionais para sistemas de gerenciamento orgânico.

Introdução

O Movimento da Contingência recebeu um grande impulso no sentido de identificar a influência da Tecnologia na estrutura organizacional das empresas, com base nas pesquisas realizadas pelo sociólogo Tom Burns e pelo psicólogo George Macpherson Stalker. Tom Burns lecionou Sociologia na Universidade de Edimburgo, Harvard e Columbia e, juntamente com Stalker, verificou que a mudança das condições, especialmente causadas por inovações tecnológicas, influenciava a forma da organização, segundo um estudo realizado em empresas do setor eletrônico escocês e britânico.

A proposta da pesquisa baseou-se em dois pressupostos:

a) O progresso técnico e o desenvolvimento organizacional demonstram aspectos em comum de interesse nas questões humanas;

b) As pessoas que atuam para o progresso técnico e o desenvolvimento organizacional são influenciadas por eles.

Durante a 2ª Guerra Mundial, as indústrias britânica e escocesa adquiriram capacidade, habilidades e competências no setor eletrônico ao direcionar os seus esforços para o desenvolvimento de tecnologias para fins bélicos, como o radar.

Após a 2ª Guerra criou-se o Conselho Escocês de Eletrônica, com o intuito de desenvolver a indústria eletrônica do país, procurando identificar demandas militares e da indústria relativa à sociedade. Para atrair recursos, as empresas do setor eletrônico precisam criar elos cooperativos entre si, para apresentarem-se como uma única frente de empresas capaz de captar e atender às demandas por novas tecnologias. O primeiro passo para desenvolver esse plano foi a Conferência Econômica na Escócia em julho de 1948, que aprovou documentos do Comitê de Pesquisa do Conselho Escocês e sugeriu um aumento na alocação de contratos de pesquisa e desenvolvimento (BURNS e STALKER, 1961).

O segundo passo foi identificar as possibilidades para o desenvolvimento industrial em um número de campos técnicos, de ensino e pesquisa nas universidades. O Conselho Escocês identificou que as indústrias mais importantes eram eletrônica, engenharia de precisão, produção de aviões, aplicações de energia atômica, entre outras. Após receber este relatório, o ministro de suprimentos concordou em cooperar com o Conselho para aprofundar o desenvolvimento de trabalhos nestes setores da Escócia (BURNS e STALKER, 1961).

Com a adequação das empresas após a 2ª Guerra, identificaram-se cinco iniciativas das empresas (BURNS e STALKER, 1961):

1. Transferência do pessoal de apoio técnico para compor a força de vendas;

2. Incremento da área de vendas e aumento da especialização do conhecimento tanto em termos técnicos quanto nas demandas das necessidades dos clientes para o progresso contínuo do design, pela divisão de vendas em grupos especiais de produto;

3. Em algumas empresas, o diretor assumiu também o papel de responsável pelas vendas;

4. O engenheiro de projeto passa a ter um papel comercial no sentido de identificar as necessidades dos usuários, os quais devem existir para a aplicação de novas ideias formuladas em contexto técnico específico;

5. A criação de uma organização de vendas técnica para elaborar política comercial.

Os produtos de oito empresas inglesas foram vendidos para três tipos de consumidores: ministério de Defesa britânico, governos estrangeiros, e a população em geral voltada para entretenimento de rádio e televisão. No caso do mercado de televisores, houve uma grande expansão por ser um produto novo, cuja demanda se renovou com a TV em cores e a lista de multicanais. De uma forma geral, o redirecionamento da indústria eletrônica redefiniu a importância da função de vendas nas empresas. Ela passou a ser tão importante quanto a área técnica, pois, além das vendas em si, era responsável por identificar novas necessidades dos usuários (BURNS e STALKER, 1961).

Sistemas de gerenciamento mecanísticos e orgânicos

A contribuição da pesquisa de Burns e Stalker (1961) está baseada na identificação de dois sistemas de gerenciamento, mecanísticos e orgânicos. As organizações assumem diferentes formas de organização do trabalho e não são observações meramente interpretativas oferecidas por observadores.

Sistemas de gerenciamento mecanísticos

Um sistema de gerenciamento mecanístico é apropriado para condições de mercado estáveis, organizações hierárquicas, voltadas para a produção em massa. A Figura 11.1 apresenta um esquema geral de sistema caracterizado por gerenciamento mecanístico, apropriado para ambientes de tecnologia estável.

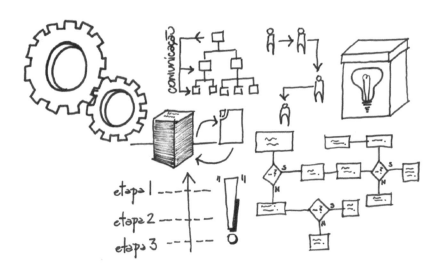

Figura 11.1: Sistema de gerenciamento mecanístico.

O sistema de gerenciamento mecanístico é caracterizado por (BURNS e STALKER, 1961):

a) Diferenciação especializada de tarefas funcionais, nas quais os problemas e tarefas que abordam a questão, como um todo, são quebradas;

b) A natureza abstrata de cada tarefa individual, a qual é buscada com técnicas e propósitos mais ou menos distintos daqueles que estão relacionados com um todo, ou seja, funcionários tendem a buscar o aperfeiçoamento técnico dos meios em vez da realização dos fins da questão;

c) A reconciliação, para cada nível da hierarquia, destes desempenhos distintos pelos superiores imediatos, que são também, por sua vez, responsáveis por perceber que cada elemento é relevante em seu para cumprir o seu papel específico na tarefa principal;

d) A definição precisa de direitos e obrigações e os métodos e técnicas destinados a cada papel funcional;

e) A tradução de direitos e obrigações e métodos nas responsabilidades de uma posição funcional;

f) A estrutura hierárquica de controle, autoridade e comunicação;

g) O reforço da estrutura hierárquica pela alocação de conhecimento das realidades exclusivamente no topo da hierarquia, local onde a reconciliação final de tarefas distintas e a avaliação de relevância são feitas;

h) A insistência na lealdade para o interesse e obediência dos superiores como uma condição de filiação;

i) Uma tendência para as operações e o comportamento no trabalho serem regidos pelas instruções e decisões tomadas pelos superiores;

j) Maior importância e prestígio atribuídos no âmbito interno do que para o geral em termos de conhecimento, experiência e habilidade.

Sistemas de gerenciamento orgânicos

Um sistema de gerenciamento orgânico é apropriado para condições de mudança que originam com frequência novos problemas e necessidades imprevistas de ação. Tais necessidades não podem ser divididas ou distribuídas automaticamente em função dos papéis funcionais definidos na estrutura hierárquica e, muitas vezes, necessitam de competências complementares, obtidos fora da empresa (BURNS e STALKER, 1961).

A Figura 11.2 apresenta um esquema geral de sistema caracterizado por gerenciamento orgânico, apropriado para ambientes de inovação tecnológica constante.

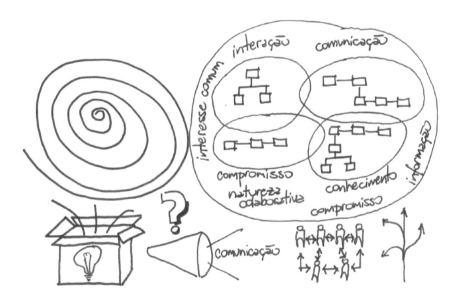

Figura 11.2: Sistema de gerenciamento orgânico.

O sistema de gerenciamento orgânico é caracterizado por (BURNS e STALKER, 1961):

a) A natureza contributiva do conhecimento especial e experiência para a tarefa de interesse comum;

b) A natureza real da tarefa individual que é vista de forma holística;

c) O ajuste e a redefinição contínua das tarefas individuais por meio da interação com outros;

d) O transbordamento de responsabilidades como um campo limitado de direitos, obrigações e métodos;

e) A propagação do compromisso de interesse além de qualquer definição técnica;

f) Uma estrutura de rede de controle, autoridade e comunicação. As sanções que se aplicam para as condutas individuais no seu papel de trabalho derivam mais da comunidade em questão presumida com o restante da organização de trabalho na sobrevivência e crescimento da empresa, e menos de uma relação contratual entre ela mesma e uma corporação impessoal, representada para ele por um superior imediato;

g) O conhecimento sobre a natureza técnica ou comercial da tarefa pode ser localizado em qualquer lugar da rede. Esse local será o centro *ad hoc* de controle e comunicação;

h) Uma direção lateral, não vertical, de comunicação entre pessoas de posições diferentes, assemelhando-se à consulta no lugar de ao comando;

i) Um conteúdo de comunicação que consiste na informação do conselho, em vez de instruções e decisões;

j) O compromisso com as tarefas de interesse, e o "ethos tecnológico" do progresso e expansão material é mais valorizado do que a lealdade e obediência;

k) A importância e prestígio destinados para afiliações e expertise válidas no meio industrial externo, técnico e comercial da empresa.

Com a emergência do Movimento da Contingência em termos de teorias administrativas, os estudiosos e também os administradores chegaram à conclusão de que a estrutura organizacional deveria estar preparada para se adequar ao ambiente externo no qual ela está inserida. Sendo assim, uma empresa cujo produto é estável no mercado há muitos anos e não tem previsão de grandes mudanças pode

ELSEVIER CAPÍTULO 11 – SISTEMAS MECANÍSTICO E ORGÂNICO: MECANISMOS PARA GERÊNCIA DA INOVAÇÃO

trabalhar tranquilamente com uma estrutura organizacional mais mecânica e rígida. Logo, uma empresa que trabalha com um ambiente externo que exige muitas inovações e as mudanças tecnológicas são muito rápidas não se adéqua muito bem à estrutura mecanizada que, em ambientes mais dinâmicos, cria mais problemas do que resolve.

Mintzberg (1995) apresenta os tipos organizacionais adequados a cada ambiente. Para ambientes mais dinâmicos ele denomina a estrutura orgânica como característica da organização adhocrática, derivada de *ad hoc*, ou seja, por objetivos.

A organização adhocrática surge porque as estruturas organizacionais anteriores, como já mencionado, não se mostram apropriadas para a inovação e "customização" dos produtos às exigências do cliente. Sendo uma das características da adhocracia ter especialistas agrupados a fim se serem alocados em projetos, cada vez que surge uma demanda "específica" equipes são formadas de acordo com as necessidades dos clientes. O mecanismo de coordenação é o ajustamento mútuo, ou seja, não existe liderança clara e definição de responsabilidades, e as pessoas usam seus próprios conhecimentos para solucionar os problemas.

A grande quantidade de especialistas é responsável pela existência de pouca formalização na estrutura. Isso faz com que a adhocracia tenha elevada flexibilidade para se adaptar. O poder de decisão também é descentralizado e há baixa diferenciação vertical, ou seja, os serviços administrativos são mínimos.

Exemplos desse tipo de organização são as consultorias, as empresas de informática, a robótica, entre outras.

Incerteza de mercado e complexidade tecnológica de produto

Outra maneira de compreender como a tecnologia é um elemento condicionante da estrutura é a classificação proposta por Wigang, Picot e Reichwald (1997). Eles definem a estrutura organizacional considerando a incerteza de mercado, relacionada com a complexidade tecnológica dos produtos.

A Figura 11.3 apresenta a classificação proposta por Wigang, Picot e Reichwald (1997).

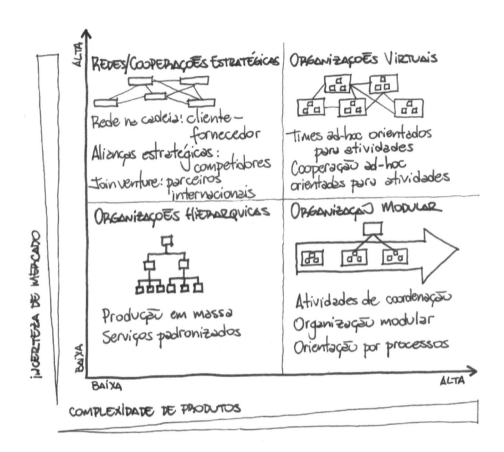

Figura 11.3: Classificação proposta por Wigang, Picot e Reichwald (1997).

As organizações com estruturas organizacionais hierárquicas baseadas em produção em massa e serviços padronizados são características de produtos com incerteza de mercado e complexidade que varia de baixo para médio grau. Esse é o caso de todo o escopo de complexidade tecnológica.

As organizações ditas modulares são adequadas quando somente a complexidade de produtos aumenta, mas o grau de incerteza do mercado permanece o mesmo. As organizações modulares são características da indústria automobilística, como a fábrica da Volkswagen em Resende, no Rio de Janeiro. Há variantes desse conceito, como condomínios industriais. O princípio é que os fornecedores estratégicos localizam-se adjacentes ou internamente à planta da fábrica.

CAPÍTULO 11 – SISTEMAS MECANÍSTICO E ORGÂNICO: MECANISMOS PARA GERÊNCIA DA INOVAÇÃO

Entretanto, se a complexidade de produtos ainda se mantiver no nível médio mas o grau de incerteza aumentar, as organizações passam a depender de interações interorganizacionais baseadas em redes de cooperação ou alianças estratégicas. No setor de TV digital, por exemplo, uma vez que o ciclo de vida dos produtos é cada vez menor, houve a necessidade de buscar a convergência de tecnologias. O elevado custo de P&D motivou a colaboração entre competidores, para compartilhar custos e riscos associados ao empreendimento. Essa modalidade de cooperação vem sendo denominada de *coopetição*, na qual competidores em um determinado setor se unem em um nicho de mercado específico para desenvolver novos produtos.

As empresas estão inseridas em ambientes cujo dinamismo direciona a estratégia corporativa para a formação de alianças estratégicas, coordenação entre membros de rede e integração dos sistemas de informação. As alianças estratégicas e as ligações entre as empresas são caracterizadas pelas redes interorganizacionais, que são um arranjo institucional básico para gerar sistemas de inovação e para as empresas adquirirem acessos a outras fontes de recursos fora dos seus limites, recursos estes como infraestrutura, tecnologia e conhecimento tecnológico.

As organizações virtuais são adequadas para situações nas quais há grande incerteza de mercado e alto grau de complexidade dos produtos. São constituídas pela identificação de uma oportunidade de negócio, que demanda a formação de uma empresa virtual constituída por empresas com competências complementares, para o desenvolvimento de um novo produto. Baseiam-se em um ciclo de vida temporalmente definido da identificação da oportunidade, há a configuração da empresa virtual, a operação, a reconfiguração e a dissolução.

Este modelo de classificação incorpora os relacionamentos interorganizacionais, cada vez mais frequentes para o desenvolvimento de inovações tecnológicas de produtos, processos e serviços.

Redes como fator de transferência de inovações

Os padrões dinâmicos de competição têm impelido as empresas a buscarem recursos, capacidades e competências que dependem de elos cooperativos entre empresas para a transferência de inovação (OECD, 2006). As inovações surgem e são aceleradas pela interação de competências complementares, que se unem para a pesquisa e desenvolvimento de novos produtos, atender a oportunidades específicas de negócio, viabilizar a escala de produção por meio da especialização flexível, compartilhar custos e riscos, definir padrões de desenvolvimento para uma determinada tecnologia, compartilhar lucros, acessar novos mercados.

O desempenho das empresas depende da gerência do relacionamento com outras empresas para gerar um incremento do número de vendas, maior lucratividade e o ganho de acesso a novos mercados (RITTER e GEMÜNDEN, 2003).

As ligações entre fornecedores e clientes permitem a troca de informação e direcionam a cooperação entre usuários e produtores de tecnologia, favorecendo o ambiente para a inovação. As estruturas em rede são caracterizadas pela descentralização e evitam os problemas das estruturas matriciais por estarem entre a estrutura e os processos, minimizando a influência central. Nas redes de inovação tecnológica, há recursos baseados em competências, complementaridade de qualidade e aprendizado organizacional (RYCROFT e KASH, 2004).

As redes conectam-se em sistemas abertos, que envolvem múltiplos níveis hierárquicos de subsistemas, controlados por diferentes atores ou por coalizões dominantes ou em sistemas fechados de malhas casadas, que não se estendem para outros sistemas e não têm considerações substanciais (SOH e ROBERTS, 2003). As atividades podem estar diretamente ligadas à realização do produto ou serviço (vendas, produção, compras); ao suporte para as atividades de produção (gerenciamento da informação, gerenciamento de competências etc.); e à decisão e coordenação nos níveis estratégicos e táticos (ZAIDAT, BOUCHER; VINCENT (2004).

O motivo para a formação de redes é o alto grau de especialização das empresas atuais. A demanda por qualidade, flexibilidade e custo impele as empresas a aumentarem o seu núcleo de competências (FISCHER, JÄHN; TEICH, 2004).

Arquiteturas para redes dinâmicas

As arquiteturas de referência estão baseadas nos conceitos referentes à modelagem organizacional. A função da modelagem organizacional é fornecer uma boa compreensão do negócio, desenvolvimento de seus produtos, comercialização, de apoio para o desenvolvimento de novas áreas da empresa, contribuindo para o monitoramento e controle de suas operações (VERNADAT, 1996).

Os modelos organizacionais estão baseados nos processos de negócio. A visão por processos de negócios permite identificar as políticas de gerenciamento, fluxos de documentação e de processos operacionais, de manufatura, administrativos e regulamentações. A integração interempresarial ocorre com a integração dos processos de negócios de uma dada empresa aos processos de negócios de outra, ou mesmo o compartilhamento de partes dos processos de negócios por diferentes cooperações empresariais. O termo "arquitetura" é um conjunto organizado de elementos relacionados entre si que formam um arcabouço para uma determinada finalidade. As arquiteturas de referência são os paradigmas intelectuais que facilitam a análise, discussão e especificações exatas de uma dada área de discurso. Fornecem uma maneira de visualizar, compreender e abordar o assunto. O termo framework para modelagem empresarial define o escopo, os conceitos e os métodos necessários à modelagem de uma empresa de manufatura. Portanto, framework é um conceito mais geral que "arquitetura", pois várias arquiteturas podem ser propostas dentro de um dado framework (VERNADAT, 1996).

Arquitetura para redes colaborativas (ARCON)

No campo de redes de colaboração, alguns esforços têm sido empreendidos em relação ao desenvolvimento de modelos, entre eles destacam-se: FEA (Federal Enterprise Architecture), tem um conjunto de modelos de referência com o objetivo de facilitar o cruzamento entre agências de investimento da rede para prospecção de oportunidades (FEA, 2011); SCOR (Supply Chain Operations Reference Model), desenvolvida para a gestão da cadeia de suprimentos da indústria. Considerando todos os *stakeholders* envolvidos nessa cadeia, SCOR promove um ambiente de interação/ comunicação, possibilitando assim que esses colaboradores melhorem continuamente a gestão da cadeia de suprimentos (MILLET; SCHMITT; GENOULAZ, 2009); VERAM (*Virtual Enterprise Reference Architecture and Methodology*), desenvolvida para a preparação de entidades para participarem de redes, por meio da promoção de um guia para construção de modelos com o objetivo de identificar características comuns entre as organizações virtuais e ARCON (A Reference Model for Collaborative Networks), desenvolvido no contexto do projeto ECOLEAD (TØLLE; BERNUS; VESTERAGER, 2002).

A falta de um modelo de referência para redes colaborativas é frequentemente apontada como obstáculo para o desenvolvimento da área, mas parece não haver consenso sobre o que esse termo significa. Dois conceitos principais podem ser associados ao modelo de referência: autoridade (estabelecer o modelo como referência de autoridade depende de fatores como autor [reputação/prestígio], bases adotadas, fontes de referência, lista de primeiros usuários) e reúso dos elementos do modelo de referência, que depende de fatores como generalidade do modelo, nível de abstração e simplicidade, pontos de vista cobertos, facilidade de acesso as informações, instruções de uso e exemplos de aplicação para casos típicos. É importante distinguir entre modelo de referência e padrões que têm em comum o objetivo de simplificar a criação de novos sistemas, mas, fora o início comum no processo, ambos evoluem para direções distintas (CAMARINHA-MATOS e AFSARMANESH, 2008).

A proposta da ARCON procura contemplar esses elementos e o conceito de ciclo de vida, dado a natureza dinâmica da CNO (Collaborative Network Organization). Em vista disso, um modelo para CNO pode ser definido por múltiplos níveis de abstração de acordo com a intenção de modelagem (CAMARINHA-MATOS e AFSARMANESH, 2008).

Redes de inovação auto-organizadas

Auto-organização é o aprimoramento e crescimento dos relacionamentos interorganizacionais, principalmente pelo aumento dos setores de alta tecnologia que levam ao surgimento das redes de inovação dinâmicas. As redes de inovação lidam com mais incertezas e produzem resultados melhores dos que os arranjos tradicionais, tais como fusões e aquisições. As redes auto-organizadas contam com o aprendizado como chave para a inovação. Belussi e Arcangeli (1998) destacam que, quando o aprendizado guia a adaptação e as novas estruturas organizacionais para resolução de problemas tecnológicos ou para obtenção de vantagens e oportunidades, a auto--organização configura-se em uma rede (RYCROFT e KASH, 2004).

As redes auto-organizadas têm flexibilidade suficiente para internacionalizarem seus negócios. Elas estão preparadas para se adaptarem em qualquer ambiente econômico, por mais específico que seja; influenciam o *modus vivendi* e o *modus operandi* de uma região. Nesse sentido, verifica-se o poder que as montadoras de automóveis japonesas nos Estados Unidos exercem, implantando relacionamentos interorganizacionais e reestruturando a cadeia de suprimento e fornecimento (RYCROFT e KASH, 2004).

O levantamento realizado pelos autores demonstra que o setor automotivo está perto do relacionamento interorganizacional ideal para os agentes de governança da rede, porque as redes se auto-organizam para unirem suas competências centrais, daí gerarem conhecimento e, consequentemente, produzirem inovações, formarem e/ou atenderem a um ambiente de produção ágil. O conceito de difusão do conhecimento, padrões e regras de produção, maquinário, tecnologia e até de comportamento tornou

ELSEVIER CAPÍTULO 11 – SISTEMAS MECANÍSTICO E ORGÂNICO: MECANISMOS PARA GERÊNCIA DA INOVAÇÃO **231**

necessária a auto-organização em rede. Os setores de alta tecnologia são dominados por organizações multinacionais que detêm a governança das redes, sendo que as patentes costumam ficar no país de origem da companhia multinacional e a busca por mão de obra, que está sempre aumentando, no terceiro mundo.

Assim, as redes auto-organizadas são um agrupamento de organizações que diversificam competências centrais e utilizam os recursos complementares por intermédio de colaboração global.

Manufatura ágil

O ambiente de produção ágil é dinâmico, tem que se antecipar às mudanças, produz em pequena escala, conta com produção modular e necessita de cooperação em rede. Produzir em um ambiente de produção ágil consiste na habilidade de produzir bens e/ou serviços para trabalhar de maneira lucrativa em ambiente de mudança contínua e imprevisível (JIN-HAI *et al.*, 2003). As Organizações virtuais são uma formação temporária com objetivos alinhados e que combinam as competências centrais para obtenção de vantagens competitivas. O ambiente de produção ágil, sistematizado em uma Organização virtual e alinhado com tecnologia da informação produz mais impactos e efeitos positivos no desempenho dos negócios do que isoladamente (CAO e DOWLATSHAHI, 2005).

O modelo do Agile Manufacturing Enterprise Forum (AMEF) é um guia de referência para a formação de rede de cooperação, expresso por uma matriz dos processos associados ao ciclo de vida da rede e quatro infraestruturas ou áreas de aplicação nas quais os aspectos de uma cooperação entre empresas e sua coordenação devem ser tratados (GORANSON, 1999). Há cinco fases do ciclo de vida da rede. A identificação da oportunidade fica sob a responsabilidade de um líder em potencial ou um grupo de especialistas que refina e/ou caracteriza a oportunidade de negócio. Com base na oportunidade, buscam-se os parceiros adequados para atuar na rede, para a formação da rede. A rede entra em operação e, após o cumprimento dos objetivos, ela é dissolvida e/ ou reconfigurada (GORANSON, 1999).

Há quatro infraestruturas definidas no modelo. A infraestrutura de informação inclui mecanismos usados para criar, administrar e comunicar informação na rede. A infraestrutura social/cultural trata das regras implícitas e explicitas e questões políticas existentes na organização. As regras de negócio associadas à supervisão são parte dessa infraestrutura. A política, incluindo acordos trabalhistas e hábitos, é parte da cultura corporativa. A infraestrutura legal diz respeito a instrumentos, como cláusulas contratuais internamente e externamente, códigos, leis e regulamentações. As redes de supervisão e papéis de decisão fazem parte da infraestrutura legal. A infraestrutura física refere-se a fabricação, equipamentos, layout, transportes, manipulação ou quaisquer características físicas da rede (GORANSON, 1999).

Pequena empresa:

Kyoryokukai

Baseado em: BEST (1990).

Para potencializar as capacidades dos fornecedores, montadoras de automóveis japonesas criaram o *kyoryokukai*, ou associações formais de cooperativas de fabricantes de peças. As *kyoryokukai* são constituídas por acordos informais, ou "normas de rede compartilhadas". As pequenas empresas enfrentam pressões competitivas das montadoras, que têm alavancado poder de barganha. Os fabricantes de automóveis japoneses são menos integrados verticalmente, fazem menos partes e compram mais; lidam diretamente com poucos fabricantes de peças; a relação entre fabricantes de automóveis e de peças é mediada por relações extensivas. A capacidade da indústria automobilística japonesa de competir baseada na inovação de produto é maior, pois se aumenta a capacidade independente de projetar dos fabricantes de peças.

Há três tipos de relações do projeto de componentes entre fabricantes de automóveis e fabricantes de peças. O fabricante de automóveis prepara um projeto de especificações para uma lista de potenciais fabricantes de peças, e cada um dá um preço, fornece as especificações de projeto, mas espera dos fabricantes de peças sugestões de alteração no processo de desenvolvimento; caso contrário, não fornece as especificações de projeto, somente as performances requeridas do componente. Espera-se que o fabricante de peças tenha capacidade independente de projeto e possa colaborar com o fabricante de automóveis.

Os fornecedores propõem ideias de projeto que são examinadas pelos engenheiros dos fabricantes. Um processo de diálogo relativo ao desempenho, qualidade, características de produção, e custos ocorre até a finalização do protótipo, momento em que as especificações do produto são acordadas. No avanço de desenvolvimento do projeto o fabricante de automóveis e o fabricante de peças concordam num alvo de custo. O fabricante de peças refina o produto e o processo de produção até que se atinja os alvos.

Os sistemas japoneses de segundo e terceiro tipo são especialmente apropriados ambientes de mudança tecnológica constante. Dado o grande número de partes, é impossível para um fabricante de automóveis permanecer no topo do desenvolvimento tecnológico de todas partes.

Administração também é cultura:

O que é inovação?

O que é inovação? Essa palavra é utilizada como sinônimo das novidades que surgem em produtos, processos e serviços. O principal teórico que percebeu que a inovação tinha um potencial transformador da Economia foi o economista austríaco Joseph Alois Schumpeter.

As inovações são criadas pela "mutação industrial" ou "destruição criativa" com novas combinações de recursos existentes para fazer as coisas que estão sendo feitas de uma nova maneira.

As inovações tecnológicas têm diferentes graus de intensidade. As inovações de ruptura mudam a trajetória tecnológica criando um novo espaço econômico (ou mercado). As inovações de arquitetura ocorrem quando o rearranjo dos elementos permite que se definam novos usos para uma tecnologia. As inovações incrementais partem de uma tecnologia existente e fazem mudanças que não alteram a trajetória tecnológica de um determinado produto, mas representam uma melhoria em relação ao estágio anterior.

Mas, considerando esse espectro de inovações tecnológicas, como reconhecer o padrão setorial vigente de concorrência? Se a inovação tecnológica é um fator que determina o processo competitivo, é o padrão de concorrência que impõe o tipo de inovação tecnológica que determinará o comportamento das empresas de um determinado setor.

Em razão da necessidade de os países estabelecerem critérios comparativos do processo de inovação tecnológico, o conhecimento gerado sobre inovação tecnológica foi sistematizado pelos países que fazem parte da OCDE no Manual de Oslo, que apresenta definições e métricas para a inovação tecnológica. A definição de inovação pelo Manual de Oslo é a seguinte:

> "Implementação de um produto (bem ou serviço) novo ou significativamente melhorado, ou um processo, ou um novo método de marketing, ou um novo método organizacional nas práticas de negócios, na organização do local de trabalho ou nas relações externas".

O processo de inovação ao longo do século XX até os nossos dias se modificou, haja vista que a introdução de classes de tecnologias realmente novas diminuiu. A exemplo da Revolução Industrial com suas máquinas de fiar, cardar e a vapor, os setores químicos configuraram os primeiros países industrializados, bem como nos anos seguintes com a introdução de bens de consumo como o automóvel. Entretanto, outra classe de inovações surgiu de combinações de tecnologias preexistentes para configurar um novo produto.

Um estudo conduzido por Youn Hyejin, publicado no Journal of the Royal Society, rastreou os pedidos de patentes feitos nos Estados Unidos, cujo Escritório de Marcas e Patentes dos Estados Unidos (USPTO) separa as patentes em dois grupos, com base no assunto em comum, e utiliza uma combinação de códigos, que distingue classes e subclasses. Enquanto a classe diferencia as tecnologias entre si, as subclasses identificam os processos e as características da tecnologia naquela classe. Ao fazer um levantamento dos registros desde 1790 até 2012, identificaram 474 classes e mais de 160 mil códigos. Quase a metade das patentes concedidas no século XIX nos Estados Unidos foi de invenções de um único código. Hoje em dia, nove décimos das invenções combinam apenas dois códigos. Houve um crescimento exponencial das patentes e dos códigos até 1870, e daí em diante o número de códigos novos diminuiu fortemente, mas o número de patentes, ligeiramente. Entretanto, o número de patentes continuou aumentando junto com a combinação de códigos (THE ECONOMIST, 2015).

Isso explica por que a Apple não inventou o tablet, mas teve sucesso com o Ipad ao combinar o dispositivo com os serviços agregados a ele; a Amazon não inventou o livro digital, mas o sistema de vendas associado ao Kindle permitiu a sua popularização. Portanto, essa constatação demonstra a percepção correta que Burns e Stalker tiveram em 1961, ao identificar que o problema não estava em gerar inovações, mas em como criar os mecanismos para gerenciar o processo de inovação em um contexto de mudança de mercado.

Caso:

Virtuelle Fabrik

Baseado em: SCHUH et al. (1998).

A Virtuelle Fabrik é uma organização virtual que fornece serviços industriais, cobrindo toda a cadeia de valor agregado (gerenciamento de projeto, projeto, engenharia, projeto de hardware e software, construção produção, instalação, inspeção, funcionamento operacional e serviços de logística). Atua no mercado eletroeletrônico e mecânico.

O Comitê Executivo é responsável pelo desenvolvimento da rede, processamento da ordem de produção, marketing e vendas, treinamento e treinamento posterior, financiamento e controle. São realizados encontros entre todos os parceiros e mesa-redonda, além de criadas forças-tarefa para execução dos pedidos.

Os papéis e as regras da Virtuelle Fabrik configuram o ciclo de vida da Organização. Um agenciador (*broker*) de ordens adquire as ordens externas, assume as funções de venda e verifica as competências necessárias para a realização daquele pedido no mercado. Um gerenciador de pedidos é responsável pelo cliente. Ele conecta os recursos com as competências e sinaliza para o processamento da ordem. Desse momento em diante, ele passa a ser o responsável pelo gerenciamento do projeto. Essa ordem é enviada ao gerente de parcerias. Esse é o nome de cada membro da companhia para operar como uma interface entre a Virtuelle Fabrik e a sua própria Organização. Ele pode submeter e conceder contratos dentro da Virtuelle Fabrik. Há duas entidades que fazem o papel de controle e manutenção da rede. Um deles é o preparador da rede, que é responsável por construir e expandir a rede com a aquisição de novos parceiros. E o outro é o auditor, que monitora o processamento da ordem na Virtuelle Fabrik; como uma autoridade neural, ele garante que as regras do campo sejam cumpridas.

Os benefícios dos parceiros nesse processo de cooperação são os seguintes: instrumento de aquisição adquire novos clientes, novas ordens, utiliza uma plataforma de marketing e estabelece uma rede de relacionamentos; instrumento de diversificação permite o acesso a novos mercados, estende as áreas de negócios e trabalha com ordens mais inclusivas e amplas; arena para o aprendizado, que ajuda as companhias a identificar e fortalecer as competências essenciais, permite a troca de experiências, os parceiros ganham acesso a informações de mercado e adquirem treinamento na comunicação e cooperação.

Um projeto de referência é a turbina para usina eólica. Esse projeto foi uma encomenda feita pela Aventa AG, Winterthur, uma companhia de engenharia e vendas, para gerar 15kWh. A contribuição da Virtuelle Fabrik ocorreu nas etapas de projeto, engenharia e manufatura para a construção do protótipo e pequena produção em série.

Considerações finais

É necessário criar as condições para permitir, encorajar a comunicação lateral entre os membros da empresa. O propósito do livro *The management of innovation* foi lidar com uma matriz de manifestações internas de tarefas e problemas externos, e de mudanças nas suas disposições. É importante que o gerenciamento seja capaz de interpretar a situação externa dos membros, e, ao mesmo tempo, apresentar os problemas internos como o resultado de tensões e mudanças de uma situação em termos de mercados, requisitos técnicos e estrutura da sociedade.

Atualmente, as práticas empresariais demonstram que o desenvolvimento de novos produtos e tecnologias demanda estruturas de gerenciamento que extrapolam o gerenciamento interno das atividades de P&D. O ciclo de desenvolvimento de novos produtos demanda às empresas acordos com outras empresas que detenham as competências essenciais e complementares para diminuir o ciclo de desenvolvimento do produto, em virtude de ciclos de vida de produtos também cada vez mais curtos.

Nesse sentido, o sistema de gerenciamento mecanístico, que é característico das empresas de produção em massa baseadas em estruturas hierárquicas, pode ser ainda adequado para produtos que apresentam complexidade tecnológica e incerteza de mercado intermediárias. Mas, para produtos com alta incerteza de mercado, há novas formas baseadas em relacionamentos interorganizacionais que são mais apropriadas para gerenciar diferentes atores com competências complementares demandados por produtos com uma complexidade tecnológica crescente.

Na classificação de Wigang, Picot e Reichwald (1997), a noção de incerteza de mercado pode ser entendida como um ambiente turbulento de mudanças tecnológicas frequentes, cujas formas organizacionais são flexíveis, com uma componente temporal associada. Tal constatação foi feita inicialmente por Burns e Stalker (1961) na distinção entre os sistemas de gerenciamento mecanísticos, característicos de setores tecnologicamente estáveis, e sistemas de gerenciamento orgânicos, característicos de setores que demandam mudanças tecnológicas frequentes.

As empresas têm buscado adquirir recursos, capacidades e competências que dependem do estabelecimento de elos cooperativos com outras empresas para o processo de transferência de inovação. As pesquisas em andamento visam desenvolver uma compreensão comum para modelar, desenvolver e testar redes entre empresas autônomas que compartilham informações e recursos. Para tanto, a utilização dos conceitos arquiteturas e modelos de referência busca refletir os padrões dinâmicos de competição, nos diferentes enfoques que definem as redes dinâmicas. Essa modalidade de rede associa as fronteiras virtuais e flexíveis ao conceito de ciclo de vida de redes.

ELSEVIER   CAPÍTULO 11 – SISTEMAS MECANÍSTICO E ORGÂNICO: MECANISMOS PARA GERÊNCIA DA INOVAÇÃO   **237**

Roteiro de aprendizado

Questões

1. Por que ao final da 2ª Guerra Mundial os engenheiros começaram a assumir funções comerciais relativas à venda de produtos?

2. Como o departamento de P&D se articula com as demais áreas de uma empresa?

3. Defina o que são sistemas de gerenciamento mecanísticos.

4. Defina o que são sistemas de gerenciamento orgânicos.

5. Faça uma comparação entre os sistemas de gerenciamento mecanísticos e orgânicos, apresentando as situações nas quais eles são adequados.

Caso:

1. Google X – a equipe de projetos da Google

Baseado em: VILICIC (2014).

Desde a sua aparição no mercado, a Google tem se destacado como uma empresa inovadora. A empresa Google não possui somente a ferramenta de busca mais utilizada no mundo, mas acabou derivando a sua atuação com a oferta de produtos e serviços que desafiam o senso comum, tais como o Google Glass, Google Earth, Google Maps, Google +, Google Translator, entre tantos outros.

Por trás desse imenso universo está a equipe do Google X, o laboratório da Google que identifica, projeta e desenvolve essas inovações. Astro Teller é conhecido como o capitão de *moonshots* (tiros na lua, em uma tradução direta), cujo objetivo é não só desenvolver novos produtos, mas revolucionar ou até mesmo criar novos mercados. A ideia básica que norteia cada novo projeto não se limita a realizar melhorias incrementais de eficiência de um determinado produto, mas gerar uma inovação que multiplique por dez a eficiência, a produtividade e os benefícios para a sociedade como um todo. Com base nessa premissa, vale tudo em termos de novas ideias, mesmo aquelas que possam parecer completamente inatingíveis (ou mesmo malucas). Há três critérios para viabilizar um projeto *moonshot*:

1) A inovação deve solucionar um problema real da sociedade;

2) A inovação precisa se basear em uma tecnologia que pareça de ficção científica, beirando o impossível;

3) A equipe tem que provar que é possível atingir o objetivo.

Para cada um dos projetos há um plano de negócios, mas, como o primeiro objetivo é solucionar um problema da sociedade, o Google X acredita que o dinheiro não pode ser a motivação inicial para o novo negócio. Ele virá mais cedo ou mais tarde se a inovação realmente for útil. Isso aconteceu com o site de busca, cuja motivação inicial foi eminentemente acadêmica, e com o *Maps*, no qual foi investida uma grande quantidade de recursos, que ainda não são lucrativos. É importante mencionar que a maioria dos projetos que o Google X desenvolve morre, não dá resultado algum. Mas os poucos que vingam produzem um impacto fantástico. Ninguém perde o emprego ou é penalizado no laboratório por errar.

Pede-se: Tomando por base o caso do Google X, explique a dinâmica de funcionamento do laboratório utilizando o conceito de sistema de gerenciamento orgânico.

Exercício

CONFORTO é o nome fantasia de uma empresa fabricante de máquinas de lavar roupas fundada há quinze anos e estruturada funcionalmente, como toda pequena empresa. Nos dez primeiros anos de existência a empresa cresceu devagar, mas os três anos seguintes foram de crescimento muito rápido.

No décimo terceiro ano, o presidente resolveu adotar uma estrutura divisional de acordo com as três grandes linhas de produtos: "luxo", "standard' e "econômica". Cada divisão seria dirigida por um diretor e constituída das gerências de fabricação, de engenharia, administrativo-financeira e comercial. Os serviços comuns seriam distribuídos em uma das divisões, mas iriam servir a todas as divisões.

O laboratório de testes de produtos era um desses serviços e estava na divisão "luxo". No primeiro ano após a reestruturação, o laboratório esteve sob o comando do engenheiro Carlos, seu idealizador lá nos primeiros anos da empresa. Com a aposentadoria de Carlos, Roberto assumiu a gerência do laboratório vindo de uma antiga chefia de produção relacionada com o produto "luxo".

O primeiro ano de Roberto na direção do laboratório foi de muitos conflitos com Luís, gerente de engenharia da divisão "econômica". Luís dizia que Roberto privilegiava a engenharia da sua divisão em detrimento das outras e as urgências não eram atendidas com a devida atenção que os casos exigiam.

No ano seguinte, os conflitos tornaram-se tão intensos que o presidente pediu ao seu assistente (você) uma exposição e solução para o problema.

ELSEVIER   CAPÍTULO 11 – SISTEMAS MECANÍSTICO E ORGÂNICO: MECANISMOS PARA GERÊNCIA DA INOVAÇÃO   239

Pede-se: Analise o problema da CONFORTO pelas características dos sistemas de gerenciamento mecanístico e orgânico. Qual seria o sistema de gerenciamento mais adequado para essa situação?

Pensamento administrativo *em ação*

Estamos no ano de 1975 e você é um consultor que acaba de ser contratado por uma empresa industrial situada nos Estados Unidos da América. A diretora industrial convocou uma reunião para apresentar o novo consultor aos seus gerentes.

O gerente da seção de pesquisa de novos materiais disse que administrava por objetivos, fazendo cobranças pelos resultados alcançados. Na seção, o funcionário não tem hora para entrar, cada um sabe o seu dever e o que tem de urgente, pois a tarefa depende do andamento da pesquisa. Também não há restrição de saída para resolver problemas particulares, mas todos devem repor as horas não trabalhadas. Lá ninguém recebe hora-extra, pois quando é preciso todos varam a noite ou o fim de semana para cumprir alguma meta. O gerente tem um estilo muito participativo, sempre consultando as pessoas e analisando cada caso.

O gerente da seção de montagem disse que administrava por eficiência, fazendo cobrança no atraso da programação ou mesmo no papo do café. O trabalho lá na seção tem hora exata para entrar e ninguém pode pedir para sair cedo. A tarefa de cada um é minuciosamente planejada e as pessoas que ficam para acabar um serviço recebem hora-extra. O gerente tem um estilo bem diretivo, permitindo poucas sugestões dos funcionários e sempre decidindo em cima das normas. A diretora industrial falou que as duas seções tinham excelentes desempenhos e que estava satisfeita com a administração dos dois gerentes de seções.

Pede-se: Qual é o seu diagnóstico para a situação apresentada e que conceitos usaria para explicar a situação?

Referências

AGARWAL, A., SHANKAR, R., TIWARI, M. K. Modeling the metrics of lean, agile and leagile supply chain: An ANP-based approch. *European Journal of Operational Research*, 173, 2006, pp. 211-225.

BEST, M.H. *The new competition*: institutions of industrial restructuring. Great Britain, Harvard University Press, 1990.

BOTTA-GENOULAZ, V.; MILLET, P. A classification for better use of ERP systems. *Computers in Industry*. 56, 2005, pp. 573-587.

BURNS, T.; STALKER, G.M. *The management of innovation*. London, Tavistock, 1961.

CAMARINHA-MATOS, L.M.; AFSARMANESH, H. On Reference Models for Collaborative Networked Organizations. *International Journal of Production Research*, v. 46, n. 9, May, 2008, pp. 2453-2469.

CAO, Q.; DOWLATSHAHI, S. The impact of alignment between virtual enterprise and information technology on business performance in a agile manufacturing enviroment, *Journal of Operations Management*, 23, pp. 531-550, 2005.

GOOLD, M.; CAMPBELL, A. Structured Networks Towards the Well-Designed Matrix. *Long Range Planning*, 36, 2003, pp. 427-439.

GORANSON, H. T. *The agile virtual enterprise*: cases, metrics, tools. Westport, Conn.: Quorum Books, 1999.

LAURSEN, K.; MELICIANI, V. The importance of technology based inter-sectorial linkages for market share dynamics, *Danish Research Unit for Industrial Dynamics*. Nº 99-10, 1999.

MINTZBERG, H. *Criando organizações eficazes*: estruturas em cinco configurações. São Paulo: Atlas, 1995.

NOTEBOOM, B. Governance and competence: how can they be combined? *Cambridge Journal of Economics*, 28, 2004, pp. 505-525.

NOTEBOOM, B. Innovations and inter-linkages: new implications for policy, *Research Policy*, 28, 1999, pp. 793-805.

OECD – Organization for Economic Cooperation and Development. *Manual de Oslo*: Proposta de diretrizes para coleta e interpretação de dados sobre inovação tecnológica. OECD, Finep, 2006.

RITTER, T.; GEMÜNNDEN, H. G. Network Competence: Its impact on innovation success and its antecedents. *Journal of Business Research*, 56, 2003, pp. 745-755.

RYCROFT, R. W.; KASH, D. E., (2004). Self-organizing innovation networks: implications for globalization. *Technovation*, 24, pp. 187-197.

SOH, P.; ROBERTS, E. B., (2003). Network of innovators: a longitudinal perspective. *Research Policy,* 32, pp.1569- 588.

SCHUH, G.; MILARG, K.; GÖRANSSON, A. *Virtuelle Fabrik*: Neue Marktchancen durch dynamische Netzwerke. München, Deustchland, Hanser Fachbuch, 1998.

THE ECONOMIST. O processo de invenção ontem e hoje. *O Estado de S. Paulo,* Economia, p.B6, 2015.

TØLLE, M.; BERNUS, P.; VESTERAGER, J. Reference Models for Virtual Enterprises. IN: IFIP Working Conference on Virtual Enterprises., 2002, pp. 3-10.

VERNADAT, F.B. *Enterprise Modeling and Integration*: principles and applications. Chapman & Hall, 1996.

VILICIC, F. O capitão do time. *Revista Veja*, 4 de julho de 2014, p. 98-99.

WIGANG, R.; PICOT, A.; REICHWALD, R. *Information, organization and management*: expanding markets and corporate boundaries. Chicester: wyley & Sons, 1997.

ZAIDAT, A.; BOUCHER, X.; VINCENT, L. A. Framework for organization network engineering and integration. *Robotics and Computer-Integrated Manufacturing*, 21, 2005, p. 259-271.

Capítulo 12

DIFERENCIAÇÃO E INTEGRAÇÃO:
A influência do ambiente na Organização

Fábio Müller Guerrini
Edmundo Escrivão Filho
Daniela Rosim
Luiz Philippsen Jr. (ilustrações)

Resumo:

Como o ambiente influencia a Organização? A diferenciação é necessária para permitir que haja certo nível de especialização por departamentos ou setores na Organização. Concomitantemente, a integração garante que haja coesão entre os diferentes departamentos, com direcionamento para os objetivos da Organização. Neste capítulo você verá como a diferenciação e a integração respondem aos estímulos externos.

Palavras-chave: diferenciação, integração, ambiente.

Objetivos instrucionais:

Apresentar a dinâmica de aplicação dos conceitos de diferenciação e integração e como eles são influenciados pelo ambiente externo.

Objetivos de aprendizado:

Após a leitura deste capítulo, espera-se que o aluno seja capaz de:

❖ Compreender a influência do ambiente externo nos processos de diferenciação e integração.

❖ Compreender os mecanismos de integração com base em tecnologia de informação e comunicação (TIC).

Introdução

Paul R. Lawrence e Jay W. Lorsch publicaram o livro *Organization and environment: managing differentiation and integration* em 1967, que ganhou rapidamente o status de "clássico" da Administração por contribuir com as mudanças no paradigma das ideias da Administração. Até aquele momento, preconizava-se a possibilidade de uma única teoria administrativa ser capaz de atender às necessidades de soluções gerenciais de qualquer tipo de empresa. Com base nesta e em outras reflexões, a teoria administrativa passa a reconhecer que não existe uma única maneira certa de administrar.

Lawrence e Lorsch (1986) propuseram a conexão entre as variantes técnicas e as condições econômicas externas à Organização para verificar que padrões de Organização e Administração conduzem ao desempenho econômico bem-sucedido. A questão fundamental que eles se queriam verificar era: que tipo de Organização é necessária para lidar com várias condições econômicas e de mercado?

Para responder a essa questão, alguns argumentos iniciais foram apresentados.

Uma empresa que produz *commodities* padronizadas e vende para consumidores em um mercado estável deve necessitar concomitantemente de uma forma e um estilo de Organização diferente de Organizações que produzem produtos sofisticados para um mercado dinâmico. Nesse sentido, não há uma maneira "melhor" para organizar todas as situações. É necessário compreender o funcionamento de grandes organizações, que consistem em um grande número de indivíduos e vários grupos, e como o funcionamento interno da Organização se reflete no mercado e nas condições técnicas fora da empresa. A complexidade das organizações torna necessário diminuir a quantidade de conceitos e de variáveis utilizadas para explicar a Organização.

Para Lawrence e Lorsch (1986) a Organização é um sistema aberto no qual o comportamento dos seus membros está inter-relacionado. Tanto a organização formal quanto a tecnologia podem também ser relacionadas para dividir expectativas de como os administradores deveriam se comportar. Essas características atraem administradores com certas características de personalidade. Conforme os sistemas aumentam, as Organizações diferenciam-se em partes para conseguir atender de forma mais adequada as necessidades do mercado. Entretanto, o funcionamento separado das partes deve ser integrado.

A pesquisa foi realizada em duas etapas. Inicialmente, foram levantados dados de seis empresas no setor de plásticos. Elas foram separadas em três grupos, em duplas, de baixo, médio e alto desempenho. Uma vez verificado como ocorria a diferenciação e a integração nessas seis empresas do setor de plásticos, a pesquisa incluiu mais quatro empresas do setor alimentício de contêineres.

Diferenciação e integração

Lawrence e Lorsch (1986) formularam o conceito de diferenciação e integração, baseando-se na interação da Organização com o ambiente externo.

O ambiente externo demanda que a Organização crie segmentos que atendam as suas especificidades. A forma como cada segmento atende as demandas do ambiente depende da capacidade dos gestores. As condições externas relativas tanto às oportunidades quanto aos conhecimentos científicos devem ser contempladas no projeto da Unidade.

A Organização deve garantir a coesão das ligações entre as Unidades. Essa divisão do trabalho entre os departamentos e a necessidade de unificar o esforço de liderança conduzem a um estado de diferenciação e integração na Organização.

Na Gerência Administrativa, houve a preocupação de se garantir a integração ao buscar-se a melhor forma de divisão do trabalho. Entretanto, a segmentação da Organização em departamentos criou a disfunção da definição de objetivos específicos para esses departamentos, nos quais os membros se tornavam especialistas em lidar com tarefas específicas, sem o reconhecimento das propriedades sistêmicas da Organização.

Na concepção de Lawrence e Lorsch (1986) a diferenciação significa "as diferenças de atitudes e comportamentos" e não simplesmente a segmentação e especialização do conhecimento.

Há três dimensões de diferenças no modo de pensar e trabalhar entre os gestores nessas diversas unidades. As diferenças entre os gestores nos seus diferentes trabalhos funcionais em suas orientações em torno de objetivos particulares. A diferenciação na orientação do tempo dos gestores em diferentes partes da Organização. As diferenças na maneira como os gestores em vários departamentos funcionais tipicamente lidam com seus colegas, com a sua orientação interpessoal.

A diferenciação entre unidades significa, em um sentido amplo, as diferenças na orientação e na formalidade da estrutura. É a diferença na orientação cognitiva e emocional entre os gestores em diferentes departamentos funcionais que determina a qualidade do estado de colaboração existente entre os departamentos, ao serem solicitados a um esforço unido para atender as demandas do ambiente.

A integração refere-se a esse estado de relações departamentais e, por conveniência, é um conceito utilizado para descrever tanto o processo pelo qual o estado é alcançado quanto os dispositivos organizacionais utilizados para alcançá-lo. A integração só é atingida mediante a colaboração.

O paradoxo do emprego simultâneo dos conceitos de diferenciação e da integração diz respeito a como a integração pode ser facilitada sem sacrificar as necessidades de diferenciação.

A Figura 12.1 apresenta a complementaridade entre os conceitos de diferenciação e integração.

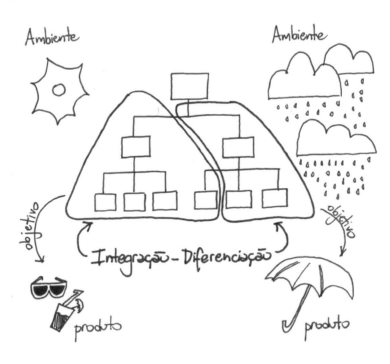

Figura 12.1: Complementaridade entre os conceitos de diferenciação e integração.

Neste contexto, conclui-se que as condições técnicas e econômicas diferentes conduzem as Organizações a necessitarem de diferentes padrões organizacionais entre si (diferenciação). As Organizações projetadas para a demanda dos seus ambientes também podem fornecer uma ampla gama de oportunidades de satisfação das necessidades pessoais de alcançar objetivos e de afiliação a poder.

Ambiente dinâmico

Para Lawrence e Lorsch (1986), a diferenciação departamental está relacionada à formalização da estrutura e da orientação interpessoal, de tempo e de objetivos. Há diferenças nas características estruturais de vários departamentos em cada organização, e essas diferenças estão relacionadas à natureza do ambiente com o qual cada unidade tem que lidar.

A orientação interpessoal é específica para cada tipo de pessoal (engenheiros de produção, pessoal de vendas e marketing e cientistas). Os engenheiros de produção são orientados por tarefas. O pessoal de vendas e marketing é orientado pelas relações com os clientes. Os cientistas são orientados para o cumprimento de tarefas. A orientação de tempo varia em função também do pessoal. O pessoal de vendas e marketing e os engenheiros de produção possuem uma orientação para resultados em curto prazo. Os cientistas possuem uma orientação para resultados de médio a longo prazo. A orientação de objetivos conta com diferentes visões. O pessoal de marketing e vendas possui o objetivo de atender o mercado e os clientes. Os engenheiros de produção possuem objetivos técnico-econômicos relacionados a custos e qualidade. Os cientistas visam o desenvolvimento de novos conhecimentos científicos e sua aplicabilidade em produtos e processos inovadores, relacionados a fatores técnico-econômicos como melhorias tecnológicas para redução de custos e controle de qualidade (Lawrence e LORSCH, 1986).

Após essas constatações, a questão subsequente foi: as organizações que alcançaram o ajuste mais próximo entre a diferenciação departamental e os atributos do seu ambiente também apresentaram alto desempenho em termos de resultados econômicos?

A conclusão é que as organizações que estão mais alinhadas com as demandas do ambiente são mais aptas a lidar com as questões de diferenciação e integração. Um alto grau de diferenciação implica que os gerentes verão problemas diferentemente e surgirão conflitos inevitáveis sobre a melhor forma de proceder. A integração efetiva, entretanto, preconiza a resolução desses conflitos de buscar a satisfação das partes para o bem geral da empresa. Isso fornece uma indicação importante de como essas organizações identificam as suas necessidades ambientais para a diferenciação e integração efetivas.

Aspectos da integração

As empresas de alto desempenho mantêm estados de integração que estão mais alinhados às demandas dos seus ambientes específicos. Nos ambientes mais diversos e dinâmicos há necessidade de alta diferenciação e alta integração. Nos ambientes mais estáveis e menos diversos a diferenciação é menor, mas é necessária alta integração. Em alguns casos, as empresas de alto desempenho não dispõem de um departamento de integração. A integração é uma necessidade e uma prática natural. Quanto mais alinhadas com o seu ambiente, maior é a diferenciação e a integração. As organizações bem-sucedidas tendem a manter estado de diferenciação e integração consistentes com a diversidade das partes do ambiente e a independência necessária dessas partes. Cada organização pesquisada desenvolveu práticas de solução de conflitos consistentes com os seus ambientes.

Essas conclusões sugerem uma teoria contingencial da Organização que reconhece sua natureza sistêmica. Nesse sentido, as variáveis organizacionais estão em uma inter-relação complexa entre si e com as condições do ambiente. O estado interno da Organização e o processo são consistentes com as demandas externas.

O estado de diferenciação em uma organização efetiva é consistente com a diversidade das partes do ambiente, enquanto o estado de integração é consistente com a demanda ambiental para interdependência das partes organizacionais. Para as partes mais imprevisíveis e incertas do ambiente, a hierarquia organizacional tende a ser menor. Do mesmo modo, a influência relativa dos vários departamentos funcionais varia, dependendo de onde estão envolvidos em função dos determinantes ambientais. Nesses casos, os determinantes da resolução efetiva de conflito são contingentes às variações no ambiente.

Mecanismos para viabilizar a integração baseados em TIC

A partir da década de 1990 observou-se um crescente número de empresas que passaram a buscar soluções baseadas em sistemas integrados de gestão para viabilizar a integração de seus processos de negócio e as atividades de apoio, partindo de uma única base de dados. Até então, os sistemas de informação haviam se disseminado nas empresas com base em necessidades específicas de cada setor da empresa, criando em algumas situações uma subobjetivação daquele setor em detrimento aos objetivos da empresa. Nesse caso, a diferenciação não contribuía para a integração.

A difusão dos sistemas integrados de gestão apoiava-se na abordagem por processos de negócio, após o reconhecimento de que a organização deve produzir (função Produção) um produto ou serviço, vender (função Vendas e Marketing), e cumprir tarefas financeiras e contábeis (função Finanças e Contabilidade) para gerir seus ativos financeiros e seu fluxo de caixa sem deixar de lado o fator humano (função Recursos Humanos.

O American Productivity & Quality Center (APQC, 2006) propôs um esquema que compreende cinco processos operacionais e sete processos de gerenciamento. A Figura 12.2 representa o esquema da APQC.

Figura 12.2: Processos de negócio na visão da APQC. Adaptado de: APQC (2006).

A diferenciação da estrutura organizacional deve basear-se em metas dos cinco processos operacionais: desenvolver visão e estratégia; projetar e desenvolver produtos e serviços; fazer marketing e vender produtos e serviços; distribuir produtos e serviços; gerenciar e prestar assistência ao cliente. Já as relações entre os agentes envolvidos configuram-se nos sete processos de apoio e gerenciamento: desenvolvimento e gerenciamento de recursos humanos; gerenciamento da tecnologia da informação; administração de recursos financeiros; aquisição, construção e gerenciamento de recursos físicos; criação e geração de responsabilidade ambiental e de segurança; gerenciamento de relações externas; gerenciamento de construção de conhecimento, melhorias e mudanças.

Um sistema ERP apoia parcialmente os processos de negócio organizacionais (CHALMETA *et al.*, 2001), pois há variação no grau de importância do apoio ao processo decisório e na plataforma de integração de informações de uma empresa para outra. Essa variação é uma consequência da incompatibilidade entre as visões funcional e departamental em relação a visão de integração por processos de negócio do ERP.

Tal incompatibilidade de visões criou a necessidade de customizar os processos gerenciais das empresas para permitir a instalação de sistemas ERP (DAVENPORT, 1994). Até então, os sistemas de informação eram desenvolvidos com o intuito de refletir exatamente as características dos processos gerenciais da empresa. Essa foi uma mudança cultural iniciada na década de 1990 que ainda está em curso.

Para auxiliar a compreensão dos processos de negócio e auxiliar a implantação de sistemas integrados de gestão, desenvolveu-se o conceito de arquitetura de referência (CHALMETA *et al.*, 2001). Com base em uma metodologia organizada de formalização das operações e das ferramentas de apoio, considera-se que integração é a chave para atender às novas exigências de mercado, porque, em geral, existem diversos programas de melhoria organizacional; todavia, tais programas andam isolados e sem coordenação.

A integração organizacional é necessária para a criação de uma infraestrutura de informação global para processar a informação com precisão, permitir a cooperação, apoiar as deficiências dos recursos e adaptar-se em um ambiente dinâmico (WILLIAMS, 1989). A integração originada de uma arquitetura de referência baseia-se em um programa que prevê cinco passos: aspectos conceituais da rede, como missão, visão, estratégia, política e valores; projeto e redesenho dos processos de negócios; implantação de programas de melhoria, normas de qualidade e melhoria contínua; administração de recursos humanos; a construção de um sistema de informação que considera os níveis hierárquicos com suas respectivas decisões (CHALMETA *et al.*, 2001).

A Figura 12.3 apresenta os elementos do programa de integração organizacional.

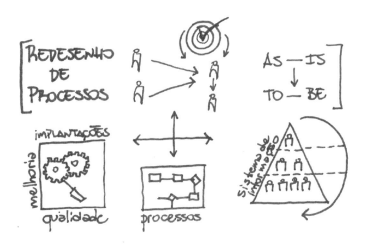

Figura 12.3: Elementos do programa de integração organizacional. Adaptado de: CHALMETA *et al.* (2001).

Lawrence e Lorsch identificaram no estudo de caso da indústria de plástico as necessidades de diferenciação e integração em 1967. As Tecnologias de Informação e Comunicação (TIC) e a gestão por processos de negócio foram mecanismos fundamentais para implementação destes conceitos.

Cooperação para a inovação: um desdobramento contemporâneo

O conceito de estrutura organizacional passou por várias transições. Num primeiro momento, a estrutura organizacional foi concebida com base nas indústrias em ambientes relativamente estáveis. Mas, com a passagem da economia industrial para uma economia mais baseada em serviços, o ambiente de negócios exigia mudanças mais frequentes das empresas, estimulando-as a buscar estruturas organizacionais mais inovadoras (ECCLES; NOLAN, 1993).

A estrutura organizacional se define pelo resultado do processo de distribuição de autoridade, de especificação de atividades e de delineamento de sistemas de comunicação para atingir os objetivos da empresa. Tradicionalmente, as empresas adotavam estruturas organizacionais especializadas, como a estrutura funcional, geográfica, por processo, por cliente e por produto. Com o aumento da turbulência e competitividade no ambiente de negócios, as empresas começaram a adotar estruturas organizacionais inovadoras, tais como por projetos, matricial e novos empreendimentos (VASCONCELLOS; HEMSLEY, 2003).

Os gerentes de empresas com presença mundial, com frequência, solucionaram problemas estratégicos por mudanças nas estruturas organizacionais, pois essas mudanças são vistas como ferramentas eficazes para redefinir responsabilidades e relacionamentos, viabilizando que a alta gerência cause impactos imediatos e transmita sinais enfáticos de mudança a todos os níveis administrativos (BARTLETT; GHOSHAL, 1991).

Nesse processo de aprendizagem, as empresas perceberam que não bastam mudanças na estrutura formal da empresa, ou seja, na definição estática de seus papéis, responsabilidades e relacionamentos, uma vez que tais estruturas formais se confrontam com ambientes de negócios bastante dinâmicos. Desse modo, as empresas perceberam ser necessário criar competências e capacidades organizacionais múltiplas, ao se repensar os processos e sistemas decisórios da empresa, os canais de comunicação e as relações interpessoais (BARTLETT; GHOSHAL, 1991).

A competitividade sustentável depende de cooperação e alianças entre os setores industriais e econômicos para facilitar a difusão tecnológica (Chesnais, 1991), como verifica Rycroft e Kash (2004) no caso das montadoras de automóveis japonesas (Nissan, Toyota e Mitsubishi) em relação aos seus fornecedores e no caso da NEC que estabeleceu mais de cem alianças de desenvolvimento tecnológico nos últimos anos.

É válida a geração de ideias para o desenvolvimento de negócios de risco pelas redes de inovação (HUSTED e VINTERGAARD, 2004). No setor de comunicação americano, as empresas que participam de acordos interorganizacionais aumentam as possibilidades de sobrevivência quando se estabelece um novo padrão tecnológico nos estágios primários da nova tecnologia (SOH e ROBERTS, 2003).

As empresas integradoras de sistemas formam redes de inovação com os fornecedores de tecnologia especializada ao analisar empresas do Vale do Silício nos Estados Unidos, e empresas na Inglaterra e na Finlândia (AUTIO, 1997).

Na Itália, a interação entre as pequenas empresas, o governo e instituições de apoio para desenvolver a exportação internacional permitiu promover uma especialização produtiva com base na organização de redes de cooperação com alto conteúdo tecnológico (BEST, 1990).

Pequena empresa:

Pequena ou média empresa? Eis a questão

Pequena e média empresa. Esse binômio, aparentemente simples, esconde uma ampla gama de diferenças, tanto conceituais quanto em termos jurídicos e empresariais. Apesar de o Small Business Administration dos Estados Unidos ter conceituado a pequena empresa como aquela que tem de 20 a 499 funcionários, dentro desse amplo gradiente de pessoal são necessárias soluções gerenciais diferentes em seus extremos. No extremo inferior (cerca de vinte funcionários) o controle pode ser baseado em informalidade e o proprietário assume o papel de dirigente e técnico, simultaneamente. Nesse caso, a integração demanda uma coordenação relativa simples, pois as características conduzem a controles visuais e baseiam-se em relacionamentos sociais *téte-à-téte*. A possibilidade de diferenciação é limitada. No outro extremo (cerca de 499 funcionários), a empresa já necessita de certo grau de profissionalismo e impessoalidade nas relações, e na transição da pequena para média empresa é que muitas empresas fecham. A empresa necessita de uma estrutura administrativa constituída de uma equipe administrativa organizada, para garantir a integração da empresa. A própria atuação do proprietário na empresa precisará sofrer alterações, e o difícil, neste caso, é o proprietário convencer-se disso. Quando a empresa cresce na direção de tornar-se de porte médio, ela enfrenta uma crise financeira. Para crescer é necessário investir capital, o que não gera retorno financeiro imediato. Quanto antes for detectado esse problema, menores serão os efeitos que levam a uma crise financeira generalizada.

A média empresa pode ser considerada em vários aspectos uma organização burocrática, pois seu grau de formalização na definição de uma hierarquia é mínimo, separando as funções administrativas, financeiras e de operações, uma vez que a integração das diferentes áreas funcionais na empresa demanda uma coordenação mais balanceada. A amplitude de atuação no mercado da média empresa pode ser maior, e o setor de vendas na média empresa é estratégico para que a empresa mantenha e adquira novos clientes.

Drucker apontou quatro medidas para melhorar as chances de sucesso em um esforço de mudança organizacional de pequena para média empresa: promover o diagnóstico da situação; identificar os fatores para realizar as mudanças necessárias; definir a estratégia de mudança; e controlar e acompanhar o processo de implementação.

As médias empresas podem desempenhar um papel determinante na economia, pois têm condições de absorver flutuações do mercado e atuar em mercados focalizados, com um custo mínimo eficiente menor frente à grande empresa.

Administração também é cultura:

Desempenho e legislação ambiental

Um gerente de projetos de uma empresa multinacional que atua em ambientes dinâmicos, com alto conteúdo de inovação tecnológica, relatou certa vez que o desempenho econômico da empresa era melhor em países nos quais a legislação ambiental e as agências reguladoras são atuantes em aspectos relacionados à mitigação de problemas ambientais causados pela atividade industrial.

Na Alemanha, por exemplo, o governo concede incentivos para que a empresa produza a energia que consome, proveniente de fontes de energia renováveis (solar ou eólica), faça o tratamento das águas residuárias em estação na própria empresa e diminua a emissão de poluentes. Por parte da sociedade alemã, os produtos mais consumidos são aqueles com selo verde, o que garante que o fabricante tem certificação ambiental. Se a Alemanha liderou a Segunda Revolução Industrial, em função da siderurgia e da indústria química, alguns analistas apontam que tudo indica que ela está iniciando uma "Terceira" Revolução Industrial.

Há um programa governamental para mudar a matriz energética alemã para torná-la predominantemente baseada em energia limpa. Além dos incentivos já mencionados para empresas, o cidadão comum também pode participar desse esforço. Há casas ecoeficientes sendo projetadas e construídas, que maximizam o aproveitamento das águas de chuva, energia solar para aquecimento e geração de energia por células fotovoltaicas. A mais famosa, desenvolvida pela Universidade Técnica de Darmstat, ficou aberta à visitação do público no Parque do Ibirapuera em 2010.

Esse conjunto de ações da sociedade alemã em direção à ecoeficiência cria um ciclo virtuoso entre governo, empresas e sociedade que demanda tanto uma reconfiguração sistêmica da cadeia produtiva, o que influencia os processos administrativos e técnicos nas empresas, quanto uma mudança cultural.

CAPÍTULO 12 – DIFERENCIAÇÃO E INTEGRAÇÃO: A INFLUÊNCIA DO AMBIENTE NA ORGANIZAÇÃO

Caso:

Programa de produção mais limpa

Baseado em: CALIA e GUERRINI (2011).

Um programa de uma multinacional, chamado Produção Mais Limpa, tem como objetivo principal melhorar a ecoeficiência da empresa para a obtenção simultânea de ganhos econômicos e da melhoria da sustentabilidade ambiental. Por sua vez, o objetivo de sustentabilidade ambiental pode ser atingido de três modos alternativos: pela redução de poluentes, pela utilização mais eficiente de energia, ou pela redução de gases causadores do efeito estufa.

Na década de 1970, o criador desse programa instituiu uma nova unidade organizacional na Multinacional Inovadora para integrar representantes dos departamentos mais envolvidos com questões ambientais. Trata-se do comitê corporativo responsável pelo programa de Produção Mais Limpa, que define os critérios de reconhecimento e avalia os projetos que se candidatam ao programa.

Os projetos reconhecidos pelo comitê corporativo são inscritos num evento de reconhecimento, organizado pelo Departamento de Meio Ambiente de cada subsidiária, no qual o presidente da subsidiária entrega troféus de reconhecimento aos integrantes dos projetos reconhecidos. Para isso, o programa corporativo de Produção Mais Limpa recomenda ao presidente e ao Departamento de Meio Ambiente da subsidiária um roteiro de como conduzir esses eventos de reconhecimento. Tais eventos costumam ser bastante simples, com as equipes de projeto recebendo oficialmente os parabéns do presidente da subsidiária na presença dos respectivos chefes, além de uma veiculação do evento nos meios de comunicação internos da empresa. Essa maior exposição do funcionário contribui para o desenvolvimento da sua carreira, não de forma direta, mas de modo incremental ao consolidar a sua reputação profissional.

A maioria dos projetos de Produção Mais Limpa na Multinacional Inovadora é conduzida por um líder de projetos, de acordo com a metodologia Seis Sigma, que foi capacitado pelo treinador interno da Seis Sigma e é assessorado e liderado por um gerente de projeto. Por sua vez, o líder de projetos lidera os membros da equipe, que são funcionários especialistas nas atividades operacionais e no conhecimento tácito sobre o processo produtivo. Desse modo, o líder de projetos utiliza o conhecimento tácito dos membros da equipe, de acordo com a estrutura de análise da metodologia Seis Sigma, tanto para diagnosticar as causas da poluição e desperdícios, quanto para definir soluções e novos procedimentos comprovados e estáveis. Eventualmente, os líderes de projeto tomam a iniciativa de iniciar um projeto de Produção Mais Limpa com base nos conhecimentos adquiridos em um curso de extensão em Gestão Ambiental na universidade próxima da subsidiária brasileira.

O gerente de projetos se motiva a liderar e assessorar vários líderes de projeto, pois a sua carreira depende de como o diretor de projetos avalia o seu desempenho durante os poucos anos de duração desse cargo. De fato, só são admitidos no cargo de gerente de projeto funcionários com elevado potencial para assumir a liderança da empresa por já terem demonstrado previamente liderança e um histórico consistente e convincente de geração de resultados. O cargo de gerente de projetos oferece uma experiência adicional mais intensa para o funcionário demonstrar ser capaz de causar mudanças inovadoras e de elevada contribuição para a competitividade da empresa, de modo a aumentar as evidências do mérito do funcionário para assumir postos de maior responsabilidade em sua carreira após ter concluído o período do cargo de gerente de projetos.

Considerações finais

Lawrence e Lorsch (1986) concluem que os problemas organizacionais básicos são diferenciação e integração. A divisão departamental da organização para o desempenho de uma tarefa especializada em um contexto ambiental também especializado é chamada de diferenciação. A integração é o resultado de ações coordenadas desempenhadas em função de pressões internas e externas para atingir um objetivo comum. Não há uma única maneira de lidar com a diferenciação (divisão das partes) e integração (coordenação das partes).

O ambiente da empresa determina os níveis de integração e de diferenciação. Conforme os sistemas aumentam, diferenciam-se em partes que precisam ser integradas para o sistema geral funcionar. Além do ambiente, a tecnologia é uma variável independente para a empresa funcionar e alcançar seus objetivos. A tecnologia incorporada é relativa a matéria-prima, bens de capital, componentes etc. A tecnologia não incorporada encontra-se nas pessoas.

A visão contingencial não oferece regras definidas que orientem a ação do administrador, tal como acontecia durante os outros movimentos do pensamento administrativo. As características estruturais são dependentes das características ambientais. A contingência sugere que os gerentes devem pensar em como eles projetam, constroem e operam a Organização para lidar com as condições específicas do ambiente. Fornece o início de uma estrutura conceitual para projetar as organizações de acordo com as tarefas que estão tentando realizar, dependentes dos fatores contingenciais externos à Organização.

ELSEVIER   CAPÍTULO 12 – DIFERENCIAÇÃO E INTEGRAÇÃO: A INFLUÊNCIA DO AMBIENTE NA ORGANIZAÇÃO

Roteiro de aprendizado

Questões

1. Explique com um exemplo o conceito de diferenciação.
2. Explique com um exemplo o conceito de integração.
3. Por que o processo de diferenciação e a integração deve ser encarado como um processo iterativo?
4. Como o ambiente dinâmico do mercado influencia no processo de diferenciação e integração?
5. Relacione o conceito de escala e escopo com o conceito de diferenciação e integração.

Exercício

Patricia Silva, presidente de autarquia municipal de serviço de água e esgoto SAE de uma cidade do interior de São Paulo, estava convencida de que um instrumento gerencial eficaz era absolutamente essencial para o êxito da empresa. Ela notara que os diretores dos departamentos continuavam agindo como bem entendiam. Tomavam decisões sobre problemas à medida que surgiam e se orgulhavam de ter uma habilidade de "apagar incêndio".

Mas a empresa SAE parecia estar à deriva, as decisões de um diretor nem sempre eram compatíveis com as de outro. O diretor de regulamentação estava sempre pressionando a Câmara de Vereadores por aumento na tarifa, mas sem sucesso já que não consegue justificar eficazmente os custos do tratamento d'água e esgotos; o diretor de relações públicas vive em conflito com a população, pois esta considera a tarifa alta; o diretor de operações avalia que a questão dos custos é uma questão menor já que dá prioridade à expansão da linha.

Quando você visitou a empresa como consultor, a pedido de Patrícia, e examinou a situação, descobriu que:

1. De forma geral, as atividades desempenhadas pelas diretorias não contribuíram com a consecução do objetivo estabelecido da empresa. Cada diretor, praticamente, agia como queria.

2. Ainda que não seja possível predizer com certeza a ocorrência dos eventos futuros, os diretores não preparavam o porvir e não levantavam as possíveis dificuldades.

3. As duplicações de esforços, as atividades desnecessárias, as ineficiências no uso dos recursos, via de regra, limitados, não eram evitados.

4. A presidente não exercia controle das atividades dos diretores; estes não controlavam seus gerentes; e assim por diante na hierarquia abaixo.

Pede-se: Explique o que está ocorrendo na empresa com base nos conceitos de diferenciação e integração.

Pensamento administrativo *em ação*

Situação 1:

Uma empresa nacional desenvolve soluções logísticas, sendo comandada por Marcos, um jovem engenheiro doutor em computação. Todos os funcionários concluíram ou irão concluir um curso de graduação. E mais de 40% dos empregados fazem ou fizeram cursos de pós-graduação, o que é facilitado por existirem na região duas universidades que atuam como parceiras do meio empresarial para desenvolvimento e compartilhamento de tecnologia.

Os produtos são desenvolvidos com base nas especificações informadas pelos clientes. Entretanto, isso não significa que o produto integral seja customizado, pois existem os denominados "produtos de prateleira". O ambiente na empresa é bastante agitado, afinal a cada dia novas equipes de trabalho são montadas. Não existe muito rigor no horário de trabalho e os empregados têm à sua disposição um ambiente de descontração, a copa, com sucos, café, frutas e biscoitos. O gerente, Marcos, gosta muito de frequentar este local e incentiva seu pessoal a fazer o mesmo já que acredita no surgimento de novas ideias em qualquer local e momento.

O gerente está frequentemente preocupado com a qualificação de seu pessoal, o que torna rotina os cursos *in company* para atualização de todos. Também é comum algum empregado fazer cursos incrementais para depois treinar os colegas com base no conteúdo aprendido, por meio de reuniões informais ou até mesmo verdadeiros workshops.

Entretanto, Marcos enfrenta uma questão difícil: substituir os funcionários que são contratados por outras empresas para trabalhar no exterior ou ainda em empresas nacionais concorrentes. O gerente tem a sensação de que a grande perda não se deve apenas ao investimento despendido em cursos e treinamentos, pois os recém-contratados parecem alinhados com as necessidades do mercado, contribuindo em muito na geração de ideias para a criação dos produtos. O fato é que o funcionário antigo parecia estar mais adaptado às rotinas organizacionais.

ELSEVIER   CAPÍTULO 12 – DIFERENCIAÇÃO E INTEGRAÇÃO: A INFLUÊNCIA DO AMBIENTE NA ORGANIZAÇÃO   259

A questão é que a empresa sempre priorizou políticas de recompensas e reconhecimento, mas independentemente disso a rotatividade tem sido alta. Sem contar que, com isso, a empresa tem receio de que suas principais iniciativas de criação e desenvolvimento de serviços e produtos sejam copiadas pelas concorrentes que levaram seus funcionários detentores de tais informações.

Pede-se:

Qual é o problema de gerenciamento e que solução você proporia?

Situação 2:

O presidente de uma empresa metalúrgica com cinco mil funcionários contrata você para uma consultoria. Ele começa dizendo: "Não entendo como pode. Se a nossa empresa é igual às outras, por que não temos os mesmos resultados?" Dirigindo-se a você, ele pergunta: "Você tem uma explicação para isso?"

Você diz acreditar que "as organizações necessitam da legitimidade dos depositários de seus interesses (clientes, investidores, governo, associações etc.) para existirem e terem sucesso mais do que, na realidade, alcançarem alta eficiência. Dessa forma, as organizações adotam estruturas e processos internos para agradar a essas entidades externas. Então, pode-se dizer que o ambiente externo da organização é formado por normas, valores e crenças dos interessados. Por que as organizações são surpreendentemente parecidas? Por que há tanta homogeneidade nos modelos e práticas das organizações? É que as organizações adotam práticas adequadas às expectativas dos interessados".

Você continua dizendo:

"Consequentemente, forma-se uma tendência invisível rumo à semelhança nas práticas organizacionais. Essa tendência em direção à semelhança entre organizações de um mesmo setor é denominada de isomorfismo institucional. Existem três forças que levam ao isomorfismo e estão associadas às pressões:

1) **Miméticas:** para adoção de modelos estruturais e gerenciais de organizações bem-sucedidas. Tal pressão origina-se nas incertezas de acerto de produtos, serviços e tecnologias. Os modelos da moda adotados não garantem o sucesso (na maioria será de fato um insucesso), mas aliviam as sensações de insegurança dos gerentes;

2) **Coercitivas:** originárias de fatores políticos com a presença de leis e sanções. São pressões por adoção de regulamentações de saúde, segurança, trabalhistas etc.

As organizações de maior poder (Estado ou corporações) forçam a mudança; independentemente de não se tornarem mais eficazes, elas "parecerão" mais eficazes;

3) **Normativas**: pela adoção de padrões de profissionalismo. As pessoas passam por treinamento nas empresas, fazem cursos nas universidades e adotam soluções para ficarem dentro do credenciamento profissional ainda que o modelo não se prove eficaz".

O presidente, visivelmente reflexivo, diz: "Ótimo, quero seu diagnóstico, fundamentos conceituais e a solução, por escrito, amanhã às 8 horas em meu escritório."

Referências

AMATO NETO, J. *Redes de Cooperação Produtiva e Clusters Regionais. Oportunidades para as pequenas e médias empresas.* São Paulo: Atlas, 2000.

AMERICAN PRODUCT AND QUALITY CENTER. *Process classification framework.* Houston: APQC (2006). Disponível em: http:// www.apqc.org. Acesso em: 02 set 2008.

AUTIO, E. New, technology-based firms in innovation networks symplectic and generative impacts. *Research Policy*, v. 26, 1997, pp. 263-281.

BARTLETT, C.; GHOSHAL, S. *Managing Across Borders: The Transnational Solution.* Boston: Harvard Business School Press, 1991.

BEST, M.H. *The new competition*: institutions of industrial restructuring. Great Britain, Harvard University Press, 1990.

CALIA, R.C.; GUERRINI, F.M. O papel das redes internas em um programa corporativo de produção mais limpa (Capítulo 3). In: AMATO NETO, J. *Sustentabilidade & produção*: teoria e prática para uma gestão sustentável. São Paulo, Atlas, 2011.

CHALMETA *et al.*, R. References architectures for enterprise integration, *The Journal of Systems and Software*, 57, 2001, pp. 175-191.

CHESNAIS, F. (1991) *Technological competitiveness considered as a form of structural competitiveness.* In: NOISI, J. (org.) Technology and national competitiveness. McgillQueens, University Press, Quebec-Canadá.

DAVENPORT, T.H. Putting the enterprise into the enterprise system. *Harvard Business Review*, july-august, 1998, pp.1- 11.

ECCLES, R.; NOLAN, R. A Framework for the Design of the Emerging Global Organizational Structure. In BRADLEY, Stephan; HAUSMAN, Jerry; NOLAN, Richard (Org.) *Globalization, technology, and competition: the fusion of computers and telecommunications in the 1990s*. Boston: Harvard Business School Press, 1993.

GULATI, R.; GARGIULO, M.. *Where do interorganizational networks come from?* American Journal of Sociology. March 1999: pp. 177-231. 1999.

HUSTED, K. e VINTERGAARD, C. *Stimulating innovation through corporate venture bases.* Journal of World Business 39, 2004 , pp. 296–306.

LAWRENCE, P.R.; LORSCH, J.W. *Organization and environment.* Havard Business School Classics, 1986.

LIPNACK, Jessica; STAMPS, Jeffrey. *Rede de informações.* São Paulo: Makron Books. 1994.

PORTER, M. *The technological dimension of competitive strategy.* 1983 In Burgelman, Robert; Maidique, Modesto. (Org.): *Strategic management of technology and innovation.* Illinois: Irwin, Homewood,1988, pp. 211-233.

PYKA, A.; KÜPPERS, G., *Innovation Networks.* Edward Elgar Publishing Limited, 2002

RYCROFT, R.W. e KASH, D.E. Self-organizing innovation networks: implications for globalization. *Technovation*, v. 24, 2004, pp. 187-197

SOH, P. H. e ROBERTS, E. B. (2003) *Networks of innovators: a longitudinal perspective.* Research Policy, vol. 32 pp.1569–1588.

STEVENS, C. **Mapping Innovation** The OECD Observer. Number. 207, Aug/Sept, pp.16-19. 1997.

VASCONCELLOS, E.; HEMSLEY, J., *Estrutura das Organizações:* estruturas tradicionais, estruturas para inovação, estrutura matricial. São Paulo: Pioneiro Thomson Learning, 2003.

WILKINSON, I.; YOUNG, L. *On cooperating Firms, relations and networks.* Journal of Business Research, n. 55, pp. 123-132. 2002.

WILLIAMS, T.J. *Reference model for computer integrated manufacturing, a description from the viewpoint of industrial automotion.* In: CIM Reference Model Committee, International Pardue Workshop on Industrial Computer Systems, Purdue Laboratory for Applied Industrial Control, Purdue University, West Lafayette, IN, May 1988, Research Triangle Park, NC, 1989. Instrument Society of America, 1989.

Capítulo 13

METODOLOGIAS PARA PENSAR A ORGANIZAÇÃO:
a visão sistêmica em prática

Fábio Müller Guerrini
Edmundo Escrivão Flilho
Daniela Rosim
Luiz Philippsen Jr. (ilustrações)

Resumo:

Como colocar a visão sistêmica em prática? Ao longo do século XX, o conceito da Teoria Geral de Sistemas teve diversas vertentes. Apesar do reconhecimento da importância do enfoque sistêmico, havia dificuldades inerentes em função de sua amplitude de implementá-lo na prática. Isso se tornou possível com o desenvolvimento de metodologias como a dinâmica de sistemas, mapeamento cognitivo e os sistemas *soft*.

Palavras-chave: mapeamento cognitivo, dinâmica de sistemas, sistemas *soft*.

Objetivos instrucionais:

Apresentar metodologias que auxiliam a pensar a Organização e colocar a visão sistêmica em prática.

Objetivos de aprendizado:

Após a leitura deste capítulo, espera-se que o aluno seja capaz de:

❖ Compreender os elementos que caracterizam a visão sistêmica.
❖ Reconhecer a importância das habilidades conceituais do administrador para formular princípios da Organização.
❖ Ser capaz de utilizar metodologias baseadas no pensamento sistêmico para diagnóstico e implementação de soluções gerenciais.

Introdução

A principal conclusão do Movimento da Contingência é que não há uma única teoria ou solução gerencial que seja universal o suficiente para todas as Organizações. Há a necessidade de elaborar um projeto da Organização que contemple as suas especificidades, mas, para isso, é necessário um diagnóstico de sua situação atual, para verificar as necessidades de mudança e propor um projeto que permita atingir um estado futuro.

Conforme a abordagem dos sistemas sociotécnicos, as Organizações são em parte um sistema social, composto por pessoas e as interações entre si, relativas às suas tarefas e funções, sistemas de recompensa, supervisão e cultura organizacional; e em parte um sistema técnico, referente ao grau de automatização, operações, processo produtivo, matéria-prima, o grau de centralização das tarefas e as características do espaço físico. Para a Organização cumprir os seus objetivos, deve ocorrer a intersecção entre os sistemas social e técnico, o que resulta em uma abordagem transversal e multidisciplinar.

Checkland (1981) faz uma ponderação sobre a abordagem sistêmica dos problemas administrativos em contraposição à abordagem analítica. Enquanto na abordagem analítica os problemas são decompostos em partes cada vez menores para que o fenômeno possa ser estudado e analisado; na abordagem sistêmica o problema deve ser inserido em um contexto maior para que possa ser compreendido como problema não estruturado apreendido no mundo real, passando pelas fases de estruturação, identificação das variáveis e conceitos relevantes no nível abstrato, até a contraposição do empírico com a teoria e a sistematização de ações de melhoria.

A modelagem interpretativa permite capturar os problemas de mundo real e tratá-los com o pensamento sistêmico. Nesse capítulo aborda-se o conceito de pensamento sistêmico e algumas metodologias desenvolvidas para auxiliar a modelar e pensar sobre os problemas da Organização.

Desenvolvimento das Organizações

O desenvolvimento das Organizações está apoiado na doutrina do reducionismo, baseada na crença de que o conhecimento e experiência podiam ser reduzidos, decompostos e desmontados, fazendo-se o isolamento das partes.

CAPÍTULO 13 – METODOLOGIAS PARA PENSAR A ORGANIZAÇÃO: A VISÃO SISTÊMICA EM PRÁTICA

O reducionismo deu origem ao método analítico pelo qual as explicações de um "todo" eram extraídas das explicações do comportamento e propriedades das suas partes, levando a um processo de análise que isola o objeto de estudo para entender o comportamento das partes tomadas isoladamente e reúne esse entendimento das partes para a compreensão do todo.

Entre os pensadores da administração é possível identificar essa linha divisória entre os analíticos e os sistêmicos. Do lado da abordagem analítica temos todos os pensadores do Movimento Clássico e Movimento das Relações Humanas. Do lado da abordagem sistêmica, temos todos os pensadores do Movimento do Estruturalismo – Sistêmico e do Movimento da Contingência.

As Organizações passaram a analisar os seus problemas de forma determinística (relações de causa-efeito) e mecanística (mundo encarado como uma máquina). Na Revolução Industrial ocorreu a divisão do trabalho, baseada em tarefas simples e repetitivas; e a divisão da estrutura organizacional, agrupando funções similares, níveis hierárquicos e especializando as pessoas em suas respectivas funções. Como resultado da divisão da estrutura organizacional, o poder passou a organizar-se em torno da função que cada pessoa desempenha na empresa, criando níveis hierárquicos para permitir que a gestão empresarial se organizasse. Houve uma decomposição dos problemas, com a busca de soluções para esses subproblemas e ênfase em técnicas de solução de problemas, que especificassem o "como fazer", criando a gestão operacional.

Na Administração Científica, Taylor e Ford empregaram os princípios da divisão do trabalho proposto por Adam Smith para melhorar a produtividade e conseguir produzir em grande escala. Fizeram a decomposição dos movimentos para estabelecer padrões de produtividade. Na Gerência Administrativa, Fayol definiu os princípios da Organização hierárquica em que o trabalho era dividido por especialidades como Produção, Finanças etc. Dentro do contexto que se apresentava na época, essas mudanças significaram um grande avanço em relação à mentalidade existente.

Hoje em dia, se esses conceitos fossem aplicados à risca, eles seriam passíveis de várias críticas, pois a Organização evoluiu com o tempo.

Por exemplo, se a produtividade era a medida básica utilizada para avaliar o desempenho, atualmente as métricas de desempenho empresariais são discutidas tentando contemplar a eficiência e a eficácia em simultâneo.

Os indicadores estão envolvidos nas atividades de planejamento, controle e coordenação de atividades, controle, avaliação e envolvimento de pessoal e comparação de desempenho entre competidores e/ou com Organizações melhores em alguma atividade.

As decisões tomadas passam a ter uma base de dados factual e possibilitam a retroalimentação, que melhora o sistema organizacional.

Os indicadores estimulam a Organização a agir e a corrigir os desvios encontrados, alinhando esforços e concentrando as atenções. Para expressar o desempenho são definidos critérios, mas são os fatores relacionados com a habilidade e a capacidade organizacional, quando transformados em ações e iniciativas, que conduzem ao desempenho desejado nos critérios estabelecidos.

As diversas técnicas de modelagem organizacional deram visibilidade a toda a cadeia de valor em que um produto está inserido durante o processo de transformação. Mas a estratégia da cadeia é algo que não foi possível estabelecer como teoria.

Estamos a meio caminho de uma mudança necessária: utilizamos a teoria desenvolvida para empresas ao longo do século XX, mas há produtos que demandam uma Organização baseada em ligações interorganizacionais para diminuir o ciclo de desenvolvimento de um produto, em virtude de um ciclo de vida do produto mais curto.

As estruturas organizacionais estão sofrendo achatamentos, para que os resultados sejam mais palpáveis. A orientação para uma estrutura baseada em equipes multifuncionais voltadas para os processos de negócio tem criado diferentes formas de organização do trabalho.

A abordagem sistêmica é essencial para entendermos esse fenômeno, bem como a análise organizacional que define o ambiente como tema organizacional relevante, onde ocorrem essas as interações entre empresas. A modelagem organizacional pode facilitar a visualização do todo, enquanto a modelagem matemática operacionaliza e permite medir quantitativamente os processos.

As ferramentas para a visualização sistêmica existem, mas ainda o conhecimento não foi adequadamente incorporado pela Teoria das Organizações.

É interessante notar que todas as teorias administrativas desenvolvidas nos primórdios da Administração foram generalizações feitas com base em estudos de caso em empresas específicas.

No caso de Elton Mayo que desenvolveu todos os seus estudos na Western Electric, foi a longa duração dos seus experimentos que deu o reconhecimento aos fenômenos por ele observados. Assim como Taylor e Fayol, o método analítico foi utilizado por Elton Mayo para a compreensão do problema da produtividade do trabalhador. Ao verificar se a iluminação influenciava a produtividade no ambiente de trabalho, ele havia separado um aspecto específico para tentar uma generalização. Mas no transcorrer da pesquisa ficou claro que o ser humano era muito mais complexo do que simples variáveis físicas.

A compreensão posterior pelos comportamentalistas foi de que os objetivos do trabalhador tinham que ter sinergia com os objetivos da Organização, e, portanto, isso ia além de recompensas materiais.

Atualmente, a tendência nos níveis gerenciais é que o próprio funcionário da empresa estipule as suas metas de desempenho anual, para então ser cobrado por elas. Essa postura atua na perspectiva de estabelecerem-se projetos individuais dentro da Organização, alinhando os objetivos pessoais com os objetivos organizacionais.

Pensamento sistêmico

O pensamento sistêmico teve como ponto de partida as pesquisas do biólogo alemão Ludwig von Bertalanffy que, ao longo de uma vida inteira, explorou a contraposição dos conceitos de sistemas abertos e fechados. O seu argumento básico era o de que a ciência, como a Física convencional, por exemplo, teve todo o seu desenvolvimento isolando determinados sistemas de seus contextos. As leis da termodinâmica só têm aplicabilidade ao se considerarem sistemas fechados. Mas na natureza isso não é possível.

Conforme a definição de Bertalanffy (2006):

> "Um sistema pode ser definido como um complexo de elementos em interação. A interação significa que os elementos p estão em relações R, de modo que o comportamento de um elemento p em R é diferente de seu comportamento em outra relação R'. Se os comportamentos em R e R' não são diferentes não há interação, e os elementos se comportam independentemente com respeito às relações R e R'."

A Teoria dos Sistemas Abertos propôs nove características para definir os "sistemas abertos": importação de energia, transformação, produto, sistema como ciclo de eventos, entropia negativa, insumo de informação, retorno e codificação, estado firme e homeostase dinâmica, diferenciação e equifinalidade.

Um modelo que não reconhece as nove características tende a ignorar a dependência da Organização em relação ao ambiente para o fornecimento de insumos. Neste caso, os pensadores da Organização direcionam as suas análises para a dinâmica interna da Organização. Como consequência, considera-se o fornecimento de insumos como constante e passa-se a admitir que há somente uma única maneira de gerenciar. A equifinalidade diz que não há uma única maneira certa de realizar algo, mas várias alternativas de ação.

A entropia é um estado natural de desagregação do sistema. Para evitar que ela ocorra é necessária a "entropia negativa" para se contrapor à entropia e garantir a coesão do sistema. O insumo de informação é necessário para que se inicie o processamento pelo sistema que produzirá saídas.

Um sistema realimentado é necessariamente um sistema dinâmico, pois há uma causalidade implícita. Em um ciclo de retroação, uma saída é capaz de alterar a entrada que a gerou, e, em consequência, a si própria. Se o sistema fosse instantâneo, essa alteração implicaria uma desigualdade. Portanto, a realimentação pressupõe certo atraso na resposta dinâmica, em função da tendência do sistema de manter o estado atual mesmo resistência a variações bruscas na entrada. Isto é, ele deve ter uma tendência de

A homeostase interno, de modo a riedade de um sistema aberto de regular o seu ambiente equilíbrio dinâmico, com uma condição estável mediante múltiplos ajustes de (WIKIPEDIA, 2014). or mecanismos de regulação inter-relacionados

As nove características garantem que a Organização é dependente de insumos do ambiente. Entretanto, o abastecimento de insumos não é uma atividade constante, o que pode induzir a se considerar que haja "uma única maneira certa" de gerenciar. A característica de equifinalidade mostra que existe mais de um modo de produzir um determinado resultado.

O enfoque sistêmico também foi abordado por psicólogos sociais, como Katz e Kahn, que tomaram por base as características dos sistemas abertos e propuseram uma teoria global para a Organização.

Churchman (1977) utiliza o enfoque científico para eficiência. O cientista de sistema terá necessidade de dizer alguma coisa sobre o significado do objetivo do sistema antes que seja avaliado o seu enfoque. O enfoque dos sistemas do ponto de vista da eficiência baseia-se na ideia do "melhor modo" do qual o administrador deve procurar se aproximar. Entretanto, o foco sobre a eficiência para administrar um sistema pode ser falho, do ponto de vista global. O "melhor modo" pode não ser o modo ótimo para o sistema inteiro.

Para Senge (1990) o raciocínio sistêmico integra o domínio pessoal, modelos mentais, objetivo comum e aprendizado em grupo. Reforçando cada uma delas, o raciocínio sistêmico enfatiza que o todo pode ser maior que a soma das suas partes. A visão de um objetivo sem o raciocínio sistêmico desenvolve cenários que apresentam problemas para tornar-se reais. A mudança de mentalidade é o resultado da aprendizagem, no sentido de o indivíduo se colocar em separado do mundo para se considerar parte integrante dele.

Em parte, a teoria de sistemas abertos fornece abstrações em contraposição às necessidades concretas do mundo real, ao se propor a estudar inter-relações enquanto o número de variáveis torna possível uma infinidade; e baseou-se no mundo físico dos organismos, enquanto o mundo administrativo é um mundo de organizações socioeconômicas.

O enfoque sistêmico baseia-se na premissa de que as empresas só poderão sobreviver em um ambiente de grande mutabilidade na medida em que, com base nos mecanismos de retroação, possam se adaptar a essas mudanças. Entretanto, a contraposição entre o mundo real e o pensamento sistêmico proposto por Checkland (1981) reconhece a necessidade de conjugá-los no sentido de que as ideias se transformem em ações administrativas.

Metodologias para pensar

A teoria dos sistemas abertos foi criticada por pesquisadores e pelo meio empresarial porque, apesar de ser capaz de propor um nível alto de abstração, o conceito de sistema em si não apreendia todas as inter-relações entre as diversas variáveis existentes no mundo real, o que limita as opções analíticas.

Entretanto, a vertente de modelagem organizacional denominada modelagem interpretativa desenvolveu, com base nos princípios do pensamento sistêmico, vários mecanismos que permitem fazer a ligação com o mundo real, entre eles mapeamento cognitivo, dinâmica de sistemas e sistemas *soft*.

Mapeamento cognitivo

O mapeamento cognitivo é utilizado durante entrevistas ou palestras para capturar e representar ideias oriundas do discurso oral. Essa tendência tem sido cada vez mais utilizada por empresas que querem registrar palestras de convidados. Há várias maneiras de representar o mapa cognitivo, mas, de uma forma geral, baseiam-se na teoria dos constructos sociais.

A teoria dos constructos sociais foi elaborada com base no postulado de que "processos pessoais são fundamentalmente canalizados pelas formas pelas quais as pessoas antecipam os eventos". Apoiando-se nesse postulado, há onze corolários que dizem respeito a construção, individualidade, organização, dicotomia, escolha, extensão, experiência, modulação, fragmentação, equivalência e sociabilidade.

A construção permite que as pessoas antecipem eventos com a elaboração de protótipos que resultam em um conjunto de constructos com a finalidade de compreensão. Cada indivíduo elabora e utiliza os seus próprios constructos, partindo de sua experiência e percepção das coisas. Ao desenvolver tais constructos, intuitivamente o indivíduo cria uma hierarquia para organizá-los; essa hierarquia, porém, apresenta dicotomias (de afirmação ou negação). Há uma tendência de o indivíduo contextualizar e estender os seus constructos para compreender uma determinada situação, mas há resistência no sentido de modificá-los, o que pode limitar a análise. A exposição do indivíduo a novas situações impele-o a aprender e rever os seus constructos, mas o grau de modificação depende da ciência do novo. Pode haver constructos logicamente incompatíveis, causando a fragmentação. Pessoas com experiências de vida similares tenderão a compartilhar constructos comuns. Quando um indivíduo consegue compreender os constructos sociais de outros indivíduos significa que há interação social.

O mapeamento cognitivo como mecanismo para apreensão do mundo real está limitado à ação de um indivíduo e baseado na cognição, que parte do princípio de que o indivíduo possui consciência do seu meio e de suas experiências e raciocina, portanto, com " sistemas percebidos".

Os elementos de um mapa cognitivo são os nós, que representam os conceitos (por similaridade, constructos), os quais são unidos por setas, cuja direção indica a relação de causa entre os meios e os fins. Podem-se adotar sinais (positivo e negativo) para indicar a natureza do efeito. A modelagem pode ser feita em duas etapas: durante e após a entrevista, com o intuito de refinar as ideias. Como a teoria de constructos pressupõe a hierarquização das ideias, uma sugestão de modelagem é posicionar os objetivos na parte superior do mapa e os demais conceitos abaixo dos objetivos, orientados para os objetivos.

Para agrupar mapas cognitivos individuais para criar mapas cognitivos estratégicos, recomenda-se a utilização da metodologia SODA que se baseia em quatro recomendações: utilizar os conceitos semelhantes entre determinados participantes, incluir ligações adicionais entre os conceitos, preservar as hierarquias das ligações presentes nos mapas individuais e buscar enlaces e agrupamento no mapa estratégico.

A Figura 13.1 apresenta um exemplo estilizado do mapeamento cognitivo.

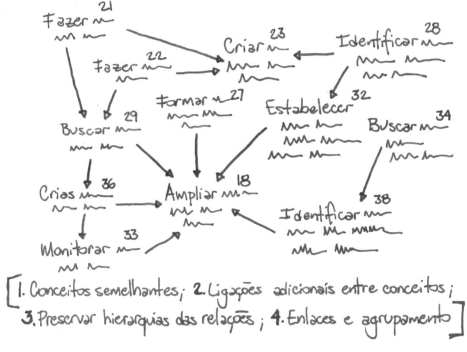

Figura 13.1: Exemplo estilizado do mapeamento cognitivo.

O papel, um lápis e uma borracha são as ferramentas básicas para elaborar um mapa mental. Mas há diversos softwares que elaboram mapas cognitivos, tais como o XMind de código aberto e o Visio, que facilitam a edição dos elementos e a composição do mapa estratégico com base nos mapas individuais.

Dinâmica de sistemas

A dinâmica de sistemas foi desenvolvida por Jay Forrester, quando ele assumiu uma disciplina no Massachusetts Institute of Technology (MIT) no Sloan Management Institute. Como a sua formação original era em engenharia, a questão fundamental para ele foi como aplicar o conhecimento que ele adquirira na engenharia e na sua vida profissional para resolver problemas nas Organizações. Ele conversou com várias pessoas para compreender como poderia formular esta disciplina para administradores, e criou a dinâmica de sistemas baseado no conceito da teoria de sistemas, cujos elementos fundamentais eram informações e recursos, níveis e razões de fluxo.

A representação era bastante intuitiva, na qual os recursos são os materiais ou insumos que serão utilizados no processo de transformação. O controle do processo de transformação de recursos é feito pelas informações. Conforme os recursos se acumulam no sistema, eles definem níveis. A dinâmica de estabilidade, aumento ou diminuição desses níveis de recursos definem as razões de fluxo.

Há dois métodos de diagramação, enlace causal e fluxo. O diagrama de enlace causal visa facilitar a compreensão da estrutura geral do sistema. O diagrama de fluxo representa a relação entre os níveis e as razões de fluxo.

Os fluxos são indicados por setas. Os fluxos de recursos são representados por setas com linhas duplas e os fluxos de informações, por setas com linhas simples. Os círculos são conversores ou variáveis que podem combinar ou dividir fluxos, converter unidades, simplificar o uso de expressões matemáticas, modelar os objetivos para os níveis. Os círculos também podem ser parte do processo de entrada e saída.

A Figura 13.2 apresenta um exemplo estilizado de dinâmica de sistemas.

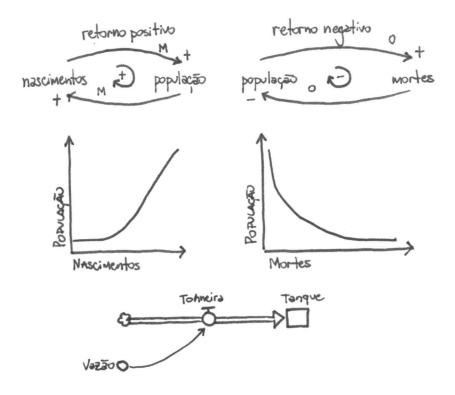

Figura 13.2: Exemplo estilizado de dinâmica de sistemas. Adaptado de: PARO (2007).

Os softwares mais difundidos para a modelagem com sistemas dinâmicos são o Stella e o IThink. Tanto o Stella quanto o IThink apresentam uma interface simples e intuitiva de utilização.

Sistemas *soft*

Peter Checkland já trabalhava há mais de vinte anos no meio empresarial quando optou pela Academia. Em função da dificuldade que encontrou na empresa para materializar as teorias administrativas na prática, formulou a Metodologia de Sistemas *Soft* (SSM) (Checkland, 1981), na Universidade de Lancaster (PIDD, 2001). Essa foi uma metodologia pioneira para o diagnóstico da situação atual, a verificação das necessidades de mudança e a proposta de ações administrativas para melhoria do estado atual (o que define um estado futuro).

Checkland (1981) partiu da premissa de que havia um uso indiscriminado do conceito de "Sistema" para denominar grande parte das atividades humanas, mas a Teoria de Sistemas ainda estava por ser formulada com todo rigor científico.

De acordo com Checkland (1981), a metodologia é um estado intermediário entre uma filosofia e uma técnica ou método. Nas situações em que a técnica indica o "como" e a filosofia "o que", uma metodologia conterá elementos de "o que" e "como". Uma metodologia que englobe os conceitos de sistemas deve ter quatro características: ser aplicável a problemas reais; não ser vaga, no sentido de que deve ser uma base para a ação mais do que uma filosofia; não deve ser precisa, como uma técnica, mas deve permitir o entendimento que a precisão pode excluir; deve permitir que novos desenvolvimentos na ciência de sistemas possam ser incluídos na metodologia.

A metodologia de sistemas *soft* (SSM) sugere que a essência de um sistema deve ser captada por meio de definições-chave, antes que um sistema possa ser modelado. Há diversas maneiras de se definir um sistema, e se for necessário utilizar definições--chave, podem-se produzir várias definições. Nesse caso, a SSM prescreve os resultados possíveis em função do seu uso (PIDD, 2001).

A abordagem da metodologia de sistemas *soft* apresenta os seguintes passos para a elaboração da pesquisa, fazendo um paralelo entre o mundo real e o pensamento sistêmico: a situação problemática não estruturada (estágio 1), a situação problemática expressa (estágio 2), definições-chave de sistemas relevantes (estágio 3), modelos conceituais (estágio 4), comparação entre modelos conceituais e a situação problemática expressa (estágio 5), mudanças possíveis desejadas (estágio 6) e ações para melhorar a situação problemática (estágio 7).

A Figura 13.3 apresenta a metodologia de sistemas soft.

Figura 13.3: Metodologia de sistemas soft. Adaptado de: PIDD (2001).

Os estudos sistêmicos, resultantes de pesquisas realizadas em diversos tipos de problemas e organizações, em que se observa um único grupo com características bem determinadas, podem utilizar ideias de sistemas para a solução de problemas em situações reais.

Nos estágios 1 e 2 deve-se construir o quadro mais completo possível, não do problema, mas da situação na qual se percebe estar o problema. Procura-se formar uma ideia de como o processo e a estrutura se relacionam dentro da situação desejada. O estágio 1 define a situação problemática mal estruturada e o estágio 2, a situação problemática caracterizada.

O estágio 3 envolve a identificação de alguns sistemas que podem ser relevantes para o problema identificado (inferido), e a preparação de definições concisas do que esses elementos são, em oposição ao que eles fazem. Essas definições feitas no estágio 3 são chamadas definições básicas, porque se pretende indicar que elas transmitem a natureza fundamental dos sistemas escolhidos

No estágio 4 elaboram-se os modelos conceituais dos sistemas das atividades humanas, relacionados nas definições básicas. A linguagem para a construção dos modelos utiliza verbos que descrevem as atividades mínimas necessárias exigidas pelos sistemas de atividades humanas descritos nas definições básicas. É alimentada pelos estágios 4a e 4b. O estágio 4a refere-se ao uso do modelo geral de qualquer sistema de atividades humanas, que possa ser usado para verificar se os modelos propostos não são deficientes. O estágio 4b é uma modificação ou transformação do modelo, em outra forma considerada adequada à situação.

Nos estágios 5 e 6 os modelos são levados para a situação real e comparados com a percepção do que existe. O objetivo dessa comparação é gerar um debate com as pessoas envolvidas no problema, debate que no estágio 6 define as possíveis mudanças que satisfaçam duas restrições: sejam desejáveis e, ao mesmo tempo, viáveis dadas as atitudes e a estrutura de poder existentes, guardando relação com a história da situação sob exame

O estágio 7 envolve a ação (baseada no estágio 6) para melhorar a situação problemática.

Apesar de os estágios estarem numerados de 1 a 7, a SSM prevê que não há exatamente um ponto de partida. A ênfase dos sistemas *soft* está no processo de aprendizagem, coadunando-se com o ciclo de aprendizagem de Kolb, que prevê cinco níveis de aprendizado baseados em conhecimento, compreensão, aplicação, análise e síntese (PIDD, 2001).

Outra questão importante é a linha divisória que delimita o mundo real, para o qual se elabora uma análise cultural e pensamento sistêmico para o qual se utiliza a análise lógica. Essa divisão é importante para tornar evidente o que é do cotidiano das pessoas e como o pensamento sistêmico pode ser utilizado para identificar mudanças possíveis desejadas no mundo real. Entretanto, uma crítica a essa abordagem sistêmica proposta por Checkland (1981) é que a posição do analista em relação aos demais atores no sistema pode gerar visões distintas, o que limitaria a aplicação da metodologia. Para superar as limitações das ligações entre o pensamento sistêmico e o mundo real, Checkland e Scholes (1990) propuseram uma análise tridimensional relacionada aos papéis, que as pessoas assumem ou pressupõe-se que assumirão; do sistema social relacionado aos papéis, normas e valores evidentes; do sistema político, para compreender o balanceamento de interesses (PIDD, 2001).

A metodologia de sistemas *soft* é apropriada para a compreensão do papel dos modelos conceituais para a solução de problemas administrativos. Em muitos casos,

ELSEVIER   CAPÍTULO 13 – METODOLOGIAS PARA PENSAR A ORGANIZAÇÃO: A VISÃO SISTÊMICA EM PRÁTICA   **277**

há a ilusão de que implementar mudanças em uma Organização significa aplicar uma determinada técnica. Essa perspectiva pode nem sempre resultar nas consequências desejadas. É importante a compreensão de um escopo maior de variáveis que podem influenciar a organização do trabalho. Sem considerar uma visão sistêmica, pode-se obter uma melhoria em algum aspecto que não é necessariamente relevante, pois a eficiência de uma determinada parte ou das partes desconectadas não se reflete na eficiência do todo, conforme a Teoria de Sistemas preconiza. Essa recomendação já havia sido discutida na Administração Científica quando Taylor afirmou que o sistema administrativo devia basear-se em princípios, enquanto filosofia de trabalho; e os mecanismos que implementavam os princípios, basear-se em técnicas.

Importância da habilidade conceitual do administrador

De acordo com os estudos realizados por Katz (1986), os administradores necessitam de três tipos básicos de habilidades: conceitual, humana e técnica.

A habilidade técnica refere-se à aptidão técnica subentende compreensão e proficiência num determinado tipo de atividade, especialmente naquela que envolve métodos, processos e procedimentos ou técnicas. A habilidade técnica compreende conhecimento especializado, aptidão analítica dentro da especialidade e facilidade no uso de instrumentos e técnicas de cada matéria.

A habilidade humana é a qualidade de o administrador trabalhar eficientemente como integrante de um grupo e realizar um esforço conjunto com os demais componentes da equipe; inclui, também, as aptidões de conduzir o relacionamento entre grupos.

A habilidade conceitual compreende a habilidade de considerar a empresa como um todo; inclui o reconhecimento de como as diversas funções numa organização dependem uma da outra e de que modo as mudanças em qualquer uma das partes afeta as demais.

A importância relativa destas habilidades depende do nível que o administrador ocupa dentro da organização. Todos os administradores, independentemente do nível hierárquico em que se encontrem, necessitam das três habilidades. A Figura 13.4 ilustra que a habilidade principal dos administradores de níveis inferiores (supervisão) é a habilidade técnica, embora as habilidades humana e conceitual também sejam necessárias. Na medida em que um administrador faz progresso em sua carreira e se desloca dos níveis de supervisão para níveis de gerência e direção, mais necessário se faz que o profissional adquira a habilidade conceitual e, relativamente, menos se dedique à habilidade técnica.

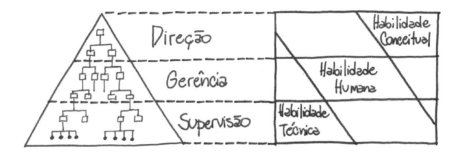

Figura 13.4: Três tipos básicos de habilidade do administrador. Adaptado de: ESCRIVÃO FILHO (1998).

Nos níveis operacionais da Organização, há a necessidade de habilidades técnicas que permitem a supervisão. Nos níveis intermediários de gerência é necessária uma combinação das habilidades técnicas, humanas e conceituais. É o caso, por exemplo, das áreas funcionais da empresa, tais como Administração de Recursos Humanos, Administração de Produção ou Administração Financeiras. Mas, em todos os casos, a habilidade humana é indispensável.

A habilidade conceitual visa permitir ao administrador formular os princípios gerais que serão normativos para a Organização e para os administradores que estão nos níveis de gerência e supervisão. Esse é motivo de estudar a formação do pensamento administrativo, permitir que o administrador tenha os referenciais teóricos necessários para compreender, sob diferentes perspectivas de análise, as situações no ambiente das Organizações.

Pequena empresa:

Startup: a pequena empresa do século XXI

As Startups são pequenas empresas que atuam em mercados inovadores, com alto conteúdo tecnológico, visando um grande faturamento em função de explorar mercados até então inexistentes ou temporários. Surgem baseadas no conceito de empreendedorismo dirigido por oportunidade. Nessa modalidade, busca-se desenvolver/criar uma nova empresa após a identificação de uma oportunidade, em grande

ELSEVIER CAPÍTULO 13 – METODOLOGIAS PARA PENSAR A ORGANIZAÇÃO: A VISÃO SISTÊMICA EM PRÁTICA **279**

medida inédita, que conta com um ciclo de vida bem definido. A questão fundamental é desenvolver um modelo de negócio inovador e criar uma empresa para potencializar esse mercado. Há vários aplicativos que auxiliam o desenvolvimento de modelos de negócio, o que demonstra o valor da modelagem organizacional para planejar o negócio. Entre eles estão (SOARES, 2015):

- ❖ **Strategyzer**: aplicativo na nuvem;
- ❖ **Business Model Toolbox**: aplicativo para iPad do software Strategyzer;
- ❖ **LaunchPad:** aplicativo que atua como um *hub* para equipes checarem suas hipóteses sobre seus produtos/serviços por testes;
- ❖ **Canvanizer:** aplicativo para desenvolver mapas mentais de braimstorms;
- ❖ **Business Model Designer**: aplicativo gratuito para colaboração, com modelos já prontos, de empresas de todas as áreas.

Como a oportunidade pode ser momentânea, é possível que as empresas surjam com um ciclo de vida definido, ou seja, é previsto na sua criação quando ela encerrará as suas operações. É o caso, por exemplo, de algumas confecções de roupas exclusivas existentes na Europa e nos Estados Unidos, cujo modelo baseia-se na (quase) exclusividade da peça de vestuário para os clientes, elaborado por grandes estilistas. Essa exclusividade garante um alto valor agregado ao produto.

Em função dessas características, surgiram empresas de *venture capital* que atuam como sócios-anjos, ou financiadores da ideia. Elas disponibilizam manuais, cursos a distância que auxiliam o empreendedor a planejar o negócio e procurar investidores. O ponto principal dessas empresas é que não basta ter uma boa ideia, é importante que o empresário esteja capacitado a transformá-la em um negócio de alto impacto. Mas é interessante notar que nos artigos de aconselhamento para os futuros empreendedores retomam-se os conceitos de economia de escala e escopo, diferenciação e integração, entre outros, desenvolvidos no processo de formação do pensamento administrativo.

Administração também é cultura:

Modelar para quê?

As pinturas rupestres foram a primeira tentativa do homem de representar a realidade em que ele vivia. O trabalho exigia que o homem primitivo imaginasse a cena antes de pintá-la e utilizasse a sua habilidade com as mãos para materializar a sua imaginação. Essa capacidade de imaginar e representar do homem das cavernas iniciou o processo que evoluiu para os hieróglifos.

Os hieróglifos deixaram de ter um caráter eminentemente pictórico. Os hieróglifos ainda utilizavam figuras de animais, pessoas, mas de forma iconográfica, em que a ordenação dos ícones "descrevia" situações ou contava histórias. Os hieróglifos deram origem ao hierático, a primeira escrita cursiva. O hierático era uma simplificação da representação iconográfica dos hieróglifos. As letras do alfabeto, tal como existem hoje, também surgiram dos hieróglifos.

A escrita impeliu a humanidade a uma mudança cultural. Em *Fedro*, Platão aborda a mudança cultural gerada pela escrita:

> "…. Aqueles que a adquirirem vão parar de exercitar a memória e se tornarão esquecidos; confiarão na escrita para trazer coisas à sua lembrança por sinais externos, em vez de fazê-lo por meio de seus próprios recursos internos. … E quanto a sabedoria, seus discípulos terão a reputação dela sem a realidade, vão receber uma quantidade de informação sem a instrução adequada, e, como consequência, serão vistos como muito instruídos, quando na maior parte serão bastante ignorantes. E como estarão supridos com o conceito de sabedoria, e não com sabedoria verdadeira, serão um fardo para a sociedade."

Dado, informação, conhecimento, sabedoria, cultura. Esse gradiente civilizatório está presente no texto de Platão. No mundo contemporâneo, há uma disponibilidade infinita de informação acerca de qualquer tema, mas as pessoas tendem a absorvê-las de forma superficial. O que significa que a informação não se transforma em conhecimento, que, poderia se converter em sabedoria e, por conta disso, não é incorporada como cultura da sociedade.

Com a escrita, foi possível documentar e sistematizar o conhecimento de forma que ele fosse passado para as futuras gerações.

Marshall McLuhan afirmou que a invenção da prensa por Guttenberg foi responsável pela revolução do conhecimento ao poder ser reproduzido e disseminado. Mas acreditava que "no futuro, voltaremos a ser uma sociedade baseada em ícones e imagens". E, se prestarmos atenção aos produtos que nos cercam, os ícones dos sistemas operacionais de diferentes equipamentos (smarthfones, tablets, computadores, brinquedos) confirmam essa previsão de McLuhan.

Observa-se que há um retorno à necessidade de representar a realidade por meio de imagens com uma ampla gama de linguagens (discursiva, escrita, desenho, matemática e computacional) que permitem documentar, sistematizar e gerir o conhecimento, transformando o conhecimento tácito (desenvolvido na prática) em conhecimento explícito (sistematizado que pode ser reutilizado).

A modelagem permite representar e entender a estrutura e comportamento das organizações, analisar processos de negócio, e em muitos casos servir de apoio técnico para reengenharia de processos de negócios, viabilizar o gerenciamento da complexidade dos sistemas produtivos, facilitar a compreensão do funcionamento organizacional, disponibilizar uma documentação para aumentar o autoconhecimento da Organização, possibilitando, consequentemente, o melhoramento contínuo de seus processos (MERTINS e JOCHEN, 2005). Essa é a motivação para a modelagem organizacional: sistematizar, integrar e viabilizar a gestão do conhecimento, de forma que ele possa ser reutilizado como aprendizado para as Organizações.

Caso:

Casa Branca na Idade Média

Adaptado de: KORNBLUT (2009)

Na primeira eleição de Barack Obama, algo que chamou a atenção foi a capacidade de mobilização da população em redes sociais para doações para a campanha como pessoas físicas. Alguns analistas chegaram a atribuir a virada na eleição de Obama em parte à campanha tecnológica elaborada por seus estrategistas.

Entretanto, a situação da infraestrutura de TIC da Casa Branca era completamente anacrônica, como se ainda o centro do poder do mundo estivesse na Idade Média. Havia poucos notebooks autorizados, as linhas telefônicas não funcionavam, tanto os computadores quanto os softwares estavam radicalmente desatualizados. As contas de e-mail pessoais, redes sociais eram proibidas de ser utilizados.

Mas a situação de Obama já era melhor do que a do seu antecessor, George W. Bush, que, segundo o diretor de internet na época, levou uma semana para configurar o computador e o celular, e também havia letras faltando nos teclados dos computadores.

Por que isso ocorre no centro do poder mundial? Afinal, os Estados Unidos são o país mais avançado em tecnologia da informação do mundo.

Ao que parece, a origem de todo o problema está na regra ligada ao objetivo organizacional relacionado à segurança. Para garantir a segurança de informações da

Casa Branca ou, em linguagem organizacional, que esse objetivo fosse plenamente atingido, criaram-se regras que proibiam o uso de notebooks, comunicação via rede e por celular. Esse conjunto de regras prejudicou os processos que acabaram paralisando as ações dos atores por falta de recursos adequados.

Esse problema decorreu provavelmente da ordem de algum funcionário ligado à segurança. Esse tipo de problema é conhecido como uma disfunção da burocracia. Ela ocorre quando as regras criadas para resolver algum problema específico não levam em consideração o contexto no qual se inserem, causando efeitos indesejados.

Vamos fazer um exercício para supor os objetivos, regras, processos, atores e recursos envolvidos.

Objetivo: Garantir que as informações confidenciais da Casa Branca não sejam de conhecimento público.

As regras que apoiam esse objetivo poderiam ser declaradas da seguinte maneira:

❖ Regra 1: Não permitir atualização de software por parte dos funcionários. A atualização só deve ser feita pelo departamento de informática da Casa Branca.
❖ Regra 2: Não permitir o uso de celulares, pois a rastreabilidade é difícil no caso de algum funcionário querer vazar alguma informação.
❖ Regra 3: Não permitir o uso de notebooks ou pen-drives, pois facilita o transporte de informações para fora da Casa Branca.
❖ Regra 4: Não permitir o uso de rede com acesso à internet.

Essas regras podem inviabilizar os processos relacionados à troca de informações entre os diversos setores da Casa Branca. Como consequência, ao utilizar recursos inadequados e obsoletos de informática, as pessoas (atores) ficam com suas ações limitadas. Nesse caso, trata-se de um problema não estruturado aparentemente de informática. Mas uma análise mais cuidadosa permite verificar que foi causado pela decisão de algum funcionário, que se não for alterada, mesmo fazendo a atualização de todos os computadores, voltará a acontecer no futuro. Trata-se de um problema de natureza organizacional.

Após esse diagnóstico inicial, passamos de um problema não estruturado para um problema estruturado, pois conhecemos sua natureza. Quando se compreende que o problema não é de natureza técnica, mas organizacional, é necessário que a análise do problema seja feita de forma mais ampla. É nesse ponto que saímos do mundo real para buscar na teoria administrativa elementos que possam ser úteis para resolver o problema. Esse caso é interessante para ilustrar como a falta de visão sistêmica prejudicou todo o aparato tecnológico da Casa Branca. O problema de natureza administrativa não era a falta de tecnologias disponíveis ou de pessoas capacitadas a utilizá-las. Provavelmente o protocolo de segurança foi elaborado por alguém cujo objetivo era impedir que as informações vazassem ou que houvesse ataques cibernéticos.

Considerações finais

As metodologias de modelagem interpretativa auxiliam na compreensão das variáveis que envolvem tanto os constructos do indivíduo que, com base na interação social, compreendem os constructos de outros (mapeamento cognitivo), como os recursos, que se transformam em saídas após o balanceamento de níveis de recursos por razões de fluxo (dinâmica de sistemas); auxiliam, ainda que para compreender o problema de natureza administrativa seja necessário colocá-lo em um contexto maior (sistemas *soft*).

O mapeamento cognitivo tornou-se uma ferramenta para pensar tão disseminada que evoluiu para diferentes usos, como o Design Thinking, desenvolvido por Tim Brown, que se tornou um paradigma na forma de projetar novos produtos e serviços.

A dinâmica de sistemas permite compreender os efeitos de uma determinada ação no sistema. Um de seus desdobramentos ficou conhecido como "efeito chicote", que permite identificar as diferenças entre demandas reais e previstas, no caso, por exemplo, de cadeias de suprimentos. Em um prosseguimento de sua pesquisa, Forrester chegou a aplicar a dinâmica de sistemas ao sistema de defesa americano.

A metodologia de sistemas *soft* permite identificar os elementos relevantes que devem ser considerados para desenvolver a modelagem organizacional. Pode ser entendida como uma etapa anterior ao desenvolvimento do modelo organizacional como projeto da Organização. Checkland nunca abandonou a simplicidade para a representação dos seus modelos, feitos à mão em papel branco, sem cores e outras sofisticações.

Anualmente, no período de 2001 a 2013, houve um curso de verão de doutorado e pós-doutorado na Universidade de Lugano intitulado *Systems Design: Continuing Education in Systems Thinking*, cujo convidado de honra era Peter Checkland. Em uma das apresentações realizadas em 2012, Prof. Werner Ulrich, diretor da Summer School, concluiu a sua apresentação com a seguinte frase:

"A ideia de sistema não é causa ou a solução do problema, é somente a mensagem."

A contribuição da modelagem interpretativa estendeu-se a várias áreas de conhecimento (administração, engenharia, psicologia) e setores da sociedade (empresas, serviços públicos, instituições de ensino).

Roteiro de aprendizagem

Questões

1. Faça um quadro comparativo das diferenças entre a abordagem sistêmica e o pensamento mecanístico.
2. Defina e dê um exemplo de aplicação do mapeamento cognitivo.
3. Defina e dê um exemplo de aplicação da dinâmica de sistemas.
4. Defina e dê um exemplo da aplicação de sistemas *soft*.

Exercício

João chegou a supervisor do departamento de chapas de aço em uma siderúrgica após longos anos de trabalho árduo e dedicação. A produção nesse departamento parece uma linha de montagem, pois as chapas são transportadas por diversas operações. A diferença da linha de montagem é que os trabalhadores têm controle sobre o ritmo de produção, podendo o trabalho ser desempenhado a velocidades variadas. O departamento sob o comando de João era excepcionalmente produtivo; tinha custos menores que os departamentos similares nas outras duas fábricas da empresa. As relações de trabalho eram excelentes. Ele era visto como um supervisor muito eficaz, considerado muito duro e regularmente superava seus recordes de produção. Ele pouco dependia e pouco se relacionava com outros departamentos; quando o fazia, era do seu jeito rude e diretivo.

O vice-diretor de produção estimava demais João, enviando congratulações públicas sempre que quebrava novo recorde e concedia benefícios adicionais a ele e seus funcionários, o que não fazia com outros departamentos. O representante sindical foi companheiro de João no departamento e posteriormente seu subordinado; entre eles criou-se uma admiração mútua. O representante era muito respeitado pelos trabalhadores e, até certo ponto, funcionava como amortecedor dos problemas dos conflitos entre João e seus comandados.

A procura por chapas de aço era muito grande e tinha sido estável por muitos anos; isto permitia a produção do mesmo produto em quantidade elevada, por longos períodos. João não era eficaz com o planejamento, mas essa questão até o momento não fazia muita diferença, dada a situação da empresa e do departamento. O inferno astral parece ter chegado para João e no mesmo ano aconteceram grandes mudanças: o vice-diretor se aposentou; o representante sindical foi

CAPÍTULO 13 – METODOLOGIAS PARA PENSAR A ORGANIZAÇÃO: A VISÃO SISTÊMICA EM PRÁTICA

eleito para um cargo na federação sindical e deixou a empresa; os pedidos de produção eram em lotes menores e muito variados, exigindo uma programação das ordens de fabricação; a reestruturação da empresa incorporou ao departamento de chapas de aço um outro departamento, tornando o número de funcionários maior e as relações de trabalho bastante conflituosas; a variedade de produtos fazia o departamento depender de outros departamentos, exigindo contatos mais intensos. O departamento assistiu a uma queda na produtividade, ao aumento nas tensões internas e João entrar em estado de estresse.

Pede-se: Analise a situação e proponha uma solução utilizando mapeamento cognitivo e metodologia de sistemas *soft*.

Pensamento administrativo *em ação*

Situação 1

Inserido em uma região de fontes hidrominerais no estado de São Paulo, um hotel está instalado dentro de um parque reflorestado com uma área de 12 alqueires e é administrado pelo mesmo grupo desde 1979, quando foi adquirido. Atualmente, emprega 186 trabalhadores e 36 terceirizados para atender até 300 hóspedes. Além da hospedagem e do balneário, o hotel oferece também opções de lazer e eventos acadêmicos e institucionais.

Desde o início, a estrutura organizacional do hotel é composta por equipes de trabalho, cada uma responsável por uma atividade específica: controladoria, marketing, produção, suprimentos, qualidade e recursos humanos.

Prioriza-se o pessoal de qualidade, uma vez que eles são responsáveis por garantir uma prestação de serviço que satisfaça plenamente às necessidades dos clientes, assim os serviços passam por constantes inspeções. A fim de que a satisfação dos clientes seja alcançada e o hotel consiga certificações ISO, grande parte do investimento em treinamentos é dirigido à área de qualidade. Entretanto, apesar de todo o investimento e do número cada vez maior de turistas na cidade, os indicadores vindos dos resultados das pesquisas com os clientes mostram uma diminuição no número de hospedagens. Os relatórios mostram que o maior número de reclamações decorre da: demora em *check in* e *check out* no atendimento; falta de presteza dos garçons, faxineiras e atendentes; pouca segurança dos seus pertences, entre outras. Com isso, o hotel está perdendo muitos clientes para seus concorrentes. O gerente geral está insatisfeito com os resultados alcançados pela instituição nos últimos anos e não percebe qual a falha no sistema. Ele tem certeza de que a filosofia do gerenciamento pela qualidade se reduz em bem aplicar as normas da ISO.

O gerente de Recursos Humanos discorda da condução do processo e do entendimento que o gerente geral tem do gerenciamento pela qualidade. Ele acusa o gerente geral de reservar o treinamento da qualidade aos funcionários de contato com o público esquecendo os demais. O gerente de marketing acha que a atenção aos desejos dos clientes ainda é obra de ficção no hotel, pois o gerente geral dita quais necessidades dos clientes serão atendidas pela equipe do hotel. Insatisfeito, e contrariado por outros gerentes, o gerente geral contratou sua empresa de consultoria de gestão empresarial.

Pede-se: Faça o diagnóstico, fundamente os conceitos e apresente a solução.

Situação 2

A Associação Nossa Senhora da Penha (ANSP) foi fundada em 1987 por iniciativa de um grupo de mulheres da Paróquia Nossa Senhora da Penha no Rio de Janeiro, que, sensíveis às necessidades dos moradores da paróquia, investiram seu tempo e dinheiro na formação das moradoras do bairro. Sempre dando ênfase à formação profissional e integração da mulher ao mercado de trabalho, a ANSP dispõe de cinco escolas de formação profissional com cursos técnicos e de capacitação profissional nas áreas de administração, hotelaria e saúde, além de cursos livres de informática, idiomas e de Assistente familiar.

Recentemente, a ANSP contratou um consultor (você). Após entrevistas feitas com os dirigentes da organização, você verificou que, por se tratar de uma ONG – Organização Não Governamental, o setor é muito regulado, também se faz necessário o monitoramento contínuo de mudanças da legislação específica e das regras que regulamentam as atividades do setor. Portadora de uma série de títulos que garantem suas isenções fiscais e sua legitimidade ante a sociedade, a organização despende grande parte de seu esforço na prestação de contas ao governo e demais órgãos reguladores e tem uma grande preocupação em atualizar-se das mudanças legais e políticas. Atualmente, as informações sobre mudanças na legislação e possível impacto em suas atividades são precárias. Considerando que a legitimidade é um dos desafios desse tipo de organização, deve-se adquirir premiações e certificações, além do acompanhamento assíduo da legislação que regula o Terceiro Setor e a área específica de atuação da organização (saúde, educação, assistência social). O acompanhamento

ELSEVIER   CAPÍTULO 13 – METODOLOGIAS PARA PENSAR A ORGANIZAÇÃO: A VISÃO SISTÊMICA EM PRÁTICA   287

de indicadores econômicos, tais como PIB e inflação, também pode sinalizar oportunidades e ameaças para a organização no sentido de captação de recursos.

As organizações do Terceiro Setor devem atender as demandas de dois tipos de público, os beneficiários de sua atividade-fim e aqueles que financiam suas atividades e esperam, com isso, um resultado. Percebe-se que a organização, nem por ocasião da fundação de suas escolas, nem durante o processo rotineiro de gestão, fez uma análise das comunidades específicas onde atuam, a fim de avaliar se haveria interesse do público-alvo pelos cursos que são oferecidos. Também a escolha das áreas de atuação das escolas não foi feita com base em pesquisas do mercado de trabalho, ou do interesse do público-alvo, mas com base na intuição, interesse ou senso comum das pessoas que idealizaram essas escolas.

Com relação aos financiadores das atividades, identificou-se que, em sua maioria, são amigos dos próprios voluntários e funcionários, que por isso dão sua contribuição de forma espontânea e arbitrária. Nunca houve uma preocupação por explorar novas formas de captação de recursos de pessoas físicas. Os dirigentes ANSP reconhecem que gastam a maior parte do tempo envolvidos com as demandas internas burocráticas. Considerando que faz parte da missão da organização a profissionalização de jovens para inserção no mercado de trabalho, identificou-se também que não houve um estudo das necessidades do empresariado que se encontra no entorno da comunidade, potenciais parceiros e empregadores dos alunos formados.

Pede-se: A direção quer saber qual é o problema e qual é a solução.

Referências

BERTALANFFY, L.V. *Teoria geral de sistemas*. 2ª edição revista. Petrópolis, Vozes, 2006.

CHECKLAND, P. *Systems thinking, systems practice*. New York, Wiley&Sons, 1981.

CHURCHMAN, C.W. *Introdução à teoria de sistemas*. Petrópolis, Vozes, 1977.

ESCRIVÃO FILHO, E. Fundamentos da administração. In: ESCRIVÃO FILHO, Edmundo (Editor). *Gerenciamento na construção civil*. São Carlos: EESC/USP, 1998. p.7.

ESCRIVÃO FILHO, E. Gerenciamento na construção civil. São Carlos, EESC-USP, 1998.

HERSEY, P.; BLANCHARD, K. H. *Psicologia para administradores*: a teoria e as técnicas da liderança situacional. São Paulo: EPU, 1986.

KATZ ,R.L. *As habilidades de uma administrador eficiente*. São Paulo, Nova Cultural, 1986 (Cpleção Harvard de Administração. Vol.1).

KORNBLUT. A. A. Nova equipe se queixa de atraso tecnológico: Casa Branca estava na Idade Média, *O Estado de S. Paulo*, 23 jan 2009.

MERTINS, K.; JOCHEN, R. Architectures, methods and tool for enterprise engineering. *International Journal of Production Economics*, 98, pp.179-188, 2005.

PARO, D.J. Introdução à simulação de system dynamics (Apresentação powerpoint). São Carlos, EESC-USP, 2007.

PIDD, M. *Modelagem empresarial*: ferramentas para a tomada de decisão. Porto Alegre, Bookman, 2001.

SENGE, P. *A quinta disciplina*: arte, teoria e prática das organizações de aprendizagem. São Paulo, Best seller, 1990.

SOARES, A. C. Precisa de ajuda para montar o seu modelo de negócio? Disponível em: https://endeavor.org.br/ferramentas-modelo-de-negocio/. Acesso em: 21 jun 2015.

Este livro foi impresso nas oficinas gráficas da Editora Vozes Ltda.,
Rua Frei Luís, 100 – Petrópolis, RJ.